JIEGOU LIXUE

结构力学

主　编　任述光　刘保华

副主编　魏　刚

参　编　张　岚　吴　懿　杨静林

重庆大学出版社

内容提要

本书是根据教育部审定的高等学校工科"结构力学课程教学基本要求",在编者多年结构力学教学经验的基础上,对同类教材内容进行适当的取舍编写而成的。本书内容选材适当,叙述深入浅出,注重联系实际,努力适应当前课时紧缩、宽口径、厚基础的教学改革要求。全书共9章,内容包括绪论、平面杆件体系的几何组成分析、静定结构的受力分析、静定结构的位移计算、力法、位移法、渐近法、影响线及其应用以及矩阵位移法。本书是适用于60学时左右教学的教材。

本书可作为高等学校水利、土建类教材,也可供有关专业技术人员参考。

图书在版编目(CIP)数据

结构力学/任述光,刘保华主编.--重庆:重庆
大学出版社,2018.8
高等教育土建类专业规划教材·应用技术型
ISBN 978-7-5689-1213-6

Ⅰ.①结… Ⅱ.①任… ②刘… Ⅲ.①结构力学—高
等学校—教材 Ⅳ.①O342

中国版本图书馆 CIP 数据核字(2018)第 148253 号

高等教育土建类专业规划教材·应用技术型
结构力学
主 编 任述光 刘保华
副主编 魏 刚
策划编辑:王 婷
责任编辑:李定群 版式设计:王 婷
责任校对:邬小梅 责任印制:张 策
*
重庆大学出版社出版发行
出版人:易树平
社址:重庆市沙坪坝区大学城西路 21 号
邮编:401331
电话:(023) 88617190 88617185(中小学)
传真:(023) 88617186 88617166
网址:http://www.cqup.com.cn
邮箱:fxk@ cqup.com.cn(营销中心)
全国新华书店经销
重庆升光电力印务有限公司印刷
*
开本:787mm×1092mm 1/16 印张:19.25 字数:470 千
2018 年 8 月第 1 版 2018 年 8 月第 1 次印刷
印数:1—3 000
ISBN 978-7-5689-1213-6 定价:45.00 元

前　言

　　结构力学是固体力学的重要分支,是水土类专业的核心基础课。结构力学研究杆系结构在荷载和其他因素作用下的内力、位移、稳定性以及组成规律。课程的主要任务是使学生在已有力学知识的基础上进一步掌握杆系结构的内力、位移等基本计算,了解各类结构的力学性能的异同,培养学生分析问题、解决工程实际问题的计算能力,为学习有关专业课程以及进行结构设计和科学研究打好基础。本书是作者二十多年结构力学教学实践的经验总结,符合教育部关于精简学时、保证教学基本要求的基本思想。其素材的设计符合学生学习知识的连贯性。

　　本书按照全国高等学校土木工程学科专业指导委员会修订的《高等学校土木工程本科指导性专业规范》以及教育部高等学校非力学专业力学基础课程教学指导委员会制定的“结构力学课程教学基本要求(A类)”编写而成。结构力学内容十分丰富,不同院校和专业对结构力学课程教学内容的要求也不尽相同。在“因材施教,强化实践”的思想指导下,全书突出基本概念的介绍,语言叙述简洁明了;例题的安排由简至难,注重一题多解、举一反三;在章节复习题的编排上,既有强调相关章节基本概念理解的思考题,又有以计算分析为主的习题。

　　本书由任述光、刘保华任主编,魏刚任副主编,张岚、吴懿、杨静林参编。具体分工为:任述光编写第1章、第2章、第9章,刘保华编写第3章、第4章,张岚编写第5章,魏刚编写第8章,吴懿编写第6章,杨静林编写第7章。全书由任述光负责统稿。

　　本书的纰漏和不足之处在所难免,欢迎广大读者提出宝贵意见。

编　者

2018 年 3 月

目 录

1

绪　论

1.1　结构力学的研究对象和任务

1.1.1　结构及工程实例

在建筑物和工程设施中,起主要受力、传力及支承作用的骨架部分,称为结构。工程中的房屋、塔架、桥梁、隧道、挡土墙、水坝等用以担负预定任务、支承荷载的主体部分,都可称为结构。如图 1.1(b)所示的刚架便是图 1.1(a)墙体的结构。

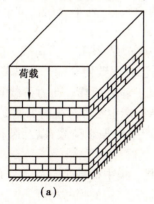
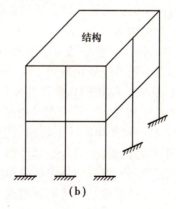

图 1.1

为了使结构既能安全、正常地工作,又能符合经济性的要求,就需要对其进行强度、刚度和稳定性的计算。这一任务是由材料力学、结构力学、弹性力学等课程共同承担的。材料力学中主要研究单个杆件的计算;结构力学则在此基础上着重研究由杆件所组成的结构;弹性力学则对杆件作更精确的分析,并研究板、壳、块体等非杆状结构。当然,这种分工不是绝对的,各课程之间常存在相互渗透的情况。

1.1.2　研究对象及任务

结构力学的研究对象主要是杆系结构。其具体任务是:

①研究结构的组成规则和合理形式等问题。

②研究结构在静力荷载等因素作用下的内力和位移的计算。在此基础上,即可利用后续相关专业课程知识进行结构设计或结构验算。相关专业知识将在后续相关专业课程中予以介绍。

③研究移动荷载对固定点或固定截面内力或者支反力的影响。

④研究结构的稳定性以及动力荷载作用下结构的动力反应,如结构运动微分方程的建立、结构的自由振动、强迫振动以及频率分析。

本书中主要介绍前面3条。

结构力学是一门技术基础课,它一方面要用到数学、理论力学、材料力学等课程的知识,另一方面又为学习建筑结构、桥梁、隧道等专业课程提供必要的基本理论和计算方法。

1.2　结构的计算简图

1.2.1　荷载的分类

荷载是指作用在结构上的主动力。

荷载按作用时间,可分为恒载和活载。恒载是指长期作用在结构上的不变荷载,如结构自重、土压力等;活载是指暂时作用于结构上的可变荷载,如雪载、风载、列车及人群等。

按荷载的作用位置是否变化,可分为固定荷载和移动荷载。

恒载及某些活动荷载在结构上的作用位置可认为是不变动的,称为**固定荷载**。例如,结构的自重、位置固定的机器等。而有些活载(如移动的人群、列车、汽车、吊车等)是可以在结构上移动的,称为**移动荷载**。

根据荷载对结构所产生的动力效应大小,可分为静力荷载和动力荷载。**静力荷载**是指其大小、方向和位置不随时间变化或变化很缓慢的荷载,它不致使结构产生显著的加速度,因而可略去惯性力的影响。结构的自重及其他恒载即属于静力荷载。**动力荷载**是指随时间迅速变化的荷载(如地震载荷),它将引起结构振动,使结构产生不容忽视的加速度,因而必须考虑惯性力的影响。打桩机产生的冲击荷载,动力机械产生的振动荷载,以及风和地震产生的随机荷载等都属于动力荷载。

按荷载分布范围分,可分为集中荷载和分布荷载。**集中荷载**是指荷载分布范围远小于所研究结构的尺寸;**分布荷载**是指荷载分布范围和所研究结构的尺寸相近。

1.2.2　杆件及结点的简化

实际结构总是比较复杂的,要完全按照结构的实际情况来进行力学分析,将是很烦琐和困难的,也是不必要的。因此,在计算前,往往需要对实际结构进行简化,表现其主要特点,略去次要因素,用一个简化图形来代替实际结构,并反映实际结构主要受力和变形特点,这种简化图形称为结构的**计算简图**。这种简化包括以下 4 个方面:

①杆件的简化:常以杆件轴线代表杆件。

②支座和结点的简化(详见后述)。

③荷载的简化:常常简化为集中荷载及线分布荷载。

④体系的简化:将空间结构简化为平面结构。

选取的原则:一是要从实际出发,二是要分清主次,既要尽可能正确反映结构的实际工作状态,又要尽可能使计算简化。

计算简图不是唯一的,根据不同的要求和具体情况,同一实际结构也可选取不同的计算简图。例如,初步设计阶段,可选取比较粗略的计算简图;施工图设计阶段,则可选取较为精确的计算简图;又如,用手算时,可选取较为简单的计算简图;用电算时,则可选取较为复杂的计算简图。

例如,一根梁两端搁在墙上,上面放一重物(图 1.2(a))。简化时,梁本身用其轴线来代表。重物近似看作集中荷载,梁的自重则视为均布荷载。至于两端的反力,其分布规律是难以知道的,现假定为均匀分布,并以作用于墙宽中点的合力来代替。考虑到支承面有摩擦,墙不能左右移动,但受热膨胀时仍可伸长,故将其一端视为固定铰支座而另一端视为活动铰支座。这样,便得到如图 1.2(b) 所示的计算简图。显然,只要梁的截面尺寸、墙宽及重物与梁的接触长度均比梁的长度小许多,则作上述简化在工程上一般是许可的。

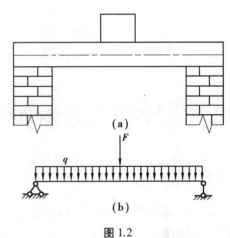

图 1.2

又如,如图 1.3(a) 所示为钢筋混凝土屋架。如果只反映桁架主要承受轴力这一特点,则计算时可采用如图 1.3(b) 所示的计算简图,各杆之间的连接均假定为铰接。这虽然与实际情况不符,但可使计算大为简化,而计算结果的误差在工程上通常是允许的。如果将各杆连接处均视为刚接,则可得到较为精确的计算简图

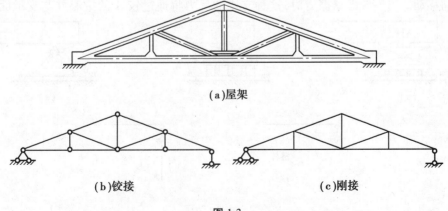

(a)屋架

(b)铰接   (c)刚接

图 1.3

（图 1.3（c）），但这样计算则复杂得多。有时，在初步设计中采用计算简单但精度不高的计算简图，而在最后设计中改用计算较繁但精度较高的计算简图。计算机的应用为采用较精确的计算简图提供了更多的可能性。

再如，横截面及约束处处相同的空间结构，如果其所受荷载也平行于横截面（图 1.4（a）），则可简化为平面结构或平面结构的组合，如图 1.4（b）所示。

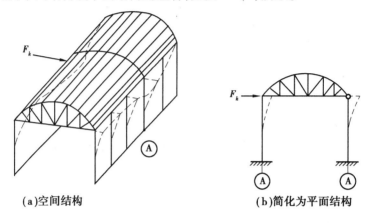

（a）空间结构　　　　　　　　　（b）简化为平面结构

图 1.4

1.3　平面结构支座和结点的类型

1.3.1　支座类型和特点

结构与基础联系起来的装置，称为支座。支座的构造形式很多，但在计算简图中，平面结构的支座通常归纳为下列 4 种：

1）活动铰支座

如桥梁中用的辊轴支座（图 1.5（a）、（b））、摇轴支座（图 1.5（c））即属于此支座。它允许结构在支承处绕圆柱铰 A 转动和沿平行于支承面 m-n 的方向移动，但 A 点不能沿垂直于支承面的方向移动。当不考虑摩擦力时，这种支座的反力将通过铰 A 的中心并与支承面 m-n 垂

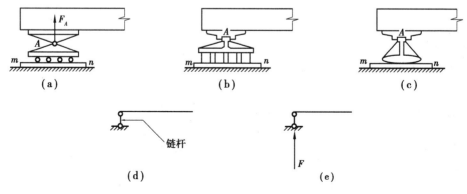

（a）　　　　　　（b）　　　　　　（c）

链杆

（d）　　　　　　（e）

图 1.5

直,即反力的作用点和方向都是确定的,只有它的大小是一个未知量。根据这种支座的位移和受力特点,在计算简图中,可用一根垂直于支承面的链杆 *AB* 来表示(图 1.5(d))。此时,结构可绕铰 *A* 转动;链杆又可绕 *B* 转动,当转动很微小时,*A* 点的移动方向可看成平行于支承面的,其约束力为垂直于支承面的一个力,如图 1.5(e)所示。

2)固定铰支座

这种支座的构造如图 1.6(a)所示,如门上用的合页等。它允许结构在支承处绕圆柱铰 *A* 转动,但 *A* 点不能作水平和竖向移动。支座反力将通过铰 *A* 中心,但大小和方向都是未知的,通常可用沿两个确定方向的分力,如水平和竖向反力来表示。这种支座计算简图可用交于 *A* 点的两根支承链杆来表示,如图 1.6(b)、(c)、(d)所示。

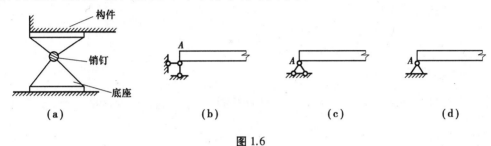

图 1.6

3)固定支座(固支端)

这种支座不允许结构在支承处发生任何移动和转动(图 1.7(a)),如钢筋锚固在立柱中的梁。它的反力大小、方向和作用点的位置都是未知的,通常用水平反力、竖向反力和反力偶来表示,如图 1.7(b)所示。这种支座的计算简图如图 1.7(c)、(d)所示。

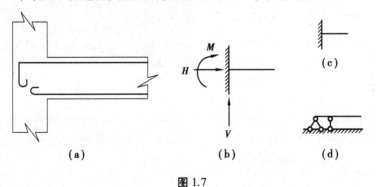

图 1.7

4)滑动支座

这种支座又称定向支座,结构在支承处不能转动,不能沿垂直于支承面的方向移动,但可沿平行于支承面方向滑动。

这种支座计算简图可用垂直于支承面的两根平行链杆表示,其反力为一个垂直于支承面(通过支承中心点)的力和一个力偶。如图 1.8(a)所示为一水平滑动支座,图 1.8(b)、(c)为其计算简图;如图 1.9(a)所示为竖向滑动支座,图 1.9(b)为其计算简图(这种支座在实际结构中不常见,但在对称结构取一半的计算简图中,以及用机动法研究影响线等情况时会用到)。

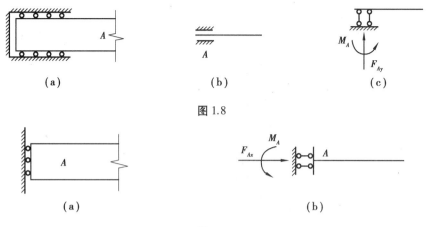

图 1.8

图 1.9

1.3.2 结点类型和特点

结构中杆件相互连接处,称为结点。在计算简图中,结点通常简化为铰结点、刚结点和组合结点。

1)铰结点

铰结点的特征是各杆端不能相对移动,但可以相对转动,可以传递力但不能传递力矩。例如,用螺母、铆钉将杆件连在一起的结点,如图 1.10 所示。图 1.11(a)为一木屋架的端结点构造,图 1.11(b)为其计算简图。此时,各杆端虽不能任意转动,但由于连接处不可能很严密牢固,因此杆件之间有微小相对转动的可能。实际上,结构在荷载作用下杆件间所产生的转动也相当小,故该结点

图 1.10

应视为铰结点。图 1.12 为一刚桁架的结点,该处虽然是把各杆件焊接在结点板上使各杆端不能产生相对转动,但在桁架中各杆件主要是承受轴力。因此,计算时仍常将这种结点转化为铰结点。由此引起的误差在多数情况下是允许的。

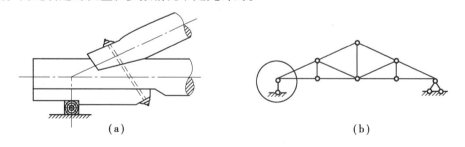

图 1.11

特别地,有时为简化计算,焊结点也简化为铰结点。如图 1.13(a)、(b)所示为网架结构。

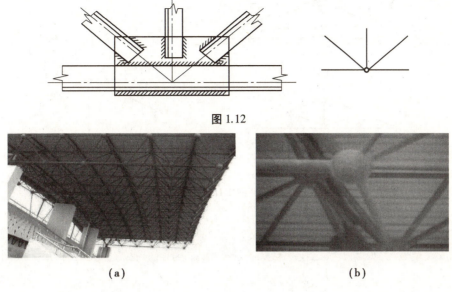

图 1.12

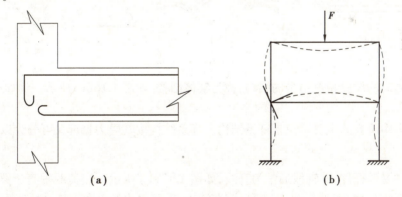

（a）　　　　　　　　　　　　　（b）

图 1.13

2）刚结点

刚结点的特征是各杆端不能相对移动也不能相对转动，可以传递力也可以传递力矩。例如，梁和立柱浇铸到一起的框架结构（图 1.14（a）），上下柱和横梁连接处用混凝土浇筑成整体，钢筋的布置也使得各杆端能够抵抗弯矩，这种结点可视为刚结点。当结构发生变形时，刚结点处各杆端的切线之间的夹角保持不变（图 1.14（b）），即刚结点连接的各杆端之间不会出现相对转角。

（a）　　　　　　　　　　　　　（b）

图 1.14

其约束力一般用两个方向的力和一个内力偶表示。

3）组合结点

这是同一结点处既有刚结点又有铰结点的情形。如图 1.15（a）所示的屋架结构，顶点处左右两斜杆刚接，与竖杆铰接，为一组合结点，如图 1.15（b）所示。其他 5 个结点，也可视为组合结点。在分析组合结点处的约束力时，应区分组合结点处的链式杆与梁式杆，分别处理。链式杆只有轴力，梁式杆则可能同时存在轴力、剪力和弯矩，如图 1.15（c）所示。

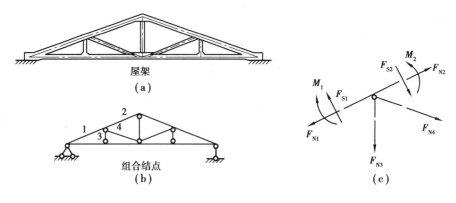

屋架
（a）

组合结点
（b）

（c）

图 1.15

1.4 结构的分类

结构的类型很多,可按不同的角度来进行分类。

按几何特征,结构可分为杆系结构、薄壁结构和实体结构。

杆系结构是由长度远大于其他两个尺寸(即截面的高度和宽度)的杆件组成的结构。

薄壁结构是指其厚度远小于其他两个尺寸(即长度和宽度)的结构,如图 1.16(a)所示的板和如图 1.16(b)所示的壳。

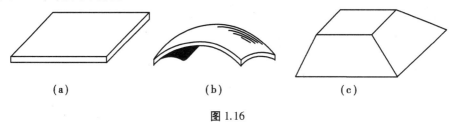

（a）　　　　　　　　　　（b）　　　　　　　　　　（c）

图 1.16

在 3 个方向的尺寸相差不多的结构,称为**实体结构**,如图 1.16(c)所示。例如,水坝、地基和钢球等。

结构力学中研究的主要对象是杆系结构。杆系结构按其受力特征又可分为以下 6 种:

1）梁

梁是一种受弯杆件,其轴线通常为直线,如图 1.17(a)所示。当荷载垂直于梁轴线时,横截面内力为弯矩与剪力;当荷载与梁轴线斜交时,截面内力除弯矩、剪力外还有轴力,如图 1.17(b)所示。

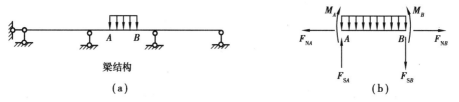

梁结构
（a）

（b）

图 1.17

2)拱

拱的轴线为曲线,且在竖向荷载作用下会产生水平反力(推力)。如图1.18所示,三铰拱使拱比跨度、荷载相同的梁的弯矩及剪力都较小,且有较大的轴向压力。

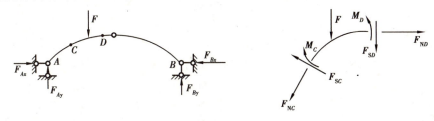

图1.18

3)刚架

由直杆组成并具有刚结点,轴线为折线,如图1.19(a)所示。各杆均为受弯杆件,其内力通常同时有弯矩、剪力以及轴力,如图1.19(b)、(c)所示。

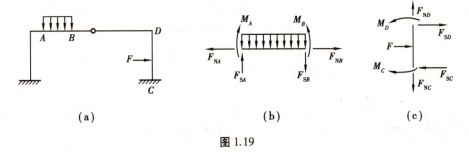

(a)　　　　　　　　　　(b)　　　　　　　　　　(c)

图1.19

4)桁架

由直杆组成,所有结点均为铰结点,如图1.20所示。外力作用在结点上时各杆均只有轴力。

5)组合结构

由梁式杆和链式杆组合在一起的结构,如图1.21所示。结构中一般同时存在铰结点、刚结点和组合结点3种类型中的至少两种类型。在结点荷载作用下,有些杆只承受轴力,称为链式杆;有些杆可能存在弯矩和剪力,称为梁式杆。

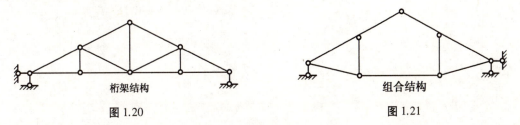

桁架结构　　　　　　　　　　　　　　组合结构

图1.20　　　　　　　　　　　　　　　图1.21

6)悬索结构

主要承重构件为悬挂于塔、柱上的缆索,索只能承受拉力,可最充分地发挥钢材强度,且自重轻,可跨越很大的跨度,如悬索屋盖、悬索桥和斜拉桥(图1.22)等。

按照轴线和外力的空间位置,结构分为平面结构和空间结构。如果结构各杆件均有一形

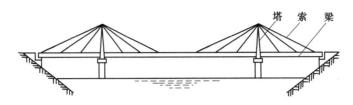

图 1.22

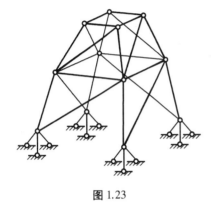

图 1.23

心主惯性平面与外力在同一平面内,且各截面的弯曲中心也在此平面内,则称为平面结构;否则,便是空间结构。实际上工程中的结构都是空间结构,不过在很多情况下可简化为平面结构或近似分解为几个平面结构来计算。当然,不是所有情况都能这样处理,有些必须作为空间结构来计算,如图 1.23 所示的塔架。

按照内外力是否静定,结构可分为静定结构和超静定结构。这一分类在理论上有重大意义。若在任意荷载作用下,结构的全部反力和内力都可由静力平衡方程确定,这样的结构则称为静定结构,如图 1.18(a)、图 1.20、图 1.21 所示;若只靠静力平衡方程还不能确定全部反力或内力,还必须考虑变形协调条件才能确定,这样的结构则称为超静定结构,如图 1.17(a)、图 1.19(a)所示。

思考题

1.结构力学的研究对象和任务是什么?

2.什么是荷载? 结构主要承受哪些荷载? 如何区分静力荷载和动力荷载?

3.什么是结构的计算简图? 如何确定结构的计算简图?

4.结构的计算简图中有哪几种常用的支座和结点? 它们的约束力及限制的位移各有怎样的特点?

5.按几何特征,结构可分为哪几种类型? 哪些结构属于杆系结构? 它们有哪些受力特征?

2

平面杆件体系的几何组成分析

2.1 几何组成分析的基本概念

平面杆件体系是由轴线在同一平面的各杆件通过结点相互连接,或通过结点连接后再通过支座与基础连接组成的杆件体系。如果这些杆件连接或杆件与支座的连接符合一定的规则,则体系可以承受载荷,称为结构。结构是由若干根杆件通过结点间的连接及与支座连接组成的。结构是用来承受荷载的,因此,必须保证结构的几何构造是不可变的。

2.1.1 几何不变体系和几何可变体系

1) 几何不变体系

在不考虑材料应变的条件下,即不考虑杆件变形和支座位移的情况下,体系的位置和形状不能改变,如图 2.1(a)、(b)、(c)所示。

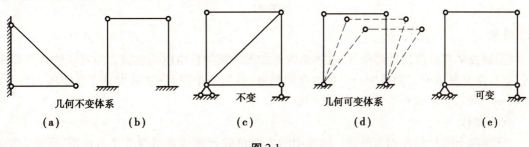

几何不变体系		不变	几何可变体系	可变
(a)	(b)	(c)	(d)	(e)

图 2.1

2）几何可变体系

即使在微小荷载作用下，也不能保持原有几何形状和位置不变的体系。如图2.1（d）、（e）所示体系，即使承受微小载荷，体系几何形状和位置会连续改变，即可发生刚体运动。

显然，只有几何不变体系可作为结构，而几何可变体系是不可以作为结构的。因此，在选择或组成一个结构时，必须掌握几何不变体系的组成规律。

2.1.2 自由度和约束

为了研究体系的几何组成规律，首先介绍几个相关的概念。

1）自由度

自由度是指体系运动时，可以独立改变的几何参数的数目，即确定体系位置所需独立坐标的数目。

①平面内一质点有2个自由度。两相互垂直 x 方向和 y 方向的运动，如图2.2（a）所示。也就是说，确定一个质点在平面上的位置，需要两个独立参数，为简单起见，一般选择质点的两个直角坐标。

②平面内一刚片有3个自由度。作平面运动的刚体可简化为运动平面内的刚片，确定该刚片在平面上的位置，可选择刚片上任意点的直角坐标 (x, y) 和刚片上通过该点的任一线段 AB 与坐标轴正向所夹的角度 α。因此，确定平面刚片的位置需要用到3个独立参数 x, y 和 α，如图2.2（b）所示。因此，其自由度为3。需要说明的是，3个参数的选择并不是唯一的。例如，还可选择刚片上两个点的直角坐标 (x_A, y_A) 和 (x_B, y_B) 4个参数，但这4个参数就不独立了，它们满足约束方程

$$(x_A - x_B)^2 + (y_A - y_B)^2 = \overline{AB}^2$$

独立的参数也是3个，因此，平面刚片只有3个自由度。

③在分析体系的自由度时，可将地基视为自由度为零的刚片。

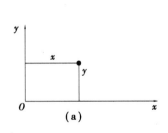
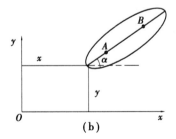

图2.2

2）约束

限制物体自由度的外部条件，或体系内部加入的减少自由度的装置。当对刚体施加约束时，其自由度将减少。能减少一个自由度的约束，称为一个联系；能减少 n 个自由度的约束，称为 n 个联系。下面介绍常见的一些约束。

（1）单铰

连接两个刚片的铰称为单铰。**体系中的1个单铰可使体系减少2个自由度，因此，相当于2个约束。**例如，两个刚片没有单铰约束前，体系的两个刚片共有6个自由度；加单铰连接

后,体系只有 4 个自由度,如图 2.3(a)所示。因这时一个刚片可自由运动,有 3 个自由度,但另一个刚片只能绕铰结点转动,只有一个自由度,故整个体系只有 4 个自由度,与没有铰接前相比,减少了 2 个自由度。

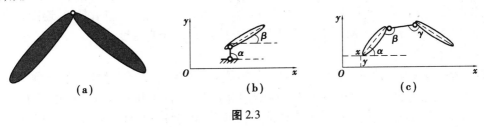

图 2.3

(2)链杆

仅在两处与其他物体用单铰相连的物体,不论其形状和铰的位置如何,在进行几何组成或自由度分析时,可简化为通过两铰中心的刚性直杆和两铰连接的链杆。**一根链杆可使体系减少一个自由度,相当于一个约束**。如固定在地基上的链杆(图 2.3(b)),与它连接的刚片的位置只需用刚片上一固定直线及链杆与 x 轴正向所夹的角度 β 和 α 这样两个独立参数就可以确定,还剩 2 个自由度(减少一个)。链杆连接的两个刚片(图 2.3(c)),只有 5 个自由度。因为这时确定一个刚片的位置(3 个参数)后,另外一个刚片的位置只需要用这样两个参数:如链杆分别与两刚片上固定直线的夹角 β 和 γ 就可以确定,故体系为 5 个自由度,减少了 1 个自由度。

(3)单刚结点

将两刚片连接成一个整体的结点,如两刚片通过焊结点连接,连接后两刚片之间不能发生相对运动,这样的结点称为单刚结点。图 2.4(a)所示的两刚片有 6 个自由度,通过单刚结点连接后成为一个整体,只有 3 个自由度,结点将刚片连成整体(新刚片)。也就是说,**一个单刚结点可使体系减少 3 个自由度,相当于 3 个约束**。

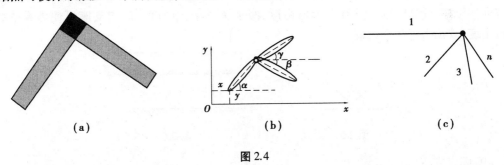

图 2.4

(4)复铰

同一个铰,连接了两个以上的刚片,则称为复铰。n 个刚片用同一铰连接后,确定体系位置可先固定其中任一刚片,需要 3 个独立参数,该刚片固定后,其他 $n-1$ 个刚片只能绕铰结点转动,因此,还需要 $n-1$ 个独立参数。这样,要确定体系的位置共需要 $3+n-1=n+2$ 个参数,即体系自由度为 $n+2$。如果没有铰结点连接,体系共有 $3n$ 个自由度,用复铰连接后,自由度减少了 $2(n-1)$ 个,也就是说,**连接 n 个刚片的复铰相当于 $n-1$ 个单铰,使体系减少了 $2(n-1)$ 个自由度**。如图 2.4(b)所示,3 个刚片用同一铰连接后,其自由度为 5,没连接之前为 9,减少了 $2\times(3-1)=4$ 个自由度,相当于 2 个单铰。

（5）复刚结点

两个以上的刚片用同一刚结点连接,则称该刚结点为复刚结点。n 个刚片用同一刚结点连接后相当于一个整体,仍然只有 3 个自由度。如果没有刚结点连接,体系共有 $3n$ 个自由度,用复刚结点连接后,自由度减少了 $3(n-1)$ 个,如图 2.4（c）所示。也就是说,**连接 n 个刚片的复刚结点相当于 $n-1$ 个单刚结点,使体系减少了 $3(n-1)$ 个自由度。**

（6）组合结点

同一结点处,有些刚片以刚结点相连,有些刚片以铰结点相连,这样的结点称为组合结点。如图 2.5 所示,当结点处被看成 3 杆（刚片）相连时,则杆 1 和杆 2 以刚结点相连,然后再和杆 3 通过单铰相连,连接处应视为组合结点;如果直接将杆 1 和杆 2 视为 1 个刚片再和杆 3 相连,则可看成两刚片通过单铰相连,该处结点可视为铰结点。在计算约束减少的自由度时,按第一种方法,体系减少了 3+2＝5 个自由度;按第二种方法,体系减少了 2 个自由度。虽然两种算法得到的约束减少的自由度数目不一样,但由后面的自由度计算公式可知,两种方法得到的体系的计算自由度是一样的。

（7）固定铰支座

固定铰支座是连接体系和基础的约束。一个刚片用固定铰支座与基础连接后,刚片只能绕铰中心转动,原来的 3 个自由度变为 1 个,减少了 2 个自由度。**固定铰链支座可使体系减少 2 个自由度,故相当于 2 个约束。**固定铰支座和单铰都相当于 2 个约束,在约束减少自由度的本质上是相同的,只是支座是连接体系与基础,而铰是刚片或体系之间的相互连接。

（8）定向支座

将体系用平行等长的两链杆与基础相连,任一瞬时,只允许体系沿垂直于链杆方向的微小移动,而不能发生沿链杆方向移动和转动的支座形式,称为定向支座。如图 2.6 所示,刚片与基础用定向支座连接后,刚片不能发生转动,也不能发生沿链杆方向的位移,只能有垂直链杆方向的位移。因此,刚片只有 1 个自由度,减少了 2 个自由度。**定向支座可使体系减少 2 个约束,故相当于 2 个约束。**

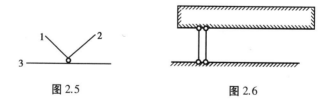

图 2.5　　　　　　　　　　图 2.6

（9）固定支座

如立柱深埋在基础中,或其他一些结构用混凝土浇筑在基础中,这种约束称为固定约束或称为固定支座。显然,**固定支座约束可使体系减少 3 个自由度,相当于 3 个约束。**

将上述结论总结如下:

①一根链杆相当于 1 个约束。

②一个单铰或一个固定铰支座、一个定向支座都相当于 2 个约束。

③一个单刚结点或一个固定支座相当于 3 个约束。

④连接 n 个刚片的复铰,其作用相当于 $(n-1)$ 个单铰,有 $2(n-1)$ 个约束。

⑤连接 n 个刚片的复刚结点,其作用相当于 $(n-1)$ 个单刚结点,有 $3(n-1)$ 个约束。

⑥组合结点视连接情况分解为相应数目的单刚结点与单铰。当然,组合结点也可直接视为单铰或复铰,这时用刚结点连接的各杆(刚片)应视为一个大的刚片。

3)多余约束

多余约束是指不能减少体系实际自由度的约束。

如果在体系中增加一个约束,体系减少一个独立的运动参数,则此约束称为必要约束。如果在体系中增加一个约束,体系的独立运动参数并不减少,则此约束称为多余约束。如图2.7所示的梁,其实际自由度为零,但去掉其中任一竖向链杆后,其实际自由度仍为零,任一竖向链杆对减少实际自由度没有影响,这样的约束便是多余约束。需要说明的是,多余约束对改善结构的受力与变形是起作用的。

以上所说的链杆是连接体系与基础的,该链杆作为多余约束称为外部多余约束。有些体系或结构,其内部有多余约束。例如,平面内一个无铰的刚性闭合框架(或称单闭合框架),不论其形状如何,都视为多余约束,如图2.8(a)、(b)所示的结构具有3个多余约束。如带有 a 个无铰封闭框,则应有 $3a$ 个多余约束。如图2.8(c)所示的结构带有两个封闭框架,有6个多余约束。

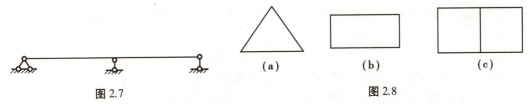

图2.7　　　　　　　　　　　　　　　图2.8

2.2　体系的计算自由度

一个平面体系通常都是由若干部件(刚片或结点)加入一些约束组成。按照各部件都是自由的情况,算出各部件自由度总数,再算出所加入的约束总数,将两者的差值定义为体系的计算自由度 W。

这种理论上计算出的自由度是假定在没有多余约束的前提下得出的,事实上,每一个约束不一定能使体系减少1个自由度,这还与体系中是否有多余约束有关。因此,计算自由度不一定能反映体系的真实的自由度。但在分析体系是否几何不变时,还是可以根据它来判断体系中约束的数目是否足够。

2.2.1　体系计算自由度的一般形式

按照计算自由度的定义,计算自由度可表示为

$$W = (各部件的自由度总和) - (全部约束数)$$
$$W = 3m - (3s + 2h + r) \tag{2.1a}$$

式中　m——体系刚片的个数(不包括基础);

　　　s——单刚结点个数,如果有复刚结点,要按上述结论(5)折合为等量的单刚结点;

　　　h——单铰结点个数,如果有复铰结点,要按上述结论(4)折合为等量的单铰结点;

r——支座链杆数(如果有铰支座、定向支座、固定支座,要按上述结论(7)、(8)和结论(9)折合为支座链杆)。

按式(2.1)计算体系自由度时,应注意以下问题:

①复铰连接要按上述说明换算成单铰连接,如果有组合结点,视连接情况,将组合结点折合成相应数目的单刚结点和单铰。如图2.9(a)所示的复铰,相当于3个单铰;如图2.9(b)所示的情况,比较简单的是可看成3个刚片铰接形成的复铰,也可将下面的直杆看成两个刚片通过刚结点连接,然后和上面两杆分别铰接,则这样的结点就是组合结点,但这时钢片数目为4。同样,如图2.9(c)所示的情况,两刚片用一个单铰相连,也可将上面的折杆看成两刚片以刚结点相连,然后与下面的杆以铰结点相连,这样,结点也就是组合结点了,但这时钢片数目为3。

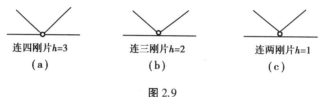

连四刚片 $h=3$ 连三刚片 $h=2$ 连两刚片 $h=1$
(a)   (b)   (c)

图2.9

②刚接在一起的各刚片可作为一大刚片。如带有 a 个无铰封闭框,约束数应加 $3a$ 个,但这时式(2.1a)应变为

$$W = 3m - (3s + 3a + 2h + r) \tag{2.1b}$$

这时,s 应不包括封闭框中刚结点的个数,式中刚片个数 m 也相应减少。

③铰支座、定向支座相当于两个支承链杆,固定端相当于3个支承链杆。

【例2.1】 计算如图2.10所示体系的自由度。

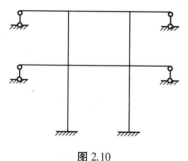

图2.10

【解】 方法1:将体系视为4杆(刚片)通过4个刚结点连接,刚片数 $m=4$;刚结点的数目为 $s=4$;再通过两个固定支座和4个支座链杆与基础相连,故固定支座数目为2,支座链杆数目为4。因此,折合成的支座链杆数目 $r=3×2+4=10$,单铰数目 $h=0$。因此,按式(2.1a),则

$$W = 3m - 3 \times s - r = 3 \times 4 - 3 \times 4 - 10 = -10$$

方法2:将通过刚结点连接的4杆视为一个大的刚片,$m=1$;但4杆形成了一个封闭框,有3个内部多余约束,$a=1$;这时,刚结点的数目应为 $s=0$;固定支座数目为2,支座链杆数目为4,故折合成的支座链杆数目 $b=3×2+4=10$;单铰数目 $h=0$。因此,按式(2.1b),则

$$W = 3m - 3 \times a - r = 3 \times 1 - 3 \times 1 - 10 = -10$$

上述是两种比较简单的方法,当然还有其他方法,同学们可以自己思考,但不管用什么方法,得到的结果是相同的,否则就是计算有误。

2.2.2 平面铰接体系的计算自由度

式(2.1a)和(2.1b)是平面体系自由度计算的一般公式,适用于任何平面体系自由度的计算,对于平面铰接体系,还有更简单的计算自由度的公式,即

$$W = 2j - b - r \tag{2.2}$$

式中 j——铰结点的数目；

   b——体系中杆件的数目；

   r——支座链杆数目。

在使用式(2.2)时，一定要注意条件。所谓铰接体系，就是体系中所有杆件均只用两个铰与其他杆件铰接，所有结点均为铰结点，不能有刚结点或组合结点。如图2.9(b)、(c)所示，当分别看成3根杆和两根杆时，它们是铰结点，但如果看成4根杆和3根杆时，则是组合结点。j为所有铰结点数目之和，不用区分单铰和复铰。

【例2.2】 计算如图2.11所示体系的自由度。

【解】 方法1：按式(2.1a)，体系中有13个刚片，$m=13$。

各铰结点处等效的单铰数目标在图2.11中，总共相当于18个单铰，$h=18$；没有刚结点，$s=0$，支座链杆数 $r=3$，故体系自由度为

$$W = 3m - 3s - 2h - r = 3 \times 13 + 3 \times 0 - 2 \times 18 - 3 = 0$$

公式的意义是：m个刚片有$3m$个自由度，s个刚结点减少$3s$个自由度，h个单铰减少$2h$个自由度，r个连杆减少r个自由度。

方法2：此为平面铰接体系，满足式(2.2)的应用条件，因此

$$W = 2j - b - r = 2 \times 8 - 13 - 3 = 0$$

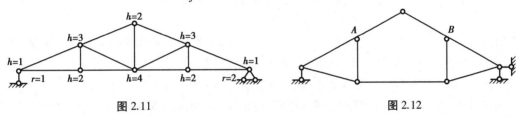

图2.11   图2.12

【例2.3】 计算如图2.12所示体系的自由度。

【解】 按式(2.1a)，得

$$W = 3m - (3s + 2h + r)$$

刚片数目 $m=7$，刚结点数目为零，等效单铰数目 $h=9$，支座链杆数目 $r=3$，因此

$$W = 3 \times 7 - 2 \times 9 - 3 = 0$$

注意：本题虽然各结点均为铰结点，但有两根杆件有3个铰与其他杆铰接，不属于平面铰接体系，因此不能用式(2.2)计算。也不能将A，B两处看成3根杆铰接，总共看成9根杆组成的铰接体系，因为看成9根杆连接，则A，B两处均为组合结点，不是铰结点，不满足式(2.2)的条件。当然，这时仍用式(2.1a)是可以的，由于刚片数目 $m=9$，刚结点数目 $s=2$，等效单铰数目 $h=9$，支座链杆数目 $r=3$，因此

$$W = 3m - 3s - 2h - r = 3 \times 9 - 3 \times 2 - 2 \times 9 - 3 = 0$$

【例2.4】 计算如图2.13所示体系的自由度。

【解】 两个体系均为铰接体系，按式(2.2)可得

$$W = 2j - b - r$$

图2.13(a)体系

$$W = 2j - b - r = 2 \times 6 - 9 - 3 = 0$$

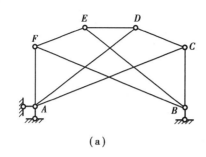 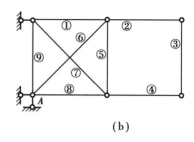

图 2.13

图 2.13(b)体系

$$W = 2j - b - r = 2 \times 6 - 9 - 3 = 0$$

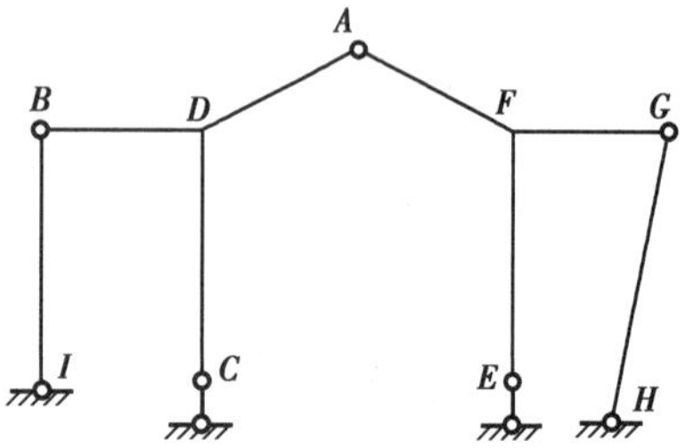

【例 2.5】 计算如图 2.14 所示体系的自由度。

【解】 方法 1:此体系属于一般体系,将 BI, BDC, DA, AF, GFE, GH 分别视为刚片,则 $m=6$, $s=2$, $h=5$, $r=2$,故

$$W = 3m - 3s - 2h - r = 3 \times 6 - 3 \times 2 - 2 \times 5 - 2 = 0$$

当然,也可将 BI, BDA, DC, AFG, FE, GH 视为刚片,结果是一样的。

方法 2:此体系属于一般体系,只将 $ABCD$, $AEFG$ 视为刚片,BI, GH 视为支座链杆,则 $m=2$, $s=0$, $h=1$, $r=4$,故

$$W = 3m - (3s + 2h + b) = 3 \times 2 - (3 \times 0 + 2 \times 1 + 4) = 0$$

图 2.14

也可只将 $ABCD$, $AEFG$, BI, GH 视为刚片,结论是一样的,请读者自己分析。

【例 2.6】 计算如图 2.15 所示体系的自由度。

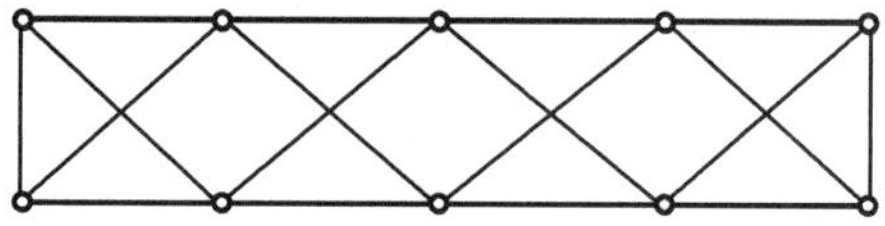

【解】 方法 1:按一般体系,则

$$W = 3m - 3s - 2h - r$$

$$= 3 \times 18 - 3 \times 0 - 2 \times 26 - 0 = 2$$

按铰接体系,则

图 2.15

$$W = 2j - b - r$$

$$= 2 \times 10 - 18 - 0 = 2$$

体系的计算自由度和几何组成之间有何关系呢? 如果体系和基础之间有联系,则:

①计算自由度 $W>0$,说明体系缺少足够的必要约束,还可以运动,体系是几何可变的。

②计算自由度 $W=0$,体系有足够的必要约束,若是没有多余的约束,此时体系为几何不变的,如图 2.13(a)所示的体系。不过也有可能是缺少足够的必要约束,同时又有多余的约束,体系还可以运动,体系是几何可变的,如图 2.13(b)所示的体系,1,5,6,7,8,9 杆之间有多余约束,但 2,3,4,5 之间缺少必要约束。

③计算自由度 $W<0$,体系有多余的约束,此时体系可能有足够的必要约束,体系为几何不变的;或者缺少必要的约束,有多余的约束,体系还可以运动,体系是几何可变的。

因此,$W \le 0$ 是体系几何不变的必要条件。也就是说,如果体系的计算自由度 $W>0$,体系一定是几何可变的。如果 $W \le 0$,体系具备了几何不变所需最小的约束数目,如果这些约束布

置合理,则体系几何不变;如果这些布置不合理,则体系仍可能为几何可变的。

以上结论是对与基础有联系的体系而言的。如果体系和基础之间没有联系,要判断体系内部是几何不变或是几何可变的,则上述结论中的判断的条件分别改为 $W>3,W=3,W<3$,结论不变。

2.2.3 瞬变体系

一个几何可变体系发生微小的位移后,在短暂的瞬时就转换成几何不变体系,称为瞬变体系。瞬变体系在很小荷载作用下,也会产生巨大的内力,导致体系破坏。因瞬变体系在荷载下会产生很大的内力,故几何瞬变体系不能用于工程结构。瞬变体系是几何可变体系的一种特例,瞬变体系不能作为结构使用。

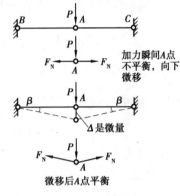

图 2.16

如图 2.16 所示,两杆在 A 点铰接,杆的另一端分别铰接同一刚片,且 3 个铰在同一水平直线上。考虑 A 点的自由度,没有约束前 A 点在平面内具有两个自由度,用两杆连接后,仍可绕 C,B 两点作圆弧运动,两圆弧在 A 点具有公切线,A 点能暂时上下运动,故具有一个自由度。本来两根链杆相当于 2 个约束,约束 1 个点后自由度应该为零,但现在还有 1 个自由度,两个约束只减少了 1 个自由度,说明体系此时具有一个多余约束。

微小移动后,两圆弧由相切变相交,位移停止。此时,体系由可变成为不可变,多余约束成为有效约束。

为什么瞬变体系不能作为结构来使用呢? 如图 2.16 所示的体系,在 A 点作用很小的力 P,加力瞬间 A 点的力不平衡,A 点可沿铅垂方向发生微小位移,发生微小位移 Δ 后,两杆不再共线,体系几何不变,可以承受载荷。设此时杆与水平方向的夹角为 β,两杆中的内力为

$$F_N = \frac{P}{2\sin\beta}$$

由于 Δ 是微量,$\beta\to0$,因此 $F_N\to\infty$,杆中的内力足以使杆件发生断裂破坏。

瞬变体系的 3 个特点如下:

①从微小运动看,是一个可变体系,具有自由度。

②经微小位移后成为不变体系。

③瞬变体系也可以具有多余约束,但其多余约束是暂时的。

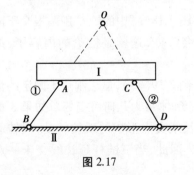

图 2.17

一个单铰可使受约束的体系减少 2 个自由度,两根链杆两端分别连接两个物体,也可使被连接的体系减少 2 个自由度,在减少自由度的数目上,一个单铰和两根链杆是等效的,因此,可将两端分别连接两个不同物体的链杆视为一个单铰,铰的中心在两杆的延长线上,称为**虚铰**或**瞬铰**。如图 2.17 所示,两刚片用两根链杆连接,假设刚片

Ⅱ固定,刚片Ⅰ运动时,链杆 AB 将绕 B 点转动,A 点的位移垂直于 AB,链杆 CD 绕 D 点转动,C 点位移垂直于 CD。因此,该瞬时(图示位置时),刚片Ⅰ可绕两链杆的延长线的交点 O 瞬时转动,两链杆约束相当于中心位于 O 点的一个单铰约束;但转动微小位移后,两杆延长线的交点位置 O 也会发生改变,从瞬时的微小运动来看,两链杆的约束作用相当于在两链杆轴线的交点 O 处的一个铰所起的约束作用。这种铰称为虚铰,它的位置是可以改变的,也称瞬铰。如果两链杆的一端交于同一点,也就相当于位于交点处的一个实铰。两链杆平行时,相当于虚铰在无穷远处。

2.3　几何不变体系的基本组成规则

体系是否几何不变,不仅与约束的数目有关,也与约束布置情况有关,只有在约束数目足够,且布置合理的情况下,体系才是几何不变的。下面介绍一些简单的组成规则。

2.3.1　两刚片规则(规则Ⅰ)

两刚片之间,用一个单铰和一根链杆连接,且铰和链杆不在同一直线上,则组成的体系几何不变,且无多余约束。

如图 2.18(a)所示,两刚片 AC,BC 用 C 铰相连,链杆 AB 一端连接 AC,另一端连接 BC,且 AB 延长线不通过 C 点,这样形成的体系,是几何不变的,且没有多余约束。两刚片只用一个铰连接时,固定一个刚片,另一个刚片还可绕铰转动。如果再用一个不通过铰的链杆加以约束,则固定一个刚片后,另一个刚片的位置也就确定了。

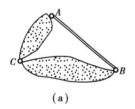 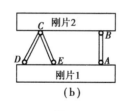 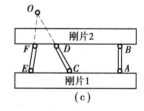

(a)　　　　　　　　　(b)　　　　　　　　　(c)

图 2.18

很容易得到以下推论:

推论:两个刚片用3根不交于一点且不完全平行的3根链杆相连接,形成无多余约束的几何不变体系。

如前所述,一个单铰约束相当于两个链杆约束,如果将图 2.18(a)中的铰 C 用两根交于同一点或延长后交于同一点的链杆代替,规则中的结论不会改变,这就是推论的内容了,如图 2.18(b)、(c)所示。

这里特别强调定理的条件,如果3根链杆交于同一点(图 2.19(a)),显然刚片Ⅰ固定的情况下,刚片Ⅱ可绕三链杆相交形成的实铰转动,有1个自由度,体系为几何可变的。如果3根链杆的延长线交于一点(如图 2.19(b)),则刚片Ⅱ可绕延长线交点形成的瞬铰转动,但转动微小角度后,三链杆延长线不再平行,体系成为几何不变。因此,当三链杆延长线交于一点时,为瞬变体系。

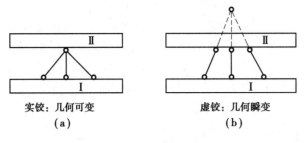

实铰：几何可变　　　　　虚铰：几何瞬变
（a）　　　　　　　　　　（b）

图 2.19

如果连接两刚片的 3 根链杆全部平行且长度都相等（图 2.20（a）），三平行链杆可看成相交于无穷远，铰的中心在无穷远，固定刚片Ⅰ后，刚片Ⅱ可作平移，有 1 个自由度，体系几何可变；如果 3 根链杆全部平行但不等长（图 2.20（b）），两刚片可看成位于无穷远处的瞬铰连接，当刚片Ⅱ发生微小位移后（瞬时平移，也可认为是绕无穷远处的虚铰的转动），由于 3 根链杆转过的角度不同，3 根链杆不再平行，体系成为几何不变。因此，原体系为几何瞬变体系。

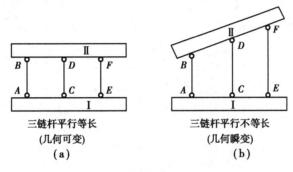

三链杆平行等长　　　　　　三链杆平行不等长
（几何可变）　　　　　　　　（几何瞬变）
（a）　　　　　　　　　　　（b）

图 2.20

2.3.2　三刚片规则（规则Ⅱ）

3 个刚片上用不在同一直线上的 3 个单铰两两铰接，形成的体系几何不变，且无多余约束。这个基本规则称为三刚片规则。因 3 个铰的中心连成一个三角形，也称铰接三角形规则。

如图 2.21（a）所示的三刚片，用 3 个实铰两两相连，组成的体系其内部一定是几何不变且无多余约束的。这里，两两铰接是指每两个刚片之间都用 1 个单铰相连。如果 3 个铰在同一直线上，则体系几何瞬变，如图 2.21（c）所示。如果将规则Ⅱ稍加变换，还可以有其他等价的形式。如图 2.21（b）所示，3 个刚片之间两两用两根链杆连接，由于两链杆相当于交于延长线上的 1 个虚铰，因此，当 3 个虚铰不在同一直线上时，体系几何不变；如果交于同一直线，体系

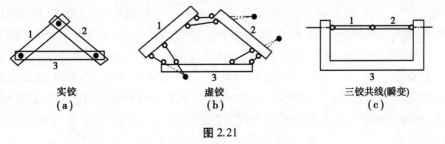

实铰　　　　　　　虚铰　　　　　　三铰共线（瞬变）
（a）　　　　　　　（b）　　　　　　　（c）

图 2.21

几何瞬变。

为什么会有这样的结论呢？如图 2.22 所示的体系,计算自由度 $W=3$,即体系具备几何不变最少数目的约束,如果几何不变,则是没有多余约束的。现在来分析它是否几何不变。假定刚片 1 不动,暂时将 C 铰拆开,则刚片 AC 只能绕 A 铰转动,其上 C 的点只能在以 A 为圆心,以 AC 为半径的圆弧上运动。刚片 BC 只能绕铰 B 转动,其上的 C 点只能在以 B 为圆心、以 BC 为半径的圆弧上运动。但是,刚片 AC 和刚片 BC 以 C 铰相连,C 铰不可能同时沿两个方向作不同的圆弧运动,因而只能在两个圆弧的交点处固定不动。于是,各刚片之间不可能发生任何相对运动。因此,这样组成的体系几何不变,且没有多余约束。

如图 2.23 所示的三铰拱,其左右两半拱可作为刚片,整个地基可作为刚片,两支座链杆各相当于 1 个单铰,故此体系是由 3 个刚片用不在同一直线上的 3 个单铰两两相连组成的,为几何不变体系,而且没有多余约束。

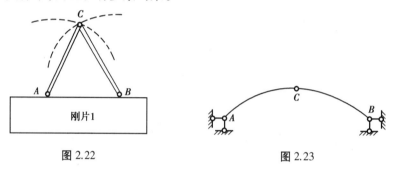

图 2.22   图 2.23

2.3.3　二元体规则(规则Ⅲ)

两根不在同一直线上的链杆铰接于同一点的构造,称为**二元体**,如图 2.24 所示。

在一个体系上增加或减去二元体,不会改变原有体系的几何构造性质,称为二元体规则。

从这一规则可得出一个重要推论:在刚片上用两根不在一条直线上的链杆连接出一个结点,形成无多余约束的几何不变体系,或者说,在一个刚片上增加二元体,形成的体系几何不变,且无多余约束。

注意:若同时用 3 根链杆连接一点,如图 2.25 所示的 C 点,则必有一链杆多余。其中,任一根链杆称为"多余约束",但无论如何,只有一根链杆是多余的。若在刚片上增加的铰接于同一点的两链杆共线,则形成瞬变体系。如图 2.21(c)所示,将铰接于同一点的两链杆 1 和 2 视为刚片 3 上增加的新构造,因两杆共线,则体系几何瞬变。

在分析某些体系,特别是桁架时,用二元体规则比较简便。例如,分析如图 2.26 所示的桁架时,可先去掉二元体 DFE,剩下部分 ACD 为铰接三角形,由规则Ⅱ,为没有多余约束的几何不变体系,可视为 1 个刚片。同理,BCE 为 1 个刚片,基础视为 1 个刚片,三刚片用不在同一直线上的 3 个铰 ABC 两两相连,按照规则Ⅱ,体系几何不变,且无多余约束。因此,原体系几何不变且无多余约束。还可按照分别去掉二元体 DFE、二元体 ADC、二元体 BEC,最后得到刚片 AC,BC 和基础,符合规则Ⅱ;反过来,也可将基础视为 1 刚片,依次增加二元体 ACB,ADC,BEC,DFE,可得到体系几何不变且无多余约束的结论。

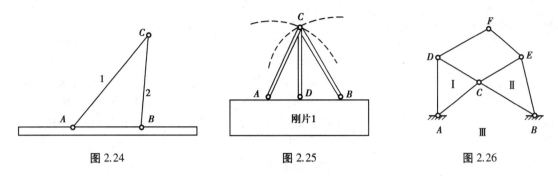

图 2.24   图 2.25   图 2.26

在进行几何组成分析时,常常要用到链杆和刚片的等效替换。一个刚片,如果它只通过两个铰和其他物体相连,不管刚片形状如何,刚片和连接它的两个铰一起可看成方位沿两铰中心的 1 个链杆;反过来,1 个链杆也可视为刚片,链杆两端的铰则应视为两个铰。利用上述等效替换后,以上 3 个规则是相通的,本质上是一致的。如图 2.27 所示的体系,可看成三刚片用不在同一直线上的 3 个铰两两相连,符合规则 Ⅱ,体系几何不变,且无多余约束。如果将刚片 AB 连同它两端的铰看成一根链杆,则是由两刚片 AC,BC 用铰 C 和不通过铰 C 的链杆 AB 连接的,符合规则 Ⅰ,同样可得到体系几何不变且无多余约束的结论。如果将 BC 视为刚片,刚片 AB 连同它两端的铰看成 1 根链杆,将刚片 AC 连同它两端的铰看成 1 根链杆,则 AB,AC 两链杆在 A 点连接,构成二元体,这样体系就是在刚片 BC 上增加 1 个二元体,符合规则 Ⅲ,同样可得到体系几何不变且无多余约束的结论。

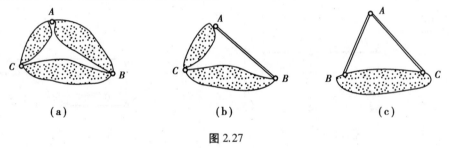

(a)   (b)   (c)

图 2.27

2.4   几何组成分析示例

对一个体系进行几何组成分析时,首先可根据其计算自由度 W。若 $W>0$(或只就体系本身 $W>3$),则体系一定是几何可变的;若 $W \leq 0$(或只就体系本身 $W \leq 3$),体系具备了几何不变所必需的最少数目的约束,是否一定几何不变,还取决于这些约束的布置是否合理。因此,需要进行几何组成分析,分析的思路就是利用前面介绍的几何不变体系的组成规则及常见瞬变体系的形式来进行判断。问题在于如何正确和灵活运用这些基本组成规则。对于较复杂的体系,宜先把能直接观察出的几何不变部分当成刚片,或者以基础、一个刚片、一个基本铰接三角形为基础,按二元体或两刚片规则逐步扩大刚片范围,或者先拆除二元体,使体系简化,以便进一步用基本规则去分析它们。

下面举例加以说明。

【例 2.7】 试对如图 2.28 所示的体系作几何分析。

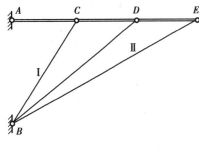

图 2.28

【解】 方法1：（1）将基础 AB 视为一个刚片。

（2）该体系是在基础上依次增加二元体 ACB，CDB，DEB，按规则Ⅲ，所组成体系几何不变，且无多余约束。

方法2：基础、AC 杆、BC 杆按三刚片规则组成一个铰接三角形，可视为一个刚片Ⅰ。同理，BD，DE、EB 杆按三刚片规则形成一个大的刚片Ⅱ，刚片Ⅰ和刚片Ⅱ用 B 铰和链杆 CD 相连，链杆不通过铰，按规则Ⅰ，体系几何不变且没有多余约束。

【例2.8】 试对如图 2.29 所示的体系进行几何组成分析。

【解】 体系中折杆 DHG 和 FKG 可分别看成链杆 DG，FG（图中虚线所示），依次去掉二元体（DG，FG），（EF，CF），对余下部分，将折杆 ADE、杆 BE 和基础分别看成刚片，它们通过不共线的3个铰 A，E，B 两两相连，为无多余约束的几何不变体系，EF 和 CF 两链杆是该体系上增加的二元体。因此，原体系为无多余约束的几何不变体系。

【例2.9】 试对如图 2.30 所示的体系进行几何组成分析。

【解】 体系与基础以3根不交于一点，且不完全平行的链杆1,2,3相连，符合两刚片规则，只分析内部体系。将 AB 看成刚片Ⅰ，链杆 AC，EC 可看成刚片 AB 上增加的二元体，链杆 BD，FD 也是刚片上增加的二元体，则链杆 CD 是多余约束，故此体系是有一多余约束的几何不变体系。

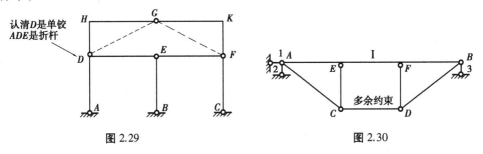

图 2.29　　　　图 2.30

【例2.10】 试对如图 2.31（a）所示的体系作几何组成分析。

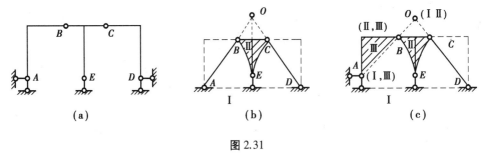

（a）　　　　（b）　　　　（c）

图 2.31

【解】 方法1：将基础作为刚片Ⅰ，刚架中间的 T 形杆部分 BCE 为刚片Ⅱ，折杆 AB，CD 连同两端的铰视为链杆，如图 2.31（b）所示。因连接两刚片Ⅰ，Ⅱ的3根链杆交于一点 O，故为瞬变体系。

方法2：将折杆 AB 作为刚片Ⅲ，将基础作为刚片Ⅰ，刚架中间的 T 形杆部分 BCE 为刚片Ⅱ，如图 2.31（c）所示。刚片Ⅰ与Ⅲ之间用两链杆（相当于 A 处的一个实铰）相连，刚片Ⅱ与

Ⅲ之间用 B 铰相连,刚片 Ⅰ 与 Ⅱ 之间用两链杆形成的虚铰 O 相连,因连接三刚片的三铰 A,B,O 共线,故体系为瞬变体系。

【例 2.11】　试对如图 2.32(a)所示的体系作几何组成分析。

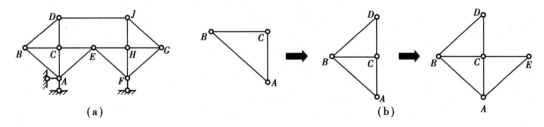

图 2.32

【解】　(1)先看上部结构。找出三角形 ABC、三角形 FHG,作为初步分析的刚片。

(2)在初始刚片基础上,依次增加两个二元体,形成对称的两个刚片 Ⅰ,Ⅱ,如图 2.32(b)所示。

(3)刚片 Ⅰ、刚片 Ⅱ 通过链杆 DJ 与铰结点 E 相连,满足两刚片规则,上部体系形成几何不变且无多余约束的结构,可视为一个更大的刚片。

(4)上部结构与基础通过不交于一点的 3 根链杆相连(简支形式),体系几何不变,且无多余约束。

【例 2.12】　试对如图 2.33 所示的体系作几何组成分析。

【解】　基础视为刚片 Ⅰ,ACD 视为刚片 Ⅱ,BCE 视为刚片 Ⅲ,A,B,C 分别为其连接的 3 个铰,由三刚片规则可知,其为几何不变部分,且无多余约束,看成扩大的刚片。在此刚片上依次增加二元体 MFL,FGD,GHC,HIE,JIK,故体系为几何不变无多余约束体系。

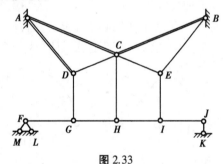

该题也可依次去掉二元体后剩下基础,故该体系为几何不变体系且无多余约束,请读者自行分析。

图 2.33

【例 2.13】　试对如图 2.34(a)所示的体系作几何组成分析。

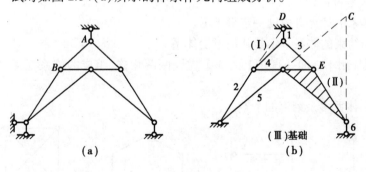

图 2.34

【解】　取 AB 杆为刚片(Ⅰ),铰接三角形为刚片(Ⅱ);基础为刚片(Ⅲ),如图 2.34(b)所示。基础与刚片(Ⅰ)通过链杆 1,2 形成的虚铰 D 相连;基础与刚片(Ⅱ)通过链杆 5,6 形成的虚铰 C 相连;刚片(Ⅰ)与(Ⅱ)通过链杆 3,4 形成的虚铰 E 相连,三铰不共线,故体系几何不变无多余约束。

几何不变与几何可变体系在几何组成与静力特性方面的差别见表2.1。

表2.1

体系的分类		几何组成特性		静力特性
几何不变体系	无多余约束的几何不变体系	约束数目正好,布置合理		静定结构:仅由平衡条件就可求出全部反力和内力
	有多余约束的几何不变体系	约束有多余,布置合理	一定有多余约束	超静定结构:仅由平衡条件求不出全部反力和内力
几何可变体系	几何瞬变体系	约束数目够,布置不合理		内力为无穷大或不确定
	几何常变体系	缺少必要的约束,或约束数目够但布置不合理		不存在静力解答

思考题

1.如何理解多余约束? 有多余约束的体系一定是超静定结构吗? 计算自由度 $W \leq 0$ 是保证体系为几何不变的必要和充分条件吗?

2.图中的哪一个不是二元体(或二杆结点)?

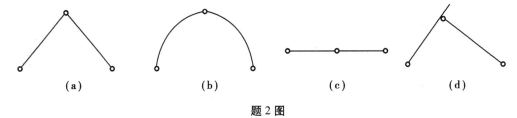

(a)　　　　　(b)　　　　　(c)　　　　　(d)

题2图

3.以下说法是否正确?

(1)瞬变体系的计算自由度一定等于零。

(2)有多余约束的体系一定是几何不变体系。

(3)3个刚片用不在同一直线上的3个虚铰两两相连,组成的体系是无多余约束的几何不变体系。

4.说出下图体系多余约束的个数。

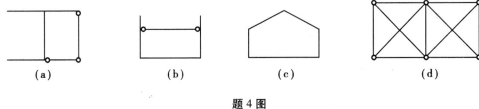

(a)　　　　　(b)　　　　　(c)　　　　　(d)

题4图

5.图示体系与基础之间用3根链杆相连成何种体系?

6.图示体系为何种体系?

7.图示体系的计算自由度为多少?

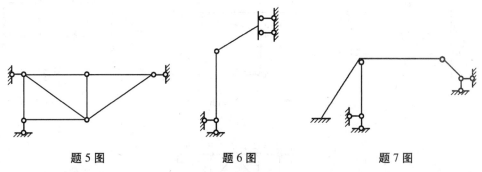

题5图　　　　　题6图　　　　　题7图

习　题

2.1　图示平面体系中,试增添支承链杆,使其成为几何不变且无多余约束的体系。

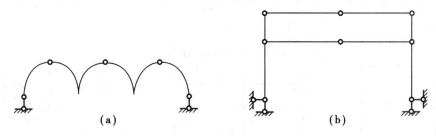

（a）　　　　　　　　　　　（b）

题2.1图

2.2　计算图(a)—(f)体系的自由度,并分析其几何组成。

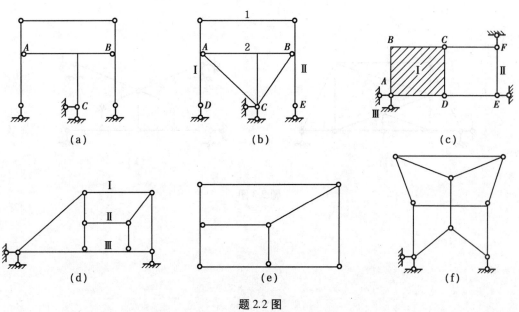

（a）　　　　　　（b）　　　　　　（c）

（d）　　　　　　（e）　　　　　　（f）

题2.2图

2.3 分析图示体系的几何组成。

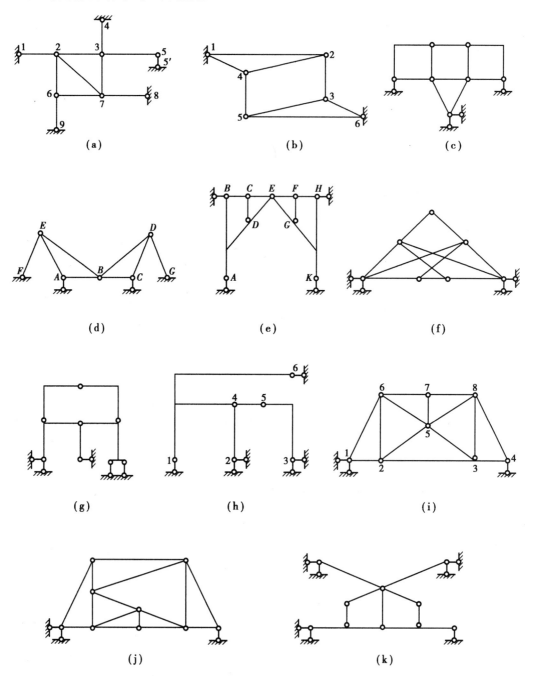

题 2.3 图

2.4 分析图示体系的几何组成。

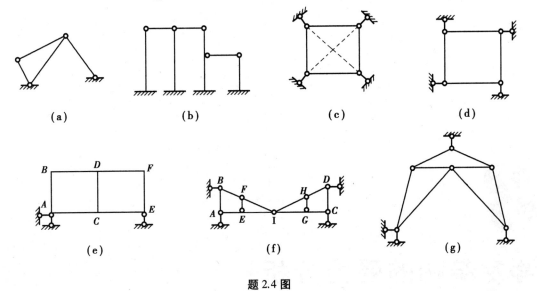

题 2.4 图

3

静定结构的受力分析

    本章讨论各类静定结构的内力计算。何谓**静定结构**,从结构的几何构造分析可知,静定结构为没有多余联系的几何不变体系;从受力分析来看,在任意的荷载作用下,静定结构的全部反力和内力都可由静力平衡条件确定,且解答是唯一的确定值,故静定结构的约束反力和内力皆与所使用的材料、截面的形状和尺寸无关;支座移动、温度变化和制造误差等因素只能使静定结构产生刚体位移,不会引起反力及内力。

    在材料力学中,杆件横截面的内力用截面法求解,即用假想的截面截取分离体,暴露出所求截面的内力,然后列出分离体的平衡方程,计算所求截面的内力,绘制结构的内力图。对静定结构内力分析的基本方法就是截面法。本章将对实际工程中应用较广泛的单跨和多跨静定梁、静定平面刚架、三铰拱、静定平面桁架、静定组合结构等常见的静定结构(图 3.1)进行内力分析,并完成内力图的绘制。

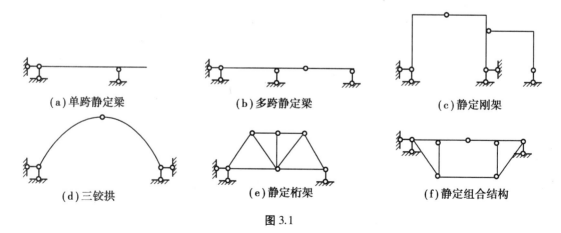

(a)单跨静定梁   (b)多跨静定梁   (c)静定刚架

(d)三铰拱   (e)静定桁架   (f)静定组合结构

图 3.1

3.1 单跨和多跨静定梁

3.1.1 单跨静定梁

单跨静定梁在工程中应用很广,是组成各种结构的基本结构之一。其受力分析是各种结构受力分析的基础。在材料力学中,对梁的受力分析及内力求解已作了详细的研究,在这里仍有必要加以简略回顾和补充,以使读者进一步熟练掌握。

单跨静定梁的结构形式按梁轴线形状位置,可分为水平梁、斜梁和曲梁。按支承形式,可分为简支梁、悬臂梁和外伸梁(图3.2)。它们是单跨静定梁的基本形式,梁和地基按两刚片规则组成静定结构,其3个支座反力由平面一般力系的3个平衡方程即可求出,下面介绍水平直梁内力计算。

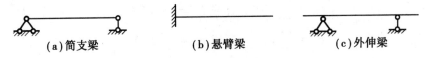

(a)简支梁　　　　**(b)悬臂梁**　　　　**(c)外伸梁**

图 3.2　单跨静定梁

计算内力的方法为截面法。平面杆系结构(图3.3(a))在任意荷载作用下,其杆件在传力过程中横截面 m—m 上一般会产生某一分布力系,将分布力系向横截面形心简化得到主矢和主矩,而主矢向截面的轴向和切向分解即为横截面的轴力 F_N 和剪力 F_S,主矩即为截面的弯矩 M。轴力 F_N、剪力 F_S 和弯矩 M 即为平面杆系结构构件横截面的3个内力分量,如图3.3(b)所示。

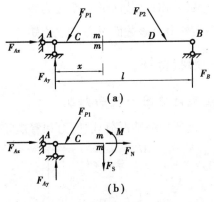

图 3.3

内力的符号规定与材料力学一致,如图3.4所示。轴力以拉力为正;剪力以绕分离体顺时针方向转动者为正;弯矩以使梁的下侧纤维受拉为正。反之,则为负。

内力计算由截面法的运算得到:

轴力 F_N 等于截面一侧所有外力(包括荷载和反力)沿截面法线方向投影的代数和。

剪力 F_S 等于截面一侧所有外力沿截面方向投影的代数和。

截面的弯矩 M 等于该截面一侧所有外力对截面形心力矩的代数和。

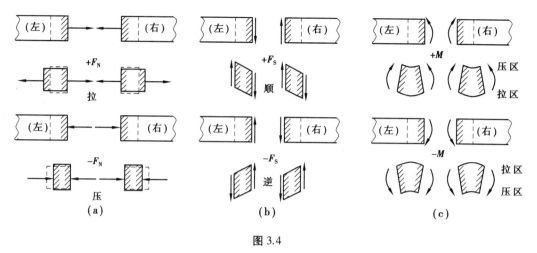

图 3.4

上述结论的表达式为

$$
\left.
\begin{aligned}
F_N &= \sum F_{xi}^L && (\text{或 } F_N = \sum F_{xi}^R) \\
F_S &= \sum F_{yi}^L && (\text{或 } F_S = \sum F_{yi}^R) \\
M &= \sum M_C(F_{yi}^L) && (\text{或 } M = \sum M_C(F_{yi}^R))
\end{aligned}
\right\}
\tag{3.1}
$$

式中　F_{xi}^L——截面左侧某外力在 x 轴方向的投影;

　　　F_{xi}^R——截面右侧某外力在 x 轴方向的投影;

　　　F_{yi}^L——截面左侧某外力在 y 轴方向的投影;

　　　F_{yi}^R——截面右侧某外力在 y 轴方向的投影;

　　　$M_C(F_{yi}^L)$——截面左侧某外力对该截面形心 C 之力矩;

　　　$M_C(F_{yi}^R)$——截面右侧某外力对该截面形心 C 之力矩。

3.1.2　水平直梁内力图的形状特征

1)内力与荷载间微分关系及内力图形状的判断

绘制杆系结构的内力图一定要熟练掌握荷载、剪力和弯矩间的微分关系,即

$$
\left.
\begin{aligned}
\frac{\mathrm{d}F_S}{\mathrm{d}x} &= q(x) \\
\frac{\mathrm{d}M}{\mathrm{d}x} &= F_S \\
\frac{\mathrm{d}^2M}{\mathrm{d}x^2} &= \frac{\mathrm{d}F_S}{\mathrm{d}x} = q(x)
\end{aligned}
\right\}
\tag{3.2}
$$

根据荷载、剪力和弯矩间的微分关系,以及杆件在集中力和集中力偶作用截面两侧内力的变化规律,将内力图绘制方法总结在表 3.1 中以供复习。

表 3.1　水平直梁内力图的形状特征

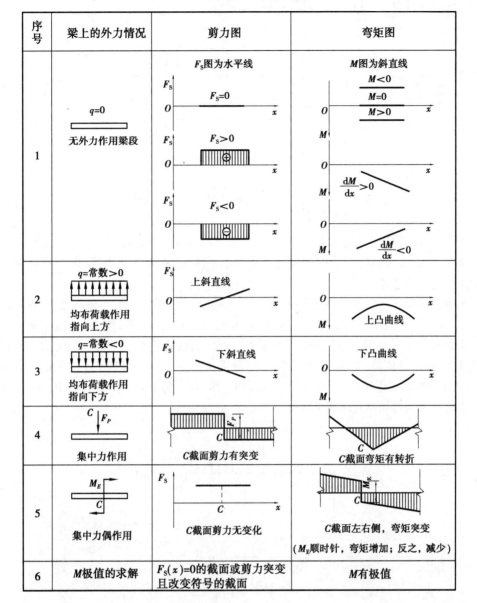

2）区段叠加法作弯矩图

用叠加法作简支梁（图 3.5（a））在均布荷载 q、A 截面外力偶 M_A 和 B 截面外力偶 M_B 共同作用下的弯矩图。图 3.5（a）中载荷可分解为图 3.5（b）、图 3.5（c）、图 3.5（d）3 个载荷的和，由叠加原理，图 3.5（a）中梁任一截面的内力，一定等于图 3.5（b）、图 3.5（c）、图 3.5（d）中梁相应截面内力之和。图 3.5（b）、图 3.5（c）、图 3.5（d）3 种简单荷载作用下的弯矩图在材料力学中已介绍过，可作为结论记住。实际作图时，不必作出分解 3.5（b）、（c）、（d），而直接作出图 3.5（a）。其方法是先绘出两个杆端弯矩 M_A 和 M_B，并用直线（图中虚线）相连，这相当于图 3.5（c）、（d）的两个荷载作用下的弯矩；然后以此直线为基线叠加简支梁在荷载 q 作用下的弯

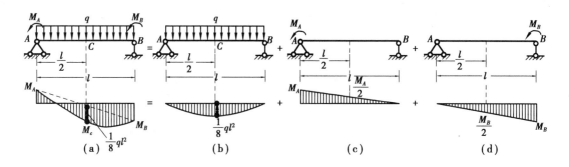

图 3.5 M图(单位:kN·m)

矩图 3.5(b)。其跨中截面 C 的弯矩为

$$M_C = \frac{M_A}{2} + \frac{M_B}{2} + \frac{ql^2}{8} = \frac{M_A + M_B}{2} + \frac{ql^2}{8}$$

注意:弯矩图的叠加是指其纵坐标叠加,纵标要垂直于梁的轴线,在用叠加法作斜梁的弯矩图时要特别注意。这样,最后的图线与最初的水平基线(斜梁为梁轴线)之间所包含的图形即为叠加后所得的弯矩图。

上述叠加法对作任何区段的弯矩图都是适用的,如图 3.6(a)所示的梁承受多种荷载作用,如果已求出某一区段 AB 截面 A 的弯矩 M_A 和截面 B 的弯矩 M_B,则 AB 区段上集中力作用的跨中截面的弯矩不必用截面法去求,而可采用简便的区段叠加法求解。取出图 3.6(b)AB 段为分离体,根据分离体的平衡条件分别求出截面 A,B 的剪力 F_{SB} 和 F_{SB}。将此分离体与如图 3.6(c)所示的简支梁相比较,由于简支梁受相同的集中力 F_P 及杆端弯矩 M_A 和 M_B 作用,由简支梁的平衡条件可求得支座反力

$$F_{Ay} = F_{SA}, \quad F_{By} = F_{SB}$$

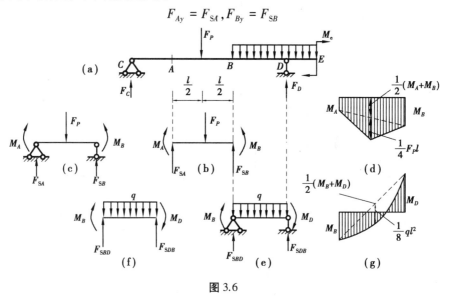

图 3.6

至此可知,图 3.6(b)的 AB 区段梁和如图 3.6(c)所示的简支梁受力完全相同,故两者弯矩图也必然相同;如图 3.6(c)所示简支梁的弯矩图,可用图 3.7 简支梁的叠加法作出。如图 3.7 所示的简支梁在跨中 C 截面的弯矩可由叠加法计算为

$$M_C = \frac{M_A}{2} + \frac{M_B}{2} + \frac{1}{4}Fl = \frac{M_A + M_B}{2} + \frac{1}{4}Fl$$

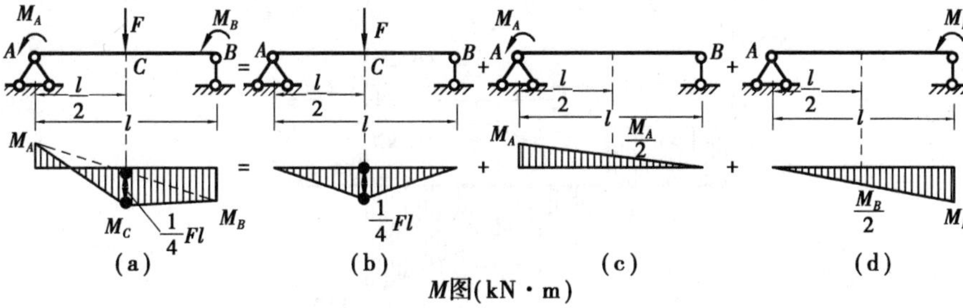

图 3.7

同理,图 3.6(e)的 BD 区段梁和如图 3.6(f)所示的简支梁受力完全相同,故两者弯矩图也相同;而如图 3.6(f)所示简支梁的弯矩图在图 3.5(a)中已用叠加法绘出。故得出结论:受弯结构中任意区段梁均可当作简支梁,区段分界面上的弯矩作为简支梁端面弯矩,利用简支梁弯矩图的叠加法作区段梁的弯矩图。下面总结区段叠加法绘制量弯矩图的步骤。

①求反力(一般悬臂梁可不用求反力):利于静力平衡方程,求出作图需要的支座反力。

②分段:凡外荷载不连续点(如集中力作用点、集中力偶作用点、分布荷载的起讫点及支座结点等)均应作为分段点,一般每相邻两分段点为一梁段(相邻两端无分布荷载和集中力偶作用时也可以相邻三分段点为一梁段),每一梁段两端称为控制截面,根据外力情况就可以判断各梁段的内力图形状。

③定点:选定所需的控制截面,用截面法求出这些控制截面的内力值,并在内力图上标出内力的竖坐标。

④连线:根据各段梁的内力图形状,将其控制截面的竖坐标以相应的直线或曲线相连。对控制截面间有荷载作用的情况,其弯矩图可用区段叠加法绘制。

静定结构内力求解中,需要注意以下 4 点:

①弯矩图画在梁受拉边(即弯矩纵标指向梁受拉侧),不标明正负,轴力图剪力图画在任一边,标明正负。

②内力图要标明名称、单位、控制竖标大小的数值。

③大小长度按比例,直线要直,曲线要光滑。

④截面法求内力所列平衡方程正负与内力正负是完全不同的两套符号系统。

【例 3.1】 试作如图 3.8 所示梁的剪力图和弯矩图。

【解】 (1)求支座反力:

$$\sum M_E = 0,$$

$$F_{RA} = \frac{-26 + 30 \times 5 + 6 \times 6 \times 1 - 20}{7} = 20(\text{kN})(\uparrow)$$

$$\sum M_A = 0$$

$$F_{RE} = \frac{26 + 30 \times 2 + 6 \times 6 \times 6 + 20}{7} = 46 \text{ kN}(\uparrow)$$

(2)梁分段并用截面法求出各控制截面的剪力和弯矩:

$A_右$ 截面: $F_{S,A}^R = 20(\text{kN})$

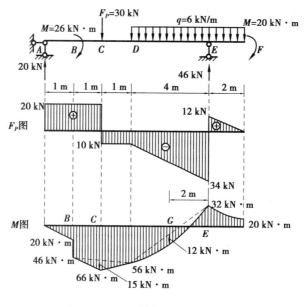

图 3.8

$$M_A^R = 0$$

$B_{左}$ 截面：$F_{S,B}^L = F_{S,A}^R = 20(kN)$

$$M_B^L = 20 \times 1 = 20(kN \cdot m)$$

$B_{右}$ 截面：$F_{S,B}^R = 20(kN)$

$$M_B^R = M_B^L + 26 = 46(kN \cdot m)$$

$C_{左}$ 截面：$F_{S,C}^L = 20(kN)$

$$M_C^L = 20 \times 2 + 26 = 66(kN \cdot m)$$

$C_{右}$ 截面：$F_{S,C}^R = 20 - 30 = -10(kN)$

$$M_C^R = M_C^L$$

D 截面：$F_{S,D}^L = F_{S,D}^R = -10(kN)$

$$M_D^L = M_D^R = 20 \times 3 + 26 - 30 \times 1 = 56(kN \cdot m)$$

$E_{左}$ 截面：$F_{S,E}^L = -10 - 6 \times 4 = -34(kN)$

$$M_E^L = -20 - 6 \times 2 \times 1 = -32(kN \cdot m)$$

$E_{右}$ 截面：$F_{S,E}^R = F_{S,E}^L + 46 = 12(kN)$

$$M_E^R = M_E^L = -32(kN \cdot m)$$

$F_{左}$ 截面：$F_{S,F}^L = 0$

$$M_F^L = -20 = -20(kN \cdot m)$$

（3）定出各控制截面的纵坐标，按微分关系连线，绘出剪力图和弯矩图。

其中，区段 BD 和区段 DE 可用区段叠加法快速求区段跨中弯矩。

区段 BD 跨中截面：

$$M_C = \frac{M_B + M_D}{2} + \frac{1}{4}Fl = \frac{46 + 56}{2} + \frac{30 \times 2}{4} = 66(kN \cdot m)$$

区段 DE 跨中截面：

$$M_G = \frac{M_D + M_E}{2} + \frac{ql^2}{8} = \frac{56 - 32}{2} + \frac{6 \times 4^2}{8} = 24(\text{kN} \cdot \text{m})$$

注意：以上是按两分段点作为控制截面，计算出这些截面的内力的数值然后作图，绘弯矩图时 DE 段和 EF 段还需在两端控制截面弯矩连成的直线上，叠加相应简支梁受均布荷载作用下的弯矩。

需要特别强调的是，集中力作用的截面上，剪力是不连续的，如图 3.8 所示的 D,E 截面，所以需要计算出这个截面稍左或稍右的剪力；在集中力偶作用的截面，弯矩是不连续的，所以需要计算出这个截面稍左和稍右的弯矩。本例中，将 B,C,D,E 截面的剪力和弯矩都计算出来了，事实上，根据连续性可知 $F_{S,B}^L = F_{S,B}^R, F_{S,D}^L = F_{S,D}^R$，而 $M_C^R = M_C^L, M_D^L = M_D^R, M_E^L = M_E^R$。本例如果只绘弯矩图，分段时也可将 B 截面以右至 D 截面作为一个区段，只需计算出 B 稍右截面和 D 截面的弯矩，连一直线，再叠加 BD 作为简支梁中截面受集中力 F 作用的弯矩。

3.1.3　斜简支梁的内力图

在建筑工程中，常会遇到杆轴倾斜的斜梁。其中，单跨静定斜梁的结构形式有梁式楼梯、板式楼梯、屋面斜梁以及具有斜杆的刚架。斜梁上主要有以下两种外荷载的分布情况：

①图 3.9(a)中沿杆轴长度作用的铅垂均布荷载，荷载分布集度为 q_1'，如楼梯的自重荷载。

②图 3.9(b)水平方向作用的均匀荷载，荷载分布集度为 q_2，如楼梯上的人群荷载。

为了计算上的方便，在图 3.9(a)中，一般将沿楼梯梁轴线方向均布的荷载 q_1' 按照合力等效原则换算成沿水平方向均布的荷载 q_1，即

$$q_1' \frac{l}{\cos \alpha} = q_1 l, \qquad q_1 = \frac{q_1'}{\cos \alpha} \tag{3.3}$$

因此，对于楼梯斜梁，无论是计算楼梯自重荷载作用，还是计算人群荷载作用，均可采用水平方向均布的荷载作用(图 3.9(c))进行内力计算。下面用一例题说明斜梁的内力计算特点。

【例 3.2】　如图 3.9 所示楼梯简支斜梁，斜梁的水平投影长度为 l，斜梁与水平方向夹角为 α，斜梁自重荷载为 q_1'，承受的人群荷载为 q_2，试绘制斜梁在两个荷载共同作用下的内力图。

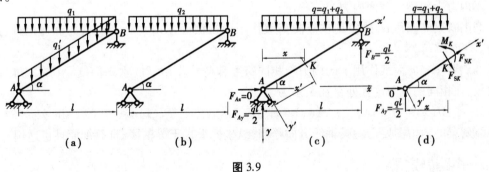

图 3.9

【解】　(1)自重荷载换算。

将沿斜梁轴线方向的荷载 q_1' 换算成沿水平方向的荷载 q_1，有 $q_1 = \dfrac{q_1'}{\cos \alpha}$，则图 3.9(c)中斜

梁沿水平方向均布总荷载 $q=q_1+q_2$。

（2）计算支座反力。

取整体为研究对象（图3.9（c）），利用平衡条件求得

$$F_{Ax}=0, \qquad F_{Ay}=\frac{ql}{2}(\uparrow), \qquad F_B=\frac{ql}{2}(\uparrow)$$

（3）计算任意杆件横截面的内力。

用 K 横截面截开斜梁，取 AK 为分离体，如图3.9（d）所示。求得 K 截面的内力为

$$\sum M_K=0, M_K=\frac{ql}{2}x-\frac{qx^2}{2}=\frac{qx}{2}(l-x)$$

$$\sum F_{x'}=0, F_{NK}=qx\sin\alpha-\frac{1}{2}ql\sin\alpha=q\sin\alpha(x-0.5l)$$

$$\sum F_{y'}=0, F_{SK}=\frac{1}{2}ql\cos\alpha-qx\cos\alpha=q\cos\alpha(0.5l-x)$$

（4）作内力图。

由 M_K，F_{SK} 和 F_{NK} 的表达式可知，该斜梁的弯矩图为二次抛物线，剪力图和轴力图是一斜直线，如图3.10所示。

当斜梁自重荷载 $q_1'=9$ kN/m，人群荷载 $q_2=5$ kN/m，$l=5.2$ m，$\alpha=30°$，有 $q_1=\dfrac{q_1'}{\cos\alpha}=$ $\dfrac{9}{\cos 30°}=6\sqrt{3}$ kN/m，$q=q_1+q_2=6\sqrt{3}+7.5=17.9$ kN/m，则斜梁内最大内力为

$$x=2.6 \text{ m},$$

$$M_{K,\max}=\frac{17.9\times0.5\times5.2}{2}(5.2-0.5\times5.2)$$

$$=121(\text{kN}\cdot\text{m})$$

$x=0$ 或 5.2 m，$|F_{N,\max}|=0.5ql\sin\alpha=0.5\times17.9\times5.2\times\sin 30°=23.75(\text{kN})$

$x=0$ 或 5.2 m，$F_{S,\max}=0.5ql\cos\alpha=0.5\times17.9\times5.2\times\cos 30°=40.31(\text{kN})$

斜梁内力图的要点说明：

①内力为斜梁横截面内力。

②因斜梁的倾角 α，故使其在竖向荷载作用下横截面上内力除了有剪力和弯矩外，还有轴力。

③斜梁在竖向荷载作用下的内力与相同跨度和荷载作用下的水平简支梁（图3.11）的内力比较，在相同的截面位置处存在关系为

$$M(x)=M°(x), \qquad F_S(x)=F_S°(x)\cos\alpha, \qquad F_N(x)=-F_S°(x)\sin\alpha \qquad (3.4)$$

④斜梁的内力图要沿斜梁轴线方向绘制，纵坐标垂直于梁轴线，且叠加原理也适用。

3.1.4 多跨静定梁

1）多跨静定梁的几何组成

多跨静定梁是由若干根梁用铰相连，并受到与基础相连的若干支座的约束的静定结构。常见用于公路桥梁（图3.12（a））、单层厂房建筑中的木檩条等工程中。

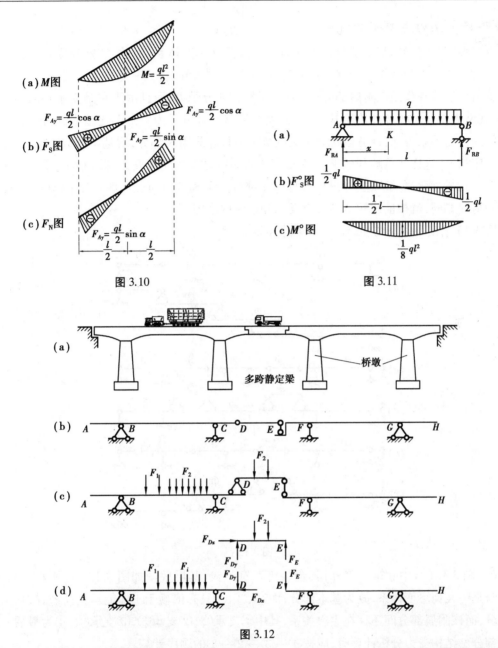

图 3.10

图 3.11

图 3.12

图 3.12(a)中的多跨静定梁,计算简图如图 3.12(b)所示。从几何组成上看,多跨静定梁可分为**基本部分**和**附属部分**。图 3.12(b)中,AD,EH 两个部分均有 3 根支座链杆直接与地基相连,为静定外伸梁,它们可以不依赖其他部分提供的约束而能独立的承受荷载作用,为没有**多余约束的几何不变体系,称为结构的基本部分**。而图中的 DE 部分在没有两边的基本部分通过铰 D 和 E 提供支持的前提下,不能承受荷载,即它**必须依靠基本部分才能维持其几何不变形,故称结构的附属部分**。显然,若附属部分被破坏或撤除,基本部分仍能维持其几何不变性;反之,若基本部分被破坏,则附属部分必随之垮塌破坏。为了更清晰地表示各部分之间的支持依从关系,可将基本部分画在下层,而把附属部分画在上层(图 3.12(c)),称为**层叠图**。它具有**多级附属关系**,且具有**相对性**。

2)多跨静定梁的内力分析

由于多跨静定梁的基本部分直接与地基组成几何不变体系,因此,它能独立承受荷载作用而维持平衡。当荷载作用于基本部分时,由平衡条件可知,将只有基本部分受力,而附属部分不受力。当荷载作用于附属部分时,则不仅附属部分受力,而且由于它是支承在基本部分上的,其反力将通过铰接处传给基本部分,因此使基本部分受力。由上述基本部分与附属部分之间的传力关系可知,计算多跨静定梁的顺序应该是先附属部分,后基本部分;即与几何组成的顺序相反,这样才可顺利地求出各铰接处的约束力和各支座反力,做到列一个平衡方程解一个未知量,而避免解联立方程组。每取一部分为分离体分析受力时(图3.12(d)),与单跨梁的情况相同,就按前述的单跨梁求反力和绘制内力图。

图3.13给出了常见的多跨静定梁基本组成形式。

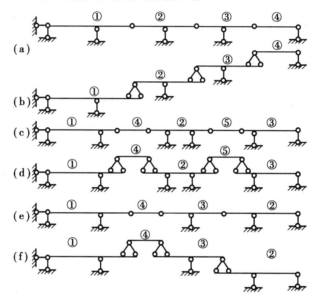

图3.13

(1)图3.13(a)中除第一跨外,其余各跨皆有一铰,其层叠图如图3.13(b)所示。其中,①本身是一几何不变体系,故为基本部分;而②、③、④只有依赖于①才能承受荷载,故均为附属部分,而该附属部分间还存在主次关系,其中①支承②,②支承③,③支承④,④为最后一级附属部分。结构受力分析计算时,应按④→③→②→①的顺序计算。

(2)图3.13(c)中无铰跨和两铰跨交替出现,其层叠图如图3.13(d)所示。其中,外伸梁与支承于外伸梁上的挂梁交互排列,虽然②、③两外伸梁只有两根竖向支座链杆直接与地基相连,但在竖向荷载作用下能独立承载并维持平衡。因此,在竖向荷载作用下①、②、③均为基本部分,而④、⑤挂梁则为不能独立承载的附属部分。结构受力分析时,应先计算④、⑤,后计算①、②、③。

(3)图3.13(e)为前两种的组合方式,其层叠图如图3.13(f)所示。①、②为外伸梁,为多跨静定梁的基本部分;而②支承③,①和③共同支承挂梁④,④为多跨梁的最后一级附属部分。结构受力分析时应按④→③→①和②的顺序计算。

【例3.3】 试计算图3.14(a)所示的多跨静定梁,并作内力图。

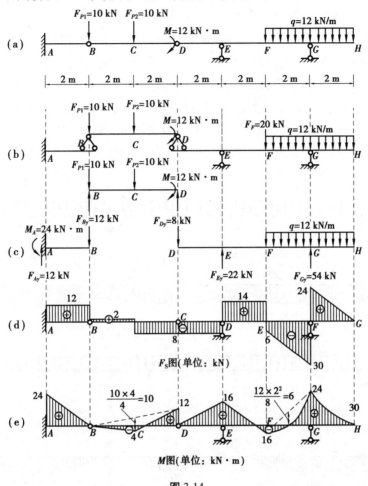

图3.14

【解】 多跨静定梁基本部分为AB和DH,附属部分为BD,层叠图如图3.14(b)所示。分析从附属部分BD开始,然后分别是AB和DH;附属部分BD与基本部分AB,DH受力图,如图3.14(c)所示。根据平衡方程求铰结点B,D以及支座A,E,G的约束反力。

因梁上只承受竖向荷载,由整体平衡条件可知,水平反力$F_{Ax}=0$,从而可推知各中间铰结点处的水平反力均等于零,全梁不产生轴力。挂梁BD受到的基本部分的支持力,B铰处的反作用力即为基本部分AB的荷载,D铰处的反作用力即为基本部分DH在D截面受到的荷载。所有约束反力实际方向及大小标注于图中,无须再说明。剪力图和弯矩图按照"分段、定点、连线"的绘图方法绘出,如图3.14(d)、(e)所示。

3)多跨静定梁的受力特征

如图3.15(a)所示的多跨连续梁,在均布荷载q作用下,支座处的弯矩为零,跨中弯矩最大值为$\dfrac{ql^2}{8}$,弯矩图如图3.15(b)所示,若用同样跨度的三跨铰接静定梁图3.15(c)代替图3.15(a)所示的多跨简支梁,在同样的荷载作用下,其弯矩图则如图3.15(d)所示。随着两个

中间铰到支座 B 或 C 的距离 a 的增加,中间支座 B,C 的负弯矩会随之增大;可证明当 $a=0.171\ 6l$ 时,边跨 AB 或 CD 跨产生的最大正弯矩等于中间支座 B 或 C 的支座负弯矩,即 $M_E=M_B=0.085\ 8ql^2$。将这一弯矩结果与图 3.15(b)比较可知,三跨铰接静定梁的最大弯矩要比简支梁的最大弯矩小 31.3%。比前者的弯矩分布更为均匀。究其原因是因为多跨静定梁中布置了外伸悬臂梁的缘故,它一方面减少了附属部分的跨度,一方面又使得外伸臂上的荷载对基本部分产生负弯矩。由于支座处负弯矩的存在,阻止了杆件在支座处产生较大的转角,从而部分地抵消了跨中荷载所产生的正弯矩,故也减少了杆件跨中的挠曲变形,跨中截面的正弯矩也减少。因此,多跨铰接静定梁较相应的多跨简支静定梁更节省材料,但其构造要复杂些,施工的难度也相应增加。

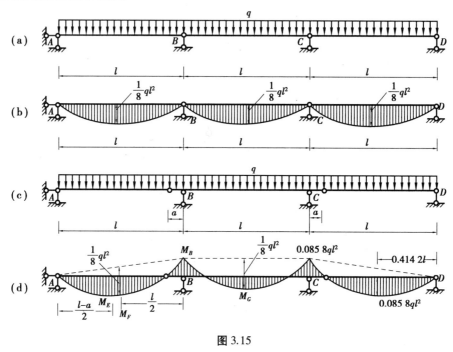

图 3.15

求解多跨静定梁内力的方法和要点如下:

①应用弯矩图的形状特征以及叠加法,在某些情况下可不计算反力而首先绘出弯矩图。**铰接处由于剪力的相互作用、互相抵消,因此,铰支座处剪力图不突变;铰不传递弯矩,该处无集中力偶作用时弯矩为零。**

②有了弯矩图,剪力图即可根据微分关系或平衡条件求得。

③由剪力图上剪力竖标的突变值得到支座反力值。

【例 3.4】 试判断图示结构 M 图的形状是否正确。

【解】 (1)如图 3.16(a)所示的三跨静定梁的弯矩图是错误的。在 C,E,G 铰结点处弯矩为零,铰不传递弯矩。

(2)根据多跨静定梁的层叠关系作出各附属部分 AC,CE,EG 以及基本部分 GH 的受力图,如图 3.16(b)所示。

(3)全梁无分布荷载,弯矩为斜直线,弯矩的转折控制面为 B,D,E 3 个铰支座截面。改

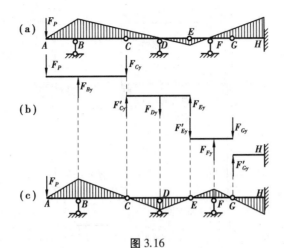

图 3.16

正后的弯矩图如图 3.16(c)所示。

3.2 静定平面刚架

3.2.1 刚架概述

刚架是由若干梁、柱等直杆组成的具有刚结点的结构。刚架在建筑工程中应用十分广泛,单层厂房、工业和民用建筑如教学楼、图书馆、住宅等;6~15 层房屋建筑承重结构体系其骨架主要就是刚架,其形式有**悬臂刚架**、**简支刚架**、**三铰刚架**、**多跨等高或不等高刚架**等**静定刚架**,以及**两铰**、**无铰**、**多层多跨**、**封闭刚架**等**超静定结构**,工程上大多数刚架为超静定刚架,但静定刚架是超静定刚架计算的基础。本节主要学习静定平面刚架,超静定平面刚架将在超静定结构的章节中研究。

当所有直杆的轴线在同一平面内,荷载也作用在此平面内时,这种静定刚架可按平面问题处理,称为静定平面刚架,如图 3.17 所示为其在工程中的应用。其中,悬臂刚架在工程中属于独立刚架,常用于小型阳台、挑檐、公共汽车站雨篷、车站篷、敞廊篷等;悬臂刚架的结构特点为一端固定的悬臂或悬挑结构,或固定柱脚,或固定在梁、板的一端。而三铰刚架的结构特点为两折杆与基础通过 3 个铰两两相连,构成静定结构,主要用于仓库、厂房天窗架等无吊车的建筑物。

在土建工程中,平面刚架用得很普遍,而本章讨论的平面静定刚架是超静定刚架的基础。因此,掌握静定平面刚架的内力分析具有十分重要的意义。

静定平面刚架的形式如图 3.18 所示。

3.2.2 刚架的主要的结构特征

1)变形特征

在刚架中,几何不变体系主要依靠结点刚性连接来维持,无须斜向支承联系,因而可使结构的内部具有较大的净空间。如图 3.19(a)所示的静定桁架承受水平荷载,如果把 C,D 两铰

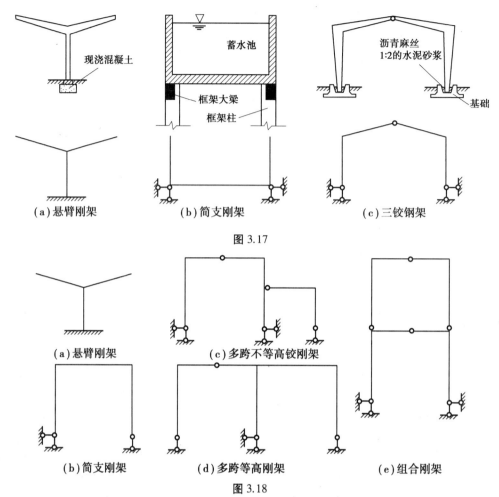

（a）悬臂刚架　　　　（b）简支刚架　　　　　（c）三铰钢架

图 3.17

（a）悬臂刚架　　　　（c）多跨不等高铰刚架

（b）简支刚架　　　　（d）多跨等高刚架　　　　（e）组合刚架

图 3.18

结点改为刚结点,并支承斜杆,使其变为 1 次超静定的两铰刚架,如图 3.19(b)所示。显然,内部净空间得到增大,从变形的角度来看,原来桁架在铰结点处杆件有相对转角的变形,从图中结点处的虚线夹角可看出;但在刚架中,梁柱形成一个刚性整体,增大了结构刚度,刚结点在刚架的变形中既产生角位移,又产生线位移,但各杆端不能产生相对移动和转动,刚结点各杆端变形前后夹角保持不变。刚结点这一较铰结点更强地阻止结点杆端相对转角产生的约束特性,是刚架内力分析的出发点。图 3.19(c)给出了三铰静定刚架的变形曲线,将其与图 3.19(b)1 次超静定的两铰刚架进行变形比较可知,静定结构因比超静定刚架缺少多余约束,故产生的变形较超静定刚架大,但较简支梁小。

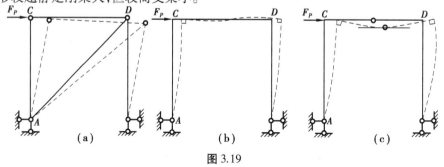

（a）　　　　　　　　（b）　　　　　　　　（c）

图 3.19

2）内力特征

从内力角度来看,刚架的杆件截面内力通常有弯矩 M、剪力 F_S 和轴力 F_N。由于刚结点较强的约束,它能够承受和传递弯矩,因此,使刚架内力分布相对变得更均匀一些,使材料的力学性能充分发挥,达到节省材料的目的。图 3.20（a）、（b）分别给出了简支梁、两铰刚架在均布荷载作用下的弯矩图,由于刚架刚结点对杆端截面相对转动的约束,能传递力和力矩,因此,刚架的内力、变形峰值比用铰结点连接时小,而能跨越较大空间,工程应用广泛。由图 3.20（b）的两铰刚架与图 3.20（c）的三铰刚架受力和变形分析比较可知,超静定刚架因有更强的约束,故使结构在相同的荷载作用下产生的内力和变形又较静定刚架小,更为合理。

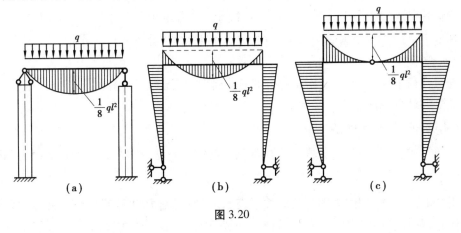

图 3.20

3.2.3 静定平面刚架的内力分析

静定平面刚架的弯矩 M、剪力 F_S 和轴力 F_N 3 个内力分量,其计算方法原则上与静定结构梁相同。在刚架整个运算过程中,内力正负号及杆端内力的表示方法如图 3.21（b）所示。结构力学中通常规定**刚架杆端弯矩顺时针（对结点逆时针）为正；反之为负**。但画弯矩图依然是画在受拉一侧,因而不必注明正负；其剪力和轴力正负的约定与梁中剪力和轴力的正负规定相同,剪力图和轴力图可画在杆件轴线的任一侧,但必须注明正负。

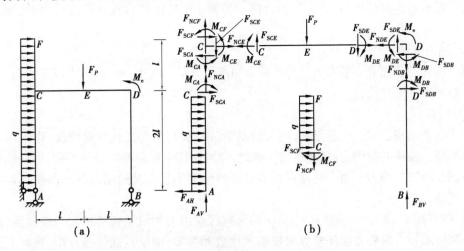

图 3.21

静定刚架内力求解的步骤通常如下：

1）求出支座反力

（1）悬臂刚架（可不求支座反力，图 3.18（a）），简支刚架（图 3.18（b））

刚架与地基按照两刚片规则组成，荷载作用时产生的支座反力只有 3 个，利用整体的平衡条件，列平面一般力系的 3 个独立平衡方程即求得支座反力。

（2）三铰刚架

三铰刚架的两根折杆与地基之间按照三刚片规则组成时，支座反力有 4 个，其全部反力的求解一般需取两次分离体，首先取整体为分离体列 3 个平衡方程，然后取刚架的左半部分（或右半部分）再列一个平衡方程（通常列对中间铰的力矩式平衡方程 $\sum M_C(F_i) = 0$），方可求出全部反力。注意尽量做到列一个方程，解一个未知量，避免解联立方程。

（3）组合刚架

先进行几何组成分析，分清附属部分和基本部分，应遵循先计算附属部分支座反力，再计算基本部分的计算顺序。

2）刚架内力计算的杆件法

将刚架拆成若干个**杆件（分段）**，先用**截面法**的简便算法求出各杆件的**杆端内力（定点）**。

3）连线

利用杆端内力（运用**内力图与荷载关系表 3.1** 或区段叠加法计算），将各杆段的两杆端内力坐标**连线**，逐杆绘制内力图。刚架的轴力一般不为零，各杆内力图合在一起就是刚架的内力图。

4）在内力求解及绘制内力图时需特别注意几个关键问题

（1）在结点处有不同的杆端截面

每个刚结点连接好几个杆件，各杆端内力并不完全相同。杆端内力的表示：如在图 3.21（a）中要用内力符号表示 AC 杆在 C 端的 3 个杆端内力，则分别记为 M_{CA}，F_{SCA}，F_{NCA}。下标"CA"表示待求截面所在的杆件的记号。其中，第一个字母表示内力所属的截面，称为近端；后面的字母表示该杆件的另一端，称为远端。当要求 CD 杆在 C 端的杆端内力时，则杆端内力记号为 M_{CD}，F_{SCD}，F_{NCD}。

（2）隔离体的选择

每个切开的截面处一般有 3 个待求的未知内力分量。其中，轴力、剪力以正方向绘出，弯矩可以顺或逆的方向绘出。

（3）校核

由于刚架结构组成受力较复杂，内力较复杂，因此，初学易出现计算错误，作出内力图后应加以校核。校核的原则是：整体结构平衡时，结构中任一局部都应保持平衡，可从结构中取出某一部分应维护静力平衡。通常可校核结点的静力平衡。通过结点的平衡校核可初步判断内力图是否正确。

图 3.21（b）中，汇交于刚结点 C 或 D 的所有杆端内力构成平衡的平面一般力系，故知**杆端剪力和杆端轴力及外力在任意方向投影的代数和为零**；刚结点能传递弯矩，当其上**无集中外力偶作用时，汇交于刚结点的所有杆端的弯矩的代数和为零**；当其上有集中外力偶作用时，

汇交于刚结点的所有杆端的弯矩与集中外力偶构成平衡的力偶系。即满足：

结点 C：

$$\left.\begin{array}{ll} \sum F_{i,x} = 0 & -F_{SCA} + F_{SCF} + F_{NCE} = 0 \\ \sum F_{i,y} = 0 & -F_{NCA} + F_{NCF} - F_{SCE} = 0 \\ \sum M_C = 0 & M_{CA} + M_{CF} + M_{CE} = 0 \end{array}\right\} \quad (a)$$

结点 D：

$$\left.\begin{array}{ll} \sum F_{i,x} = 0 & -F_{SDB} - F_{NDE} = 0 \\ \sum F_{i,y} = 0 & -F_{NDB} + F_{SDE} = 0 \\ \sum M_D = 0 & M_{DB} + M_{DE} + M_e = 0 \end{array}\right\} \quad (b)$$

【例 3.5】 试作如图 3.22(a)所示简支刚架的内力图。图中 $q = 10 \text{ kN/m}, F_P = 20 \text{ kN}, M = 30 \text{ kN} \cdot \text{m}, l = 2 \text{ m}$。

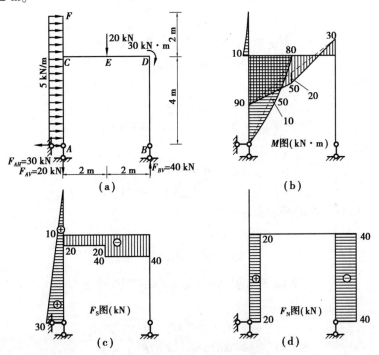

图 3.22

【解】 简支刚架的内力计算一般首先利用整体的平衡条件,列 3 个平衡条件即可求得 3 个支座反力;然后拆分刚架为 4 根杆件,取各杆件为分离体(图 3.21(b)),由平衡方程分别计算各杆端截面内力;最后根据各杆端内力值定点、连线,绘制内力图。

(1)求支座支力。

取整个刚架为分离体,利用平衡条件

$$\sum F_x = 0, \qquad F_{AH} = 5 \times 6 = 30 \text{(kN)} (\leftarrow)$$

$$\sum M_B = 0, \qquad F_{AV} = \frac{30 + 5 \times 6 \times 3 - 20 \times 2}{4} = 20 \text{(kN)} (\downarrow)$$

$$\sum M_A = 0, \qquad F_{BV} = \frac{30 + 5 \times 6 \times 3 + 20 \times 2}{4} = 40(\text{kN}) \ (\uparrow)$$

(2)求杆端内力。

刚架可折分为 AC, CF, CD, DB 4 根杆件,以各杆件及结点为分离体,受力图绘于图 3.21(b),利用分离体的平衡方程可得:

AC 杆件 A 端:

$$M_A = 0$$
$$F_{SAC} = 30(\text{kN}), \qquad F_{NAC} = 20(\text{kN})$$

AC 杆件 C 端:

$$M_{CA} = -30 \times 4 + 5 \times 4 \times 2 = -80(\text{kN} \cdot \text{m})$$
$$F_{SCA} = 30 - 5 \times 4 = 10(\text{kN}), \qquad F_{NCA} = 20(\text{kN})$$

CF 杆件 F 端:

$$M_{FC} = 0, \qquad F_{SFC} = 0, \qquad F_{NFC} = 0$$

CF 杆件 C 端:

$$M_{CF} = -5 \times 2 \times 1 = -10(\text{kN} \cdot \text{m})$$
$$F_{SCF} = 5 \times 2 = 10(\text{kN}), \qquad F_{NCF} = 0$$

BD 杆件 B 端:

$$M_{BD} = 0$$
$$F_{SBD} = 0, \qquad F_{NBD} = -40(\text{kN})$$

BD 杆件 D 端:

$$M_{DB} = 0$$
$$F_{SDB} = 0, \qquad F_{NDB} = -40(\text{kN})$$

利用节点 C 和结点 D 的平衡条件:

CD 杆件 C 端:

$$M_{CD} = +80 + 10 = 90(\text{kN} \cdot \text{m}) \ (\text{)})$$
$$F_{SCD} = -20(\text{kN}), \qquad F_{NCD} = 0(\text{kN})$$

CD 杆件 D 端:

$$M_{DC} = M_e = 30(\text{kN} \cdot \text{m}) \ (\text{)})$$
$$F_{SDC} = -40(\text{kN}), \qquad F_{NDC} = 0$$

(3)作内力图。

根据以上求得的各杆端内力,定点、连线作出弯矩图、剪力图和轴力图,如图 3.22(b)、(c)、(d)所示,CD 杆件跨中截面弯矩利用前述的区段叠加法确定。

(4)内力图的校核。

弯矩图通常是检查刚结点处是否满足力矩的平衡条件;而本例中已利用结点 C 的平衡求得了 CD 杆的左端杆端内力 M_{CD}, F_{SCD}, F_{NCD}。同样,利用结点 D 的平衡求得了 CD 杆的右端杆端内力 M_{DC}, F_{SDC}, F_{NDC},两个结点力矩满足平衡条件。一般为了校核剪力图和轴力图的正确性,可取刚架的任何部分为分离体以检查内力求解是否正确。此时,可取出 CD 杆(图 3.23)进行内力图的校核。从 CD 的实际受力图中可知,CD 杆件杆端内力与集中荷载构成平衡力

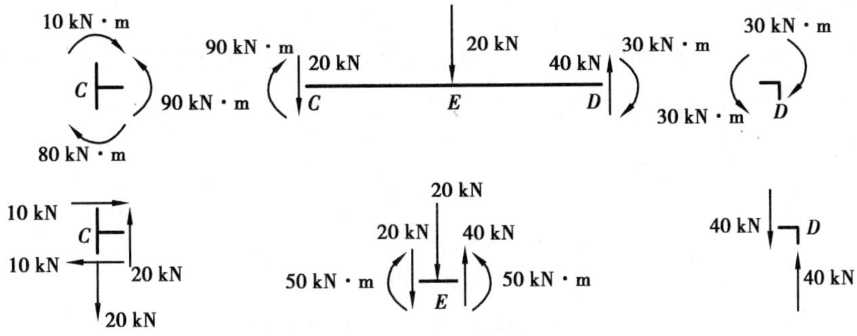

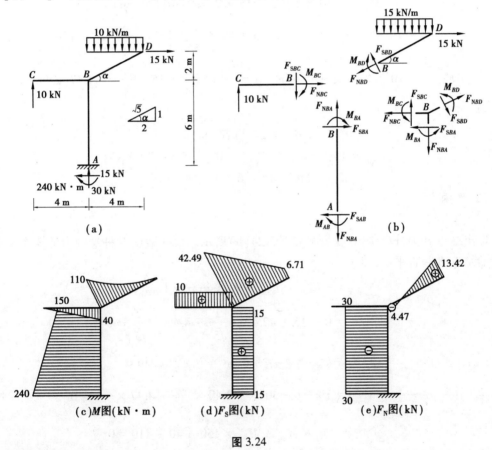

图 3.23

系,即

$$\sum F_x = 0, \qquad \sum F_y = -20 - 20 + 40 = 0$$

$$\sum M_C = -90 - 20 \times 2 - 30 + 40 \times 4 = 0$$

故从图 3.23 中可知,计算及绘制的内力图正确无误。

【例 3.6】 试作如图 3.24(a)所示悬臂刚架的内力图。

图 3.24

【解】 悬臂刚架的内力计算与悬臂梁基本相同,一般从自由端开始,逐根杆件截取分离体计算各杆端内力。悬臂刚架可不先求支座反力,只是在内力计算结果的检验时可利用整体平衡下求得的支座反力。

（1）求杆端内力。

将悬臂刚架折分成 3 根杆件 CB,DB,AB 及结点 B。其受力图如图 3.24（b）所示。杆端内力计算从自由端开始，用截面法直接计算。

CB 杆件：

$$M_{CB} = 0$$
$$F_{SCB} = 10(\text{kN}), \qquad F_{NCB} = 0$$
$$M_{BC} = 10 \times 4 = 40(\text{kN} \cdot \text{m})$$
$$F_{SBC} = 10(\text{kN}), \qquad F_{NBC} = 0$$

DB 杆件：

$$M_{DB} = 0$$
$$F_{SDB} = 15 \sin \alpha = 15 \times \frac{1}{\sqrt{5}} = 6.71(\text{kN})$$
$$F_{NDB} = 15 \cos \alpha = 15 \times \frac{2}{\sqrt{5}} = 13.42(\text{kN})$$
$$M_{BD} = -10 \times 4 \times 2 - 15 \times 2 = -110(\text{kN} \cdot \text{m})$$
$$F_{SBD} = 10 \times 4 \cos \alpha + 15 \times \sin \alpha = 40 \times \frac{2}{\sqrt{5}} + 15 \times \frac{1}{\sqrt{5}} = 42.49(\text{kN})$$
$$F_{NBD} = -10 \times 4 \sin \alpha + 15 \times \cos \alpha = -40 \times \frac{1}{\sqrt{5}} + 15 \times \frac{2}{\sqrt{5}} = -4.47(\text{kN})$$

AB 杆件：

$$M_{AB} = 240(\text{kN} \cdot \text{m})$$
$$F_{SAB} = 15(\text{kN}), \qquad F_{NDB} = 10 - 40 = -30(\text{kN})$$
$$M_{BA} = 240 - 15 \times 6 = 150(\text{kN} \cdot \text{m})$$

（2）作内力图。

（3）内力校核。

取出结点 B 为分离体，其受力图如图 3.24（b）所示。根据结点 B 杆端内力的 3 个平衡方程检验结点 B 是否平衡，即

$$\sum F_x = -F_{NBC} - F_{SBA} + F_{SBD}\sin \alpha + F_{NBD}\cos \alpha$$
$$= 0 - 15 + 42.49 \times \frac{1}{\sqrt{5}} - 4.47 \times \frac{2}{\sqrt{5}} = 0$$
$$\sum F_y = F_{SBC} - F_{NBA} - F_{SBD}\cos \alpha + F_{NBD}\sin \alpha$$
$$= 10 - (-30) - 42.49 \times \frac{2}{\sqrt{5}} - 4.47 \times \frac{1}{\sqrt{5}} = 0$$
$$\sum M_B = M_{BA} + M_{BC} + M_{BD} = 150 - 40 - 110 = 0$$

结论：因结点 B 上作用的所有的杆端内力满足平衡条件，故可说明内力图正确无误。

【例 3.7】 试作如图 3.25（a）所示三铰刚架的内力图。

【解】 三铰刚架的内力计算过程和简支刚架基本相同。但在支座反力求解上略为复杂

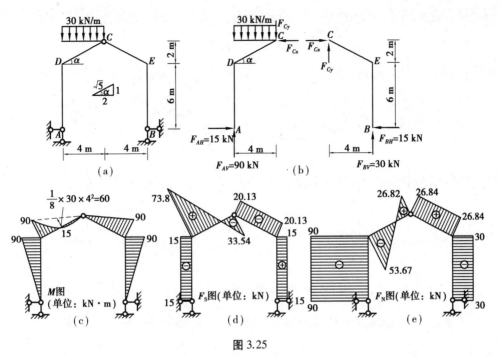

图 3.25

一些。由刚体静力学平面一般力系的平衡条件可知,一般取一次分离体,可求解 3 个未知力,但三铰结构的支座反力有 4 个待求的反力,故应按前述的这类三铰静定结构支座反力的求解方法,即先取整体结构为分离体,再取局部以左或以右的半个刚架为分离体,列平衡方程求解。

(1)求支座支力。

先取整个刚架为分离体,列平衡方程

$$\sum M_B = 0, \qquad F_{AV} = \frac{30 \times 4 \times 6}{8} = 90(\text{kN})(\uparrow)$$

$$\sum M_A = 0, \qquad F_{BV} = \frac{30 \times 4 \times 2}{8} = 30(\text{kN})(\uparrow)$$

$$\sum F_x = 0, \qquad F_{AH} = F_{BH}$$

再取左半刚架 AC 为分离体,利用对铰 C 的力矩平衡方程

$$\sum M_C = 0, \qquad F_{AH} = F_{BH} = \frac{90 \times 4 - 30 \times 4 \times 2}{8} = 15(\text{kN})(\rightarrow, \leftarrow)$$

(2)求杆端内力。

将三铰刚架拆分成 4 根杆件 AD, DC, CE, EB 及结点 D, C, E。其受力图如图 3.26 所示。杆端内力计算可从 AD 或 EB 开始,用截面法直接计算。

图 3.26(a):$M_{DA} = 15 \times 6 = 90(\text{kN} \cdot \text{m})(\curvearrowright)$

$$F_{SDA} = -15(\text{kN}), \qquad F_{NCB} = -90(\text{kN})$$

图 3.26(b):$M_{DC} = -M_{DA} = -15 \times 6 = -90(\text{kN} \cdot \text{m})(\curvearrowright)$

$$F_{SDC} = F_{SDA} \sin \alpha - F_{NDA} \cos \alpha = -15 \times \frac{1}{\sqrt{5}} + 90 \times \frac{2}{\sqrt{5}} = 73.79(\text{kN})$$

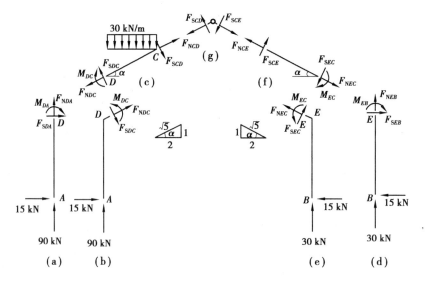

图 3.26

$$F_{NDC} = F_{SDA}\sin\alpha + F_{NDA}\cos\alpha = -15 \times \frac{2}{\sqrt{5}} - 90 \times \frac{1}{\sqrt{5}} = -53.67(\text{kN})$$

图 3.26(c)：$M_{CD} = 0$

$$F_{SDC} = F_{SDC} - 30 \times 4 \times \sin\alpha = 73.79 - 120 \times \frac{2}{\sqrt{5}} = -33.54(\text{kN})$$

$$F_{NCD} = F_{NDC} + 30 \times 4 \times \sin\alpha = -53.67 + 120 \times \frac{1}{\sqrt{5}} = 0(\text{kN})$$

图 3.26(d)：$M_{EB} = -15 \times 6 = -90 \text{ kN} \cdot \text{m}(\,\,)$

$$F_{SEB} = 15(\text{kN}), \qquad F_{NEB} = -30(\text{kN} \cdot \text{m})$$

图 3.26(e)：$M_{EC} = -M_{EB} = 90 \text{ kN} \cdot \text{m}(\,\,)$

$$F_{SEC} = F_{SEB}\sin\alpha + F_{NEB}\cos\alpha = 15\sin\alpha - 30\cos\alpha$$

$$= 15 \times \frac{1}{\sqrt{5}} - 30 \times \frac{2}{\sqrt{5}} = 20.12(\text{kN})$$

$$F_{NEC} = -F_{SEB}\cos\alpha + F_{NEB}\sin\alpha = -15\cos\alpha - 30\sin\alpha$$

$$= -15 \times \frac{1}{\sqrt{5}} - 30 \times \frac{2}{\sqrt{5}} = -33.54(\text{kN})$$

图 3.26(f)：$M_{CE} = 0$

$$F_{SCE} = +F_{SEC} = 20.12(\text{kN})$$

$$F_{NCE} = F_{NEC} = -33.54(\text{kN})$$

（3）作弯矩图、剪力图和轴力图。

将求得的各杆件杆端内力值定点，在杆件 AD，CE，EB 上无外荷载作图，只需将它们的两个杆端内力值连线即完成内力图；在 DC 杆件内有均布外荷载，弯矩图需用到区段叠加法绘图。

最后可取刚结点 D，E 和铰结点 C（图 3.27）检验内力求解是否有误。请读者自行完成。

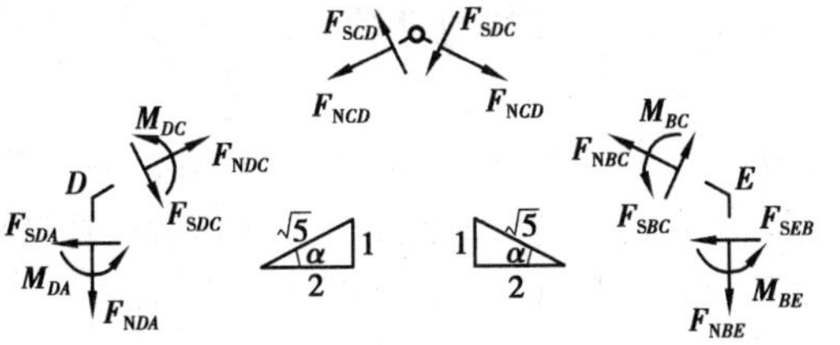

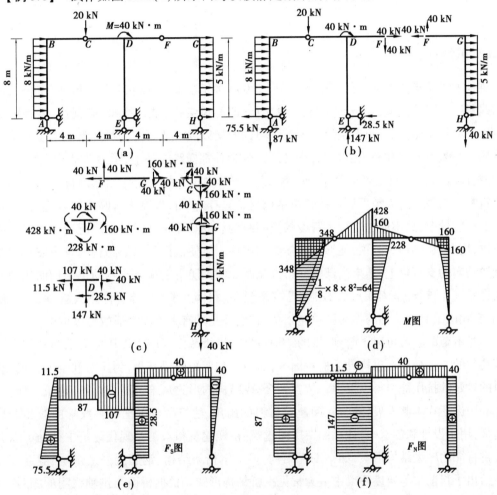

图 3.27

【例 3.8】 试作如图 3.28(a)所示两跨铰接静定刚架的内力图。

图 3.28

【解】 多跨铰接静定刚架的几何组成性质与 3.1 节中的多跨铰接静定梁的几何组成性质类似。结构分为基本部分 ABCDEF 和附属部分 FGH。

(1)求支座反力。

计算顺序按先附属部分,求基本部分与附属部分的相互作用力,后算基本部分。支座反力结果示于图 3.28(b)。

(2)求附属部分各杆的杆端弯矩。

分别取 FG 杆件、结点 G 、GH 杆件为分离体,杆端内力结果示于图 3.28(c)中。基本部分为三铰刚架,其杆端内力的在例3.7中已作过详细分析,这时不再赘述。

(3)作内力图。

根据以上计算的各杆端内力,即可绘制弯矩图、剪力图和轴力图,如图3.28(d)、(e)、(f)所示。在图3.28(c)中,取出了结点 G 为分离体,经检验其所有杆端内力与作用其上的外力偶满足平衡条件,说明计算结果无误。

3.3　三铰拱

3.3.1　拱结构简介

拱是人类建筑史上最出色的成就之一。3 000 多年以来,拱以众多数学形状(如圆、椭圆、抛物线、悬链线)出现,从而形成半圆形拱、内外四心桃尖拱、抛物线拱、椭圆拱、尖顶或等边拱、弓形拱、凯旋门拱、三角形拱等。上节学习的刚架以及本节研究的拱都是土木工程中的重要结构。在人类发明和利用拱之前,梁必须在内和外都横跨在柱上,承载依靠的是柱-梁结构(梁与柱间铰接),柱间距离必须仔细计算,以防横梁在过大的弯矩作用下因抗拉能力不够而发生折断。而因当时人类可利用的建筑结构材料只有砖、石、混凝土等脆性材料,它们抗拉和抗剪的性能较差,故不能建造较大跨度的空间结构。罗马建筑师们最先广泛应用并发展的半圆形拱,用了拱、拱顶和圆顶,能够取消横梁和内柱。拱使他们可以把结构的重量安置在较少而且较结实的支承物上,结果内部空间得以宽敞。欧洲历史上最有影响的拱结构的代表有古老的古罗马斗兽场、圣索菲亚大教堂、巴黎圣母院、科隆大教堂、佛罗伦萨大教堂、圣天使桥等,而在我国最具代表性的作品则是赵州桥,它们都是具有大跨度特征的穹拱结构。

通过本节的学习可以了解到,拱的结构特性使拱横截面正应力以压应力的形式作用且以比较均匀的方式分布在拱构件的横截面上,而剪力和弯矩较梁又小,为压弯联合的截面,脆性材料的良好的抗压能力得以发挥。从古到今,拱结构的形式从未过时,与所有建筑一样,它的概念和用途还在不断发展,随着新型建筑材料的出现,建筑师可以把许多数学曲线和形状结合起来,用于设计和创造中,让我们在房屋建筑、桥涵建筑和水工等现代建筑中处处可以看到具有拱特征的新型结构形式,如钢网壳结构、拱形钢桁架结构、钢筋混凝土拱桥、隧道等。图3.29 给出了目前中等跨度桥梁中最为常见拱桥结构形式。根据桥面与拱轴线间的相对关系,可分为上承式拱桥、下承式拱桥和中承式拱桥。

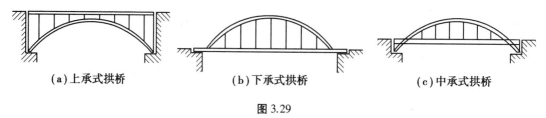

| (a)上承式拱桥 | (b)下承式拱桥 | (c)中承式拱桥 |

图 3.29

拱是杆轴线为曲线,并且在竖向荷载作用下支座处会产生水平推力的结构。 与刚架相仿,按结构构成与支承方式不同,拱也有**三铰拱**(静定拱)、**两铰拱**(1次超静定结构)与**无铰拱**(3次超静定结构)之分,如图3.30所示。因铰的数量和位置的不同,影响了拱的几何性质和受力性能。从结构的几何性质分析可知,图3.30(d)满足三刚片规则,为静定拱结构;图3.30(c)由两刚片规则,但有了1个多余约束,则为1次超静定拱结构,而图3.30(b)则为3次超静定拱结构。

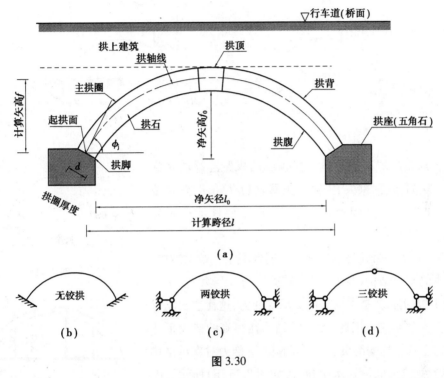

图3.30

图3.30(a)给出了一石拱桥结构组成,这一实际工程结构可简化为一两铰拱,力学计算简图如图3.30(c)所示。

图3.31给出了4种结构形式。图中的杆轴都是曲线。如图3.31(a)所示的结构在竖向荷载作用下,不产生水平推力,其横截面弯矩与同跨度、同截面、同荷载的相应简支梁的弯矩相同,其外形像拱但内力和支座却不具备拱的特性,属于静定**曲梁**,基础通过支座对上部结构仅起到支持的作用。而图3.31(b)、(c)、(d)则给出的三铰拱、两铰拱和无铰拱在竖向荷载作用下的受力图;不管是静定拱还是超静定拱,它们的共同特征就是两端支座除了提供向上的支座反力,还都对拱产生水平推力(F_{AH}或F_{BH}),阻止拱在A,B杆端产生水平方向的背离的移动,向上和水平方向的约束反力的合力就是基础通过支座对上部结构斜向支承力。由于水平推力的存在,可计算得到拱中各截面的弯矩将比相应的曲梁或简支梁的弯矩小,与此同时整个拱体主要承受的内力为轴向压力。因此,拱结构可利用抗压强度较高而抗拉强度低的砖、石、混凝土等建筑材料来建造。

本节主要研究三铰拱(图3.32,静定拱)。拱身截面形心之轴线称为**拱轴**;拱两端与支座连接处称为**拱趾**,或称为拱脚。通常两拱趾处于同一标高上。拱轴最高一点称为**拱顶**。三铰

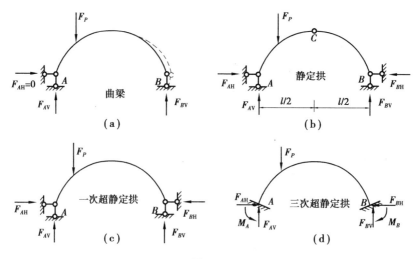

图 3.31

拱的中间铰通常布置在拱顶处。拱顶到两拱趾连线的竖向距离 f 称为**拱高**,或称拱矢、矢高。**矢跨比**(f/l)值的变化范围很大,是拱的重要几何特征,是决定拱主要性能的重要因素。

图 3.33(a)为一带拉杆的装配式钢筋混凝土三铰拱结构。由于需要拱的支承结构(柱、墙或基础等)提供足够的水平推力,其反作用力实际就是支承结构要承受的力,这往往对支承结构带来很大的影响。因此,使支承结构在很高的造价下才得以形成对上部结构的约束。为了消除水平推力对支承结构的影响,常在两支座间设置水平拉杆,如图 3.33(b)所示。因设置的水平拉杆,拱趾需向的水平推力通过拉杆在水平方向的拉力实现,拉力代替了水平推力,故此时在支座处仅产生竖向反力(图3.33(c)),而带拉杆拱结构的内部受力情况与三铰拱完全相同,故称带拉杆的三铰拱。三铰拱由于是静定结构,间接作用(如温度改变、支座沉降或构件加工误差中)对其不产生影响,即不会形成附加应力。因此,在设计计算中也不考虑,使其既计算简单,分段制作与安装又很方便,适用于跨度不大的高拱结构。

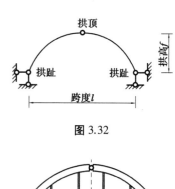

图 3.32

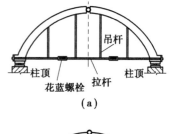

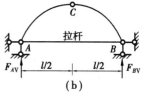

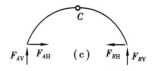

图 3.33

3.3.2 三铰拱的内力分析

三铰拱为静定结构,其全部约束反力和内力求解与静定梁或三铰刚架的求解方法完全相同,都是利用平衡条件即可确定。现以拱趾在同一水平线上的三铰拱为例(图 3.34(a)),推导其支座反力和内力的计算中心公式。同时,为了与梁比较,图 3.34(b)给出了同跨度、同荷载的相应简支梁计算简图。

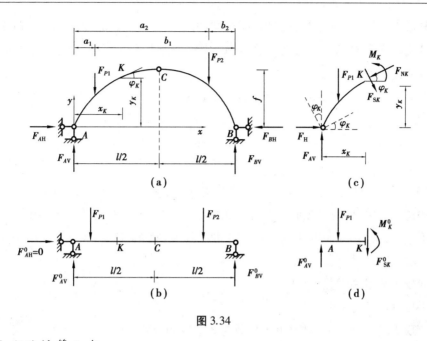

图 3.34

1)支座反力的计算公式

三铰拱两端是固定铰支座,其支座反力共有 4 个,其全部反力的求解共需列 4 个平衡方程。与三铰刚架类似,一般需取两次分离体,除取整体列出 3 个平衡方程外,还需取左半个拱(或右半个拱)为分离体,再列一个平衡方程(通常列对中间铰的力矩式平衡方程 $\sum M_C(F_i) = 0$),方可求出全部反力。注意尽量做到列一个方程,解一个未知量,避免解联立方程组。

首先,取整体为分离体(图 3.34(a)),列 $\sum M_A(F_i) = 0$ 与 $\sum M_B(F_i) = 0$ 两个力矩式平衡以及水平方向投影平衡方程 $\sum F_x = 0$,可得

$$F_{AV} = \frac{F_{P1}b_1 + F_{P2}b_2}{l} = \frac{\sum F_{Pi}b_i}{l} \tag{a}$$

$$F_{BV} = \frac{F_{P1}a_1 + F_{P2}a_2}{l} = \frac{\sum F_{Pi}a_i}{l} \tag{b}$$

$$F_{AH} = F_{BH} = F_H \tag{c}$$

式中 F_H——铰支座对拱结构的水平推力。

下面再考虑左半个拱 AC 的平衡,列平衡方程 $\sum M_C(F_i) = 0$ 有

$$F_{AV} \times \frac{l}{2} + F_{P1} \times \left(\frac{l}{2} - a_1\right) - F_H \times f = 0$$

整理可得

$$F_H = \frac{F_{AV} \times \dfrac{l}{2} + F_{P1} \times \left(\dfrac{l}{2} - a_1\right)}{f} \tag{d}$$

将拱与如图 3.34(b)所示的同跨度、同荷载的水平简支梁比较,式(a)与式(b)恰好与相应简支梁的支座反力 F_{AV}^0 和 F_{BV}^0 相等。而式(d)中水平推力 F_H 的分子项等于简支梁截面 C 的弯矩 M_C^0,故三铰拱的支座反力分别为

$$F_{AV} = F_{AV}^0 \tag{3.5}$$

$$F_{BV} = F_{BV}^0 \tag{3.6}$$

$$F_H = \frac{M_C^0}{f} \tag{3.7}$$

由式(3.7)可知,水平推力 F_H 等于相应简支梁的截面 C 的弯矩 M_C^0 除以拱高 f。其值只与 3 个铰的位置有关,而与各铰间的拱轴线无关,即 F_H 只与拱的高跨比 f/l 有关。当荷载和拱的跨度不变时,推力 F_H 将与拱高 f 成反比,即 f 越大,则 F_H 越小;反之,f 越小,则 F_H 越大。可知,支座反力有以下特点:

①竖向反力与拱高无关。

②水平反力与 f 成反比。

③所有反力与拱轴无关,只取决于荷载与 3 个铰的位置。

2)内力的计算公式

因拱轴为曲线,故计算拱的内力时要求截面应与拱轴线正交,即与拱轴线的切线垂直(图 3.34)。拱的内力计算依然用截面法,下面计算图 3.34(a)中任一截面 K 的内力。设拱的轴线方程为 $y = y(x)$,则 K 截面的坐标为 (x_K, y_K),该处拱轴线的切线与水平方向夹角为 φ_K。取出三铰拱的 AK 为分离体,受力图如图 3.34(c)所示,截面 K 的内力可分解为弯矩 M_K、剪力 F_{SK}、轴力 F_{NK};F_{SK} 沿横截面方向,即沿拱轴的法线方向作用;F_{NK} 与横截面垂直,即沿拱轴的切线方向作用。

(1)弯矩的计算公式

M_K 以使拱内侧受拉为正,反之为负。由如图 3.34(c)所示的分离体的受力图,列力矩式的平衡方程 $\sum M_K = 0$,有

$$F_{AV}x_K - F_{P1}(x_K - a_1) - F_H y_K - M_K = 0$$

则 K 截面的弯矩

$$M_K = \left[F_{AV}x_K - F_{P1}(x_K - a_1) \right] - F_H y_K$$

根据式(3.5)$F_{AV} = F_{AV}^0$ 以及图 3.34(d)简支梁在 K 截面的弯矩 $M_K^0 = F_{AV}x_K - F_{P1}(x_K - a_1)$,上式可改写为

$$M_K = M_K^0 - F_H y_K \tag{e}$$

即拱内任一截面的弯矩,等于相应简支梁对应截面的弯矩减去由于拱的推力 F_H 所引起的弯矩 $F_H y_K$。可见,由于推力的存在,因此拱的弯矩比相应梁的要小。

(2)剪力的计算公式

剪力的符号通常规定,以使截面两侧的分离体有顺时针方向转动趋势为正,反之为负。如图 3.34(c)所示,将作用在 AK 上的所有各力对横截面 K 投影,由平衡条件

$$F_{SK} + F_{P1}\cos\varphi_K + F_H\sin\varphi_K - F_{AV}\cos\varphi_K = 0$$

$$F_{SK} = (F_{AV} - F_{P1})\cos\varphi_K - F_H\sin\varphi_K$$

在图 3.34(d) 相应简支梁的截面 K 处的剪力 $F_{SK}^0 = F_{AV} - F_{P1}$，于是上式可改写为

$$F_{SK} = F_{SK}^0\cos\varphi_K - F_H\sin\varphi_K \qquad\qquad (f)$$

(3)轴力的计算公式

因拱轴向主要受压力，故规定轴力以压力为正，反之为负。如图 3.34(c) 所示，将作用在 AK 上的所有力向垂直于截面 K 的拱轴切线方向投影，由平衡条件

$$F_{NK} + F_{P1}\sin\varphi_K - F_H\cos\varphi_K - F_{AV}\sin\varphi_K = 0$$

得

$$F_{NK} = (F_{AV} - F_{P1})\sin\varphi_K + F_H\cos\varphi_K$$

即

$$F_{NK} = F_{SK}^0\sin\varphi_K + F_H\cos\varphi_K \qquad\qquad (g)$$

综上所述式(e)、式(f)、式(g)，三铰平拱在任意竖向荷载作用下的内力计算公式总结为

$$\left.\begin{aligned} M_K &= M_K^0 - F_H y_K \\ F_{SK} &= F_{SK}^0\cos\varphi_K - F_H\sin\varphi_K \\ F_{NK} &= F_{SK}^0\sin\varphi_K + F_H\cos\varphi_K \end{aligned}\right\} \qquad (3.8)$$

由式(3.8)可知，三铰拱的内力值不但与荷载及 3 个铰的位置有关，而且与各铰间拱轴线的形状有关。计算中**左半拱 φ_K 的符号为正，右半拱 φ_K 的符号为负**。同时可知，因推力关系，拱内弯矩、剪力较之相应的简支梁都小。因此，拱结构有可比梁跨越更大的跨度；但拱结构的支承要比梁的支承多承受上部结构作用的水平方向作用压力，故支承部位拱不及梁经济。拱内以轴力(压力)为主要内力。因此，三铰拱有下面的特点：

①拱要比梁有更坚固的支承。

②拱可跨越较梁更大的跨度。

③拱宜用脆性材料。

3)三铰拱内力图的绘制

绘三铰拱的内力图时，这里规定内力图画在水平基线上，M 图画在受拉侧；正值剪力画在轴上侧；受压的轴力画在轴上侧。

绘图步骤如下：

①将拱跨度 L(或拱轴)等分为 8～12 段，取每一等分截面为控制截面。

②由公式计算各控制截面弯矩、剪力、轴力值。

③绘内力图(用简捷法或叠加法；内力图特征与梁相仿，但均为曲线)。

【例 3.9】 试绘制如图 3.35 所示三铰拱的内力图。三铰拱的拱轴为一抛物线，当坐标原点在左支座时，它的抛物线方程的表达式为

$$y = \frac{4f}{l^2}(l - x)x$$

【解】 三铰拱整体的受力图如图 3.35(a)所示。

(1)求支座反力。

根据式(3.5)、式(3.6)和式(3.7)可得

$$F_{AV} = F_{AV}^0 = \frac{60 \times 9 + 16 \times 6 \times 3}{12} = 69(kN)$$

$$F_{BV} = F_{BV}^0 = \frac{60 \times 3 + 16 \times 6 \times 9}{12} = 87(kN)$$

$$F_H = \frac{M_C^0}{f} = \frac{69 \times 6 - 60 \times 3}{4} = 58.5(kN)$$

(2)根据式(3.8)求各三铰拱各截面内力。

根据拱的总跨度将拱分为 8 等份,列表 3.2,算出各截面上的弯矩 M_i、剪力 F_{Si}、轴力 F_{Ni}(其中,$i = 0, 1, 2, \cdots, 8$),然后根据表 3.2 中所得数值绘制 M, F_S, F_N 图,如图 3.35(c)、(d)、(e)所示。这些内力图是以水平线为基线绘制的。图 3.35(b)为相应简支梁的弯矩图,以备比较。

下面以截面 2 的内力计算过程为例,对表 3.2 给出说明。

截面 2 处 $x_2 = 3$ m,由拱轴方程得

$$y_2 = \frac{4f}{l^2}(l - x)x = \left[\frac{4 \times 4}{12^2}(12 - 3) \times 3\right] = 3(m)$$

$$\tan \varphi_2 = \frac{dy}{dx}\bigg|_{x=3} = \frac{4f}{l^2}(l - 2x) = \frac{4 \times 4}{12^2}(12 - 2 \times 3) = \frac{2}{3} = 0.667$$

查表得

$$\varphi_2 = 33.69° = 33°43', \sin \varphi_2 = 0.555, \cos \varphi_2 = 0.832$$

由式(3.8)得截面处弯矩

$$M_2 = M_2^0 - F_H y_2 = (69 \times 3 - 58.5 \times 3) = 31.5(kN \cdot m)$$

在截面 2 处有竖向集中力 $F_P = 60$ kN,其沿截面 2 横截面内方向的分量 $F_P \sin \varphi_2$ 必然使截面 2 左侧和右侧产生剪力突变,而其沿截面 2 切线方向的分量 $F_P \cos \varphi_2$ 必然使截面 2 左侧和右侧产生轴力的突变。因此,在集中力作用的截面 2 要分别计算其左侧横截面(l)和右侧横截面(r)的剪力和轴力。由式(3.8)可得:

截面 2 左侧:$\quad F_{S2}^l = F_{S2}^{0,l}\cos \varphi_2 - F_H\sin \varphi_2 = 69 \times 0.832 - 58.5 \times 0.555 = 25.0(kN)$

$\qquad\qquad F_{N2}^l = F_{S2}^{0,l}\sin \varphi_2 + F_H\cos \varphi_2 = 69 \times 0.555 + 58.5 \times 0.832 = 87.0(kN)$

截面 2 左侧:$\quad F_{S2}^r = F_{S2}^{0,r}\cos \varphi_2 - F_H\sin \varphi_2 = 9 \times 0.832 - 58.5 \times 0.555 = -25.0(kN)$

$\qquad\qquad F_{N2}^r = F_{S2}^{0,r}\sin \varphi_2 + F_H\cos \varphi_2 = 9 \times 0.555 + 58.5 \times 0.832 = 53.7(kN)$

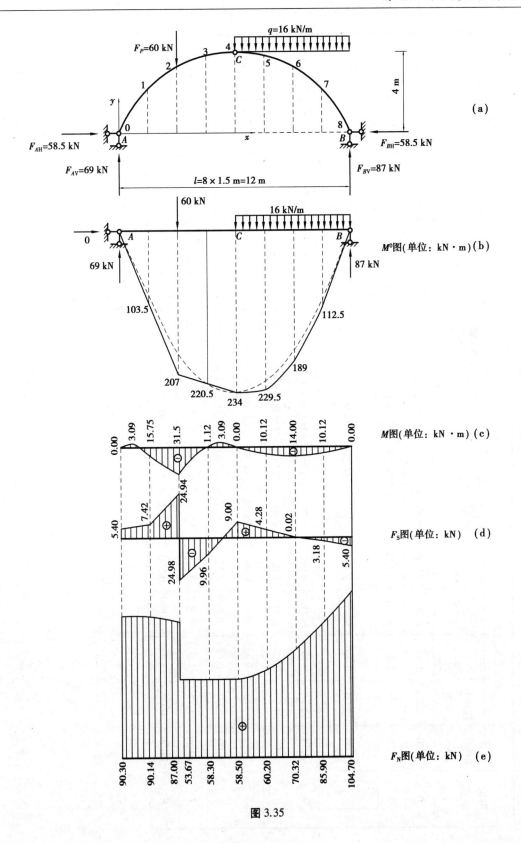

图 3.35

表3.2 三铰拱内力计算

拱轴分点		截面几何性质					简支梁 F_S^0/kN	M/kN·m			F_S/kN				F_N/kN	
		横坐标 x/m	纵坐标 y/m	$\tan\varphi$	$\sin\varphi$	$\cos\varphi$		M^0	$-F_H y$	M	$F_S^0\cos\varphi$	$-F_H\sin\varphi$	F_S	$F_S^0\sin\varphi$	$F_H\cos\varphi$	F_N
0		0.00	0.00	1.333	0.800	0.600	69.00	0.00	0.00	0.00	41.40	-46.80	-5.40	55.20	35.10	90.30
1		1.50	1.75	1.000	0.707	0.707	69.00	103.50	-87.75	15.75	48.78	-41.36	7.42	48.78	41.36	90.14
2	左	3.00	3.00	0.667	0.555	0.832	69.00	207.00	-175.50	31.5	57.41	-32.47	24.94	38.30	48.67	87.00
	右						9.00				7.49		-24.98	5.00		53.67
3		4.50	3.75	0.333	0.316	0.948	9.00	220.50	-219.38	1.12	8.53	-18.49	-9.96	2.84	55.46	58.30
4		6.00	4.00	0.000	0.000	1.000	9.00	234.00	-234.00	0.00	9.00	0.00	9.00	0.00	58.50	58.50
5		7.50	3.75	-0.333	-0.316	0.948	-15.00	229.50	-219.38	10.12	-14.22	18.49	4.28	4.74	55.46	60.20
6		9.00	3.00	-0.667	-0.555	0.832	-39.00	189.00	-175.00	14.00	-32.45	32.47	0.02	21.65	48.67	70.32
7		10.50	1.75	-1.000	-0.707	0.707	-63.00	112.50	-87.75	10.12	-44.54	41.36	-3.18	44.54	41.36	85.90
8		12.00	0.00	-1.333	-0.800	0.600	-87.00	0.00	0.00	0.00	-52.2	46.8	-5.4	69.6	35.1	104.7

其余截面的内力计算同上,见表 3.2。根据表中数值绘制了 M, F_S, F_N 图,如图 3.35(c)、(d)、(e)所示。需说明的两点:图 3.35(d)中剪力为零的截面处,其弯矩有极值,如图 3.35(c)所示。为了将拱与梁进行比较,更突显拱结构良好的结构特性,在图 3.38(b)中给出了同跨度、同荷载的简支梁的弯矩图 M^0,图中用虚线画出了三铰拱的水平推力对拱截面的力矩($F_H y$)曲线。虚实两条曲线的纵坐标差值($M^0 - F_H y$)即为三铰拱的弯矩值。很明显,三铰拱与对应的简支梁相比,由于水平推力的作用使拱的弯矩要小很多。因此,在竖向荷载作用下存在水平推力,是拱式结构的基本特征,故在工程上也将拱结构称为推力结构。

本例求解了三铰拱在竖向荷载作用下的内力。在实际工程中若有水平荷载作用,也可用上述截面法求解相应的拱内力。

以上求解的是平拱(两拱趾等高)的计算。若两拱趾不等高,称为斜拱,如图 3.36 所示。三铰斜拱的支座反力的求解与不等高三铰刚架的求解类似,可由整体的力矩平衡 $\sum M_B = 0$ 及左半个拱 AC 的力矩平衡 $\sum M_C = 0$,联立解方程方可求解出支座反力 F_{AV} 和 F_H,然后由整体的 $\sum M_A = 0$ 求出 F_{BV}。而其内力计算方法和过程与例 3.8 完全相同,不再赘述。

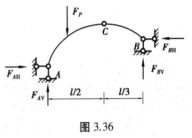

图 3.36

3.3.3 三铰拱合理拱轴线

由以上的例题计算中可知,在荷载作用下,三铰拱的任一截 1—1 面上的内力均有弯矩 M_1、剪力 F_{S1} 和轴力 F_{N1},如图 3.37(b)所示。这 3 个内力分量可进行力的合成,设其合力为 F_{R1},因拱的轴力是压力,通常称合力 F_{R1} 为拱的总压力,一般情况下是一个偏心压力,如图 3.37(c)所示。拱在 F_{R1} 的作用下产生压弯组合变形,处于偏心受压状态,横截面上正应力分布并不太均匀。从例 3.9 可知,在竖向荷载作用下,各截面弯矩值较相应的简支梁要小很多,并在截面上产生较大的轴向压力,因此,拱结构宜于用脆性材料建造以降低成本,但这就要求截面上不出现拉应力。压弯组合变形中产生拉应力的因素是弯矩,故应减少截面弯矩值。

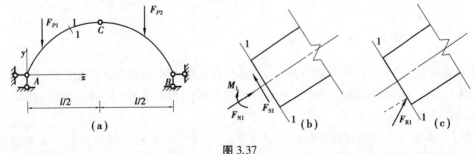

图 3.37

若能使拱截面上的弯矩为零(同时使剪力也为零,但一般情况下很难同时满足),则截面上将只有轴向压力——沿横截面均匀分布,因而材料的力学性能得到充分的发挥,相应的截面尺寸是最小的,材料的使用也是最经济的,从式(3.8)可知,拱体内各截面的弯矩除与荷载有关外,还与三铰位置及拱轴形状有关。因此在设计时,可先取一适当的拱轴线,使拱体内任一截面上的正应力均匀分布(需 $M=0$),这样的拱轴称为**合理拱轴**。但要说明的是,工程上因除了有永久荷载(恒载)的作用外,还有如车载、人群等可变荷载(活荷载)作用,故实际上是不能保证拱一直处于理想的受力状态,即 $M=0$。工程上所说的合理拱轴线是以拱桥矢跨比在 $1/10 \sim 1/5$ 即为合理。下面所研究的合理拱轴线只是一种理想状态。

1) 竖向荷载作用下三铰拱合理拱轴的一般表达式

由式(e)得到,拱结构截面弯矩 $M = M_K^0 - F_H y_K$,当拱为合理拱轴时,应有

$$M = 0$$

即

$$M^0 - F_H y = 0$$

可得

$$y = \frac{M^0}{F_H} \tag{3.9}$$

因此,在给定荷载作用下,只要计算出拱的水平推力和相应简支梁任意截面的弯矩(为截面位置坐标 x 的函数),就可用式(3.9)得到拱的合理拱轴线。需要注意的是,合理拱轴线除与拱的结构参数有关外,还与受到的荷载有关。

2) 三铰拱在满跨均布荷载作用下的合理拱轴

如图 3.38(a)所示的对称三铰拱,承受满跨竖向均布荷载 q,试求其合理拱轴线方程。

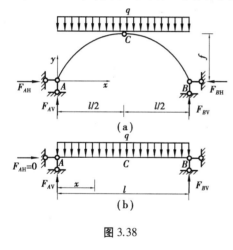

图 3.38

坐标原点设在 A 点,相应的简支梁如图 3.38 (b)所示,任一截面 x 的弯矩为

$$M^0 = \frac{1}{2}qlx - \frac{1}{2}qx^2 = \frac{1}{2}qx(l-x)$$

由式(3.3)求得水平推力为

$$F_H = F_{AH} = F_{BH} = \frac{M_C^0}{f} = \frac{ql^2/8}{f} = \frac{ql^2}{8f}$$

由式(3.9)求得合理拱轴为

$$y = \frac{M^0}{F_H} = \frac{\frac{1}{2}qx(l-x)}{\frac{ql^2}{8f}} = \frac{4f}{l^2}x(l-x)$$

由结果可知,在满跨均布荷载作用下,对称三铰拱的合理拱轴为二次抛物线。

【例 3.10】 试证明如图 3.39(a)所示三铰拱在径向均布荷载(如静水压力)作用下的合理拱轴为圆弧线。

【解】 本题为沿拱轴周线径向均匀分布荷载,为非竖向荷载。假定拱处于无弯矩的合理受力状态,下面根据平衡条件推导合理拱轴的方程。为此,从拱中截取一微段为分离体(图3.39(b)),设微段两端横截面上弯矩、剪力均为零,只有拱轴切线方向作用的 F_N 和 F_N+dF_N。由平衡方程 $\sum M_O = 0$,有

$$F_N \rho - (F_N + dF_N)\rho = 0 \tag{a}$$

式中 ρ——微段的**曲率半径**。

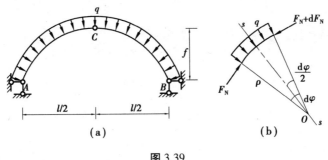

图 3.39

由式(a)可得

$$dF_N = 0$$

故可推断

$$F_N = 常数$$

将图 3.39(b)沿 s—s 轴列出投影式平衡方程有

$$2F_N \sin \frac{d\varphi}{2} - q\rho d\varphi = 0 \qquad (b)$$

因 $d\varphi$ 角度很小,可近似 $\sin \dfrac{d\varphi}{2} = \dfrac{d\varphi}{2}$,于是式(b)简化为

$$F_N = q\rho$$

因 F_N 和 q 均为常数,故

$$\rho = \frac{F_N}{q} = 常数$$

即说明在径向均布荷载(静水压力)作用下,合理的拱轴线为圆弧线。

例 3.10 为拱在**外压力**作用下的情况,拱横截面产生轴向压力,即 $F_N < 0$;在工程上同样受到水压,但若为**内压力**作用时,如引水隧洞、输水管道、拱坝等,拱的合理轴线仍为圆弧线,故这些工程多用圆管,只是此时拱横截面产生轴向拉力,即 $F_N > 0$,这样的拱要满足抗拉强度的要求。

本节主要研究的是三铰拱,从上述内容可知,三铰拱是静定结构,其整体刚度较低,尤其是挠曲线在拱顶铰处产生折角,若将其用于桥梁结构,将致使活载对桥梁的冲击增强,对行车不利。拱顶铰的构造和维护也较复杂。因此,三铰拱除有时用于拱上建筑的腹拱圈外,一般不用作主拱圈,其应用受到限制。实际桥梁工程中,虽然两铰拱为 1 次超静定拱,支座沉降或温度改变容易引起附加应力,但由于两铰拱取消了拱顶铰,构造较三铰拱简单,结构整体刚度较三铰拱好,维护也较三铰拱容易,而支座沉降等产生的附加内力较无铰拱小。因此,在地基条件较差和不宜修建无铰拱的地方,可采用两铰拱桥。

无铰拱属 3 次超静定结构,虽然支座沉降等引起的附加内力较大,但在荷载作用下拱的内力分布比较均匀,且结构的刚度大,构造简单,施工方便。因此,无铰拱是拱桥中,尤其是坯工拱桥和钢筋混凝土拱桥中普遍采用的形式,特别适用于修建大跨度的拱桥结构。

3.4 静定平面桁架

3.4.1 桁架概述

1）桁架简介

梁和刚架构件截面一般为实腹截面,承受的主要内力为弯矩,横截面上主要产生非均匀分布的弯曲正应力(图3.40(a)),在截面的外边缘处正应力最大,而在中性层附近的中部材料承受的正应力很小,材料的性能不能得到发挥。同时,这样的实腹梁随着跨度的加大,其自重也带来较大的内力,结构和经济上都极不合理。随着人们生产实践经验的增加,形成了格构化的桁架结构形式,如图3.40(b)所示。将实腹构件中受力较小的中性层附近的材料去掉,剩下两部分:一是远离中性层的主要起抗弯作用的上下翼缘部分,称为**上、下弦杆**;二是连接上下弦杆并主要起到抗剪作用的**腹杆**部分。它们以二力杆件的形式出现,此时在竖向荷载作用下主要承受轴力,每根杆件为轴向拉杆或轴向压杆,每根杆件横截面上应力分布均匀,按拉伸或压杆稳定理论设计这些杆件,材料的力学性能得以极大的发挥,同时大大减小了结构部分带来的自重,比实腹梁应用于更大跨度的楼屋盖结构和各种空间结构。

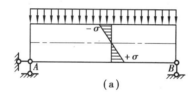
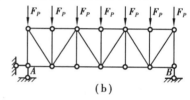

图 3.40

在工程上用于制作桁架的建筑工程材料主要有钢材、木材和钢筋混凝土,可根据建筑功能和空间跨度选择,不过目前工程上应用最多、可建跨度范围最大的是钢桁架。如图3.41所示为我国建筑最早的一座简支钢桁架桥梁——钱塘江大桥;如图3.42所示为在1890年建造的至今仍达到世界第二大悬挑跨度的英国福斯湾悬臂钢桁架桥。

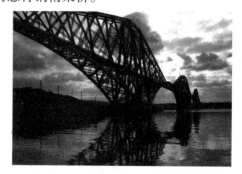

图 3.41　施工中的钱塘江大桥(1937)　　图 3.42　福斯湾悬臂钢桁架桥(1890年)

2）桁架计算简图

桁架是由若干直杆在其两端用铰连接而成,承受铰结点力作用的结构。常见用于建筑工程的大跨屋架、托架、吊车梁、桥梁、塔架、建筑施工用的支架等。本节研究静定平面桁架,属于铰接平面直杆体系。如图 3.43 所示一简支静定平面桁架的计算简图。桁架的杆件,依其所在位置的不同,可分为弦杆和腹杆两类。弦杆又分为上弦杆和下弦杆。腹杆又分为斜腹杆和竖腹杆。弦杆上相邻两结点间的区间称为节间,节间距 d 称为节间跨度。两支座间的水平距离 l 称为跨度。支座连线至桁架最高点的距离 h 称为桁架高。桁架计算简图的形成中通常引用了以下假设:

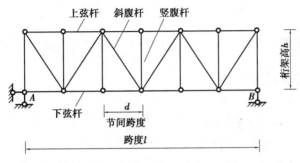

图 3.43

①各杆件两端用绝对光滑而无摩擦的理想铰相连。

②各杆轴线均为直线,并且在同一平面内且通过铰的几何中心。

③外荷载及支座反力均作用在铰结点上并位于桁架平面内。

按上述假定,就可得出桁架各杆均为两端铰接的直杆,均为二力杆,横截面内力只有轴力,轴力符号以拉力为正,压力为负;截面上的应力是均匀分布,可同时达到允许值,材料能得到充分利用。这种桁架称为**理想平面桁架**。

实际桁架常不能完全符合上述理想情况。例如,图 3.44(a) 的钢筋混凝土屋架中各杆件是浇注在一起的,结点具有一定的刚性,在结点处杆件可能连续不断,或各杆之间的夹角几乎不可能任意转动;图 3.44(c) 的木屋架中,各杆是用螺栓连接或榫接,它们在结点处可能有些相对转动,其结点也不完全符合理想铰的情况;钢桁架中的结点通常采用焊接、铆接等,实际近乎于弹性连接,介于铰接和刚接之间;施工时各杆轴无法绝对平直,结点上各杆的轴线也不一定完全交于一点,若考虑自重和实际荷载作用情况,荷载不一定都作用在结点上;另外,实际结构的空间作用在此也忽略不计,仅考虑平面问题等。

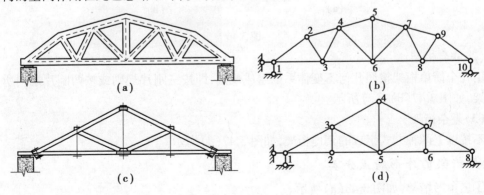

图 3.44

因此,桁架在荷载作用下,某些杆件必将发生弯曲而产生附加弯曲内力,并不能如理想情况只产生轴力。通常把桁架在理想情况下计算出来的内力称为**主内力**,相应的横截面上的正应力称为**初应力**或**基本应力**,它反映桁架的主要性质;把因不满足理想假定而产生的附加弯曲内力,称为**次内力**,相应的横截面上的不均匀分布应力称为**次应力**。经过实验和工程实践证明,次应力对于桁架属次要因素,对桁架受力影响较小。本节只限于讨论桁架的理想情况。次应力的问题有专业文献论述。图 3.44(a)中的钢筋混凝土桁架和图 3.44(c)中的木屋架其理想情况下的计算简图如图 3.44(b)、(d)所示。

3.4.2　平面桁架分类

1)按照桁架的几何组成方式分类

（1）简单桁架

由基础或一基本铰接三角形(3 根杆与 3 个铰节点构成一个铰接三角形,图 3.45(a)和(b)),以后依次增加二元体(一个铰结点和两个不共线的杆件构成一个二元体,从而得到无多余约束的几何不变体系,称为简单平面桁架。将构件数与铰结点数分别记为 n 与 m,根据上述的规则,它们有关系 $n=3+2(m-3)=2m-3$。

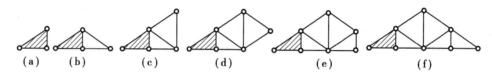

图 3.45

如图 3.46(a)所示为简单平面桁架,且为静定结构。图 3.47(a)为悬臂式简单平面桁架,显然,如果在简单平面桁架上再增加杆件或支承约束超过 3,则使该静力学问题由静定变为超静定。

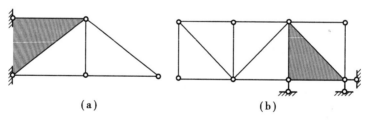

图 3.46

（2）联合桁架

由几个简单桁架按照几何不变体系的组成规则,即按三刚片规则或按两刚片规则所连成的桁架,如图 3.47(b)、(c)所示。

（3）复杂桁架

不按以上两种方式组成的其他桁架,如图 3.47(d)所示。

2)按照桁架的外形特点分类

①三角形桁架,如图 3.48(a)所示。

②平行弦桁架,如图 3.48(b)所示。

③梯形弦桁架,如图 3.48(c)所示。

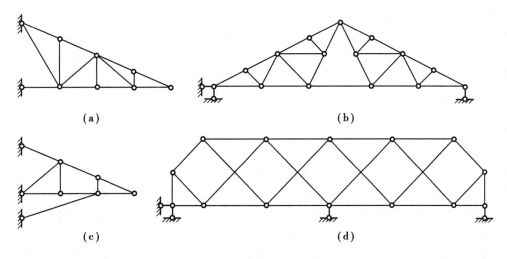

图 3.47

④抛物线桁架,如图 3.48(d)所示。

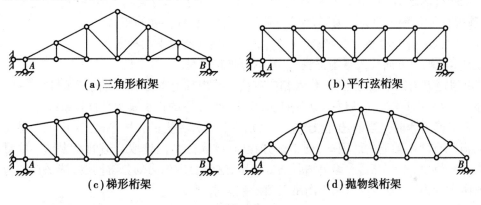

(a)三角形桁架　　　　　　　　(b)平行弦桁架

(c)梯形桁架　　　　　　　　　(d)抛物线桁架

图 3.48

3)按照整体受力特征分类(或按支座反力的性质)

①梁式桁架或无推力桁架,如图 3.47 所示均属于梁式桁架。

②拱式桁架或有推力桁架,如图 3.49 所示,其支座反力的特征与三铰刚架或三铰拱的特征相同。

4)按静力特性分类

(1)静定桁架

无多余约束的几何不变体系,用静力平衡方程可求解所有支座反力和杆件轴力。本节的任务就是研究各种静定桁架的支座反力和轴力计算。

(2)超静定桁架

有多余约束的几何不变体系,需要用超静定结构的求解方法方能求得所有支座反力和全部内力。

3.4.3　桁架的内力计算方法

由上述可知,对简单理想平面桁架,构件数与铰节点数分别记为 n 与 m,由其基本假定可推出其受力特征,每个铰节点受到一个平面汇交力系作用,存在两个独立的平衡方程,共有独立的平衡方程2m个。由n=2m-3可知,它可求解n+3个未知数。如果支承桁架的约束力的个数为3,平面桁架的n个杆件内力可得到求解。实际上整个桁架或部分桁架组成平面一般力系。对一般静定平面桁架,计算内力的方法有**结点法**、**截面法**和两种方法的结合——**联合法**,下面分别讨论。

1)结点法

结点法是以取铰结点为分离体,由分离体的平衡条件计算所求桁架的内力。它适用于求解静定桁架结构所有杆件的内力。结点法求解中需注意以下6个问题:

①首先同其他静定梁、静定刚架或三铰拱结构一样先求出所有**支座反力**。

②**注意铰结点选取的顺序**。从前面桁架的假定可知:桁架各杆的轴线汇交于各个铰结点,且桁架各杆只受轴力,故作用于任一结点的各力(荷载、反力、杆件轴力)组成一个平面汇交力系,存在两个独立的平衡方程,每个结点两个未知力可解。因此,**一般从未知力不超过两个的结点开始依次计算**。

③**未知杆的轴力**。求解前未知杆的轴力都假设为拉力,背离结点,由平衡方程求得的结果为正,则杆件实际受力为拉力;若为负,则和假设相反,杆件受到压力。

④当用已求得杆的轴力求解未知杆的轴力时,通常有以下两种方式:

a.**按实际轴力方向代入平衡方程**,本身不再带正负号。

b.**由假定方向列平衡方程时**,代入相应数值时考虑轴力本身求解时的正负号。

注意:内力本身的正负和列投影平衡方程时力的投影的正负属两套符号系统。

⑤**列平衡方程时恰当的选择投影轴**。平衡方程可以是力的投影平衡式(也可以是力矩平衡式),但只有两个独立的。因此,列平衡方程时,视实际情况选取合适的投影轴。尽量使每个平衡方程只含一个未知力,避免解联立方程组,这时会用到力的分解问题,按平行四边形法则分成两个分力,分力和合力大小满足三角函数关系。

图3.50中的投影三角形满足

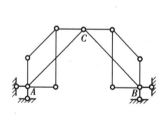

图3.49

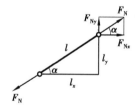

图3.50

$$\frac{F_N}{l} = \frac{F_{Nx}}{l_x} = \frac{F_{Ny}}{l_y}$$

杆件长度为l:水平、竖直方向投影长度l_x, l_y;

轴力F_N:水平、竖直方向投影分量:F_{Nx}, F_{Ny}。

⑥结点平衡的特殊形式:桁架中常有一些特殊形状的结点,掌握了这些特殊结点的平衡规律,可给计算带来很大的方便,例如图3.51所示。

a.L形结点(图3.51(a))。这是不共线的两杆结点,当结点无荷载作用时两杆内力均为零。凡内力为零的杆件称为**零杆**,如图3.52(a)、(b)中虚线所示杆。零杆虽然轴力为零,但

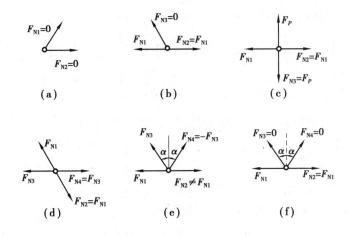

图 3.51

不能理解成多余的杆件而去掉,静定结构去掉任何一根杆件就会成为几何可变体系而不能承载。

b.T 形结点。三杆相交的结点。分为图 3.51(b)、(c)两种情况:

图 3.51(b)中,三杆汇交的结点上无荷载作用,且其中两杆在一条直线上,则第三杆 $F_{N3} = 0$,为零杆,而共线的两杆轴力 $F_{N1} = F_{N2}$(大小相等,同为拉力或同为压),称为等力杆。

图 3.51(c)中,在其中二杆共线的情况下,另一杆有共线的外力 F_P 作用,则有 $F_{N1} = F_{N2}$,$F_{N3} = F_P$。

c.X 形结点。四杆相交的结点,图 3.51(d)。当结点上无荷载作用,且四杆轴两两共线,则同一直线上两杆轴力大小相等,性质相同,$F_{N1} = F_{N2}$,$F_{N3} = F_{N4}$。

d.K 形结点。图 3.51(e)、(f)所示的四杆相交的结点,其中有①和②两根杆件共线,当 $F_{N1} \neq F_{N2}$,则必然有 $F_{N3} = -F_{N4}$;当 $F_{N1} = F_{N2}$,则必然有 $F_{N3} = F_{N4} = 0$。

因此,一般情况下,应在求桁架内力前先判别一下结构有无零杆和内力相同的杆,例如图 3.52 中虚线所示各杆皆为零杆,于是计算过程可大大简化。下面举例说明节点法的应用。

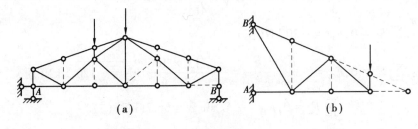

图 3.52

【例 3.11】 试用结点法解算如图 3.53(a)所示桁架中各杆的内力。

【解】 (1)求支座反力

$$F_{2x} = 0, \qquad F_{2y} = 120(kN)(\uparrow), \qquad F_{14y} = 120(kN)(\uparrow)$$

(2)零杆判断:结点 1、结点 3 和结点 7 的形状为 $\top$ 形结点,满足图 3.51(b),零杆有 14,34,78 杆,故 $F_{14} = 0$,$F_{34} = 0$,$F_{78} = 0$。

(3)内力计算。依次选取铰结点计算二力杆轴力。计算时,分离体(结点)的选取顺序依次为 1,2,3,4,5,6,7,8。因结构和荷载关于杆 7-8 轴具有对称性,计算桁架对称轴的左半部

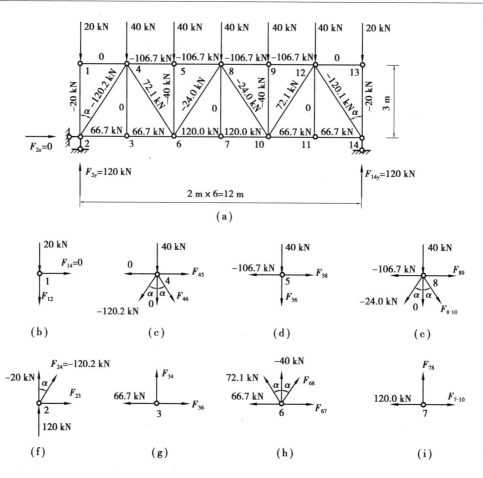

图 3.53

分或右半部分即可利用内力的对称特性求得另一半的内力。

几何关系：$\sin \alpha = \dfrac{2}{\sqrt{13}} = 0.555$，　　$\cos \alpha = \dfrac{3}{\sqrt{13}} = 0.832$

结点 1：$\sum F_y = 0, F_{12} = -20$ kN（压）

结点 2：$\sum F_y = 0, F_{24} = \dfrac{-F_{1y} + F_{12}}{\cos \alpha} = \dfrac{-\sqrt{13} \times 100}{3}$ kN $= -120.2$ kN（压）

$$\sum F_x = 0, F_{23} = -F_{24} \sin \alpha = 66.7(\text{kN})(\text{拉})$$

结点 3：$\sum F_x = 0, F_{36} = F_{23} = 66.7$ kN（拉）

结点 4：$\sum F_y = 0, F_{46} = \dfrac{-40}{\cos \alpha} - F_{24} = -\dfrac{\sqrt{13} \times 40}{3} + 120.1 = 72.1$ kN（拉）

$$\sum F_x = 0, F_{45} = (-F_{24} + F_{46}) \sin \alpha = -(120.2 + 72.1) \times \dfrac{2}{\sqrt{13}} = -106.7(\text{kN})(\text{压})$$

结点 5：$\sum F_x = 0, F_{58} = -106.7$ kN（压）

$$\sum F_y = 0, F_{56} = -40(\text{kN})(\text{压})$$

结点 6：$\sum F_y = 0, F_{68} = \dfrac{40}{\cos \alpha} - 72.1 = \dfrac{\sqrt{13} \times 40}{3} - 72.1 = -24.0 \text{ kN}(压)$

$$\sum F_x = 0,$$

$$F_{67} = 66.7 + (F_{64} - F_{68})\sin \alpha = 66.7 + (72.1 - 24.0) \times \dfrac{2}{\sqrt{13}} = 93.4(\text{kN})(拉)$$

结点 7：$\sum F_x = 0, F_{7\text{-}10} = -40 \text{ kN}$

结点 8—结点 14：利用结构和荷载作用的对称性

$F_{89} = F_{48} = -106.7(\text{kN})(压), F_{8\text{-}10} = F_{68} = -24(\text{kN})(压), F_{9\text{-}10} = F_{56} = -40.0(\text{kN})(压),$

$F_{9\text{-}12} = F_{45} = -106.7(\text{kN})(压), F_{10\text{-}11} = F_{36} = 66.7(\text{kN})(拉), F_{10\text{-}12} = F_{46} = 72.1(\text{kN})(拉),$

$F_{11\text{-}12} = 0, F_{12\text{-}13} = 0, F_{12\text{-}14} = F_{24} = -120.2(\text{kN})(压), F_{11\text{-}14} = F_{23} = 66.7(\text{kN})(拉),$

$$F_{13\text{-}14} = F_{12} = -20(\text{kN})(压)$$

最后，将各杆轴力计算结果标于计算简图对应杆的位置，如图 3.52(a)所示。

2）截面法

所有静定结构内力求解的办法都是截面法。截面法求解桁架的内力主要是用于当我们只是想知道某些杆件的内力，而不是所有杆件内力时，用截面法求解比结点法更为直接、简便。

（1）截面法的要点

根据求解问题的需要，用一个适当的截面（平面或截面）截开桁架（包括切断拟求内力的杆件），从桁架中取出受力简单的一部分作为分离体（至少包含两个结点），分离体上作用的荷载、支座反力、已知杆轴力、未知杆轴力组成一个平面一般力系，可建立 3 个独立的平衡方程，由 3 个平衡方程可求出 3 个未知杆的轴力。一般情况下，选截面时，截开未知杆的数目不能多于 3 个，不互相平行，也不交于一点。为避免解联立方程组，应选择合适的平衡方程。

（2）截面法建立的平衡方程的两种形式

截面法建立的平衡方程的两种形式有投影式平衡方程和力矩式平衡方程。

①**投影法**：若 3 个未知力中有两个力的作用线互相平行，将所有作用力都投影到与此平行线垂直的方向上，并写出投影平衡方程，从而直接求出另一未知内力。

②**力矩法**：以 3 个未知力中的两个内力作用线的交点为矩心，写出力矩平衡方程，直接求出另一个未知内力。

下面结合例 3.13 和例 3.14 来说明截面法的求解方法和技巧。

【例 3.12】 已知如图 3.54 所示的桁架节间距离 d 为 2 m，桁架高度 h 为 3 m。所受节点荷载 F_P 如图 3.54 所示。求 F_{Na}, F_{Nb}, F_{Nc}。

【解】 用截面 I—I 截开 a, b, c 3 杆，取截面以左为分离体。

（1）投影法。

因 a 和 c 两杆互相平行，故求 b 杆内力时，将所有作用力都投影到与两平行杆垂直的 y 方向上，列投影平衡方程

$$\sum F_y = 0, \qquad F_{1y} - \sum F_P - F_{Nb}\cos \alpha = 0$$

$$F_{Nb} = (120 - 100)/\cos \alpha = 24(\text{kN})(拉)$$

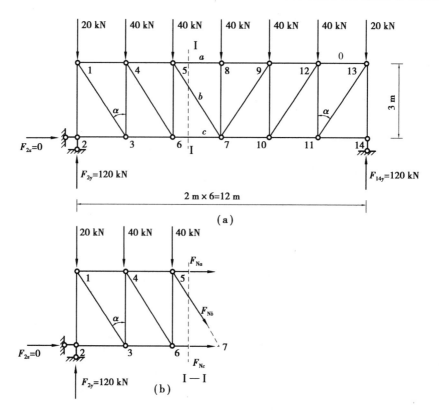

图 3.54

（2）力矩法。

（b）、（c）两根杆的轴力作用线汇交于结点 7，以 7 铰为矩心，列力矩式平衡方程求 F_{Na}，即

$$\sum M_7(F) = 0, \qquad F_{Na} \times h + F_{1y} \times 3d - \sum F_{Pi}x_i = 0 \qquad (a)$$

$$F_{Na} = M_7/h = -(120 \times 6 - 20 \times 6 - 40 \times 4 - 40 \times 2)/3 = -120.0(kN)(压)$$

a、b 两根杆的轴力作用线汇交于结点 5，以 5 铰为矩心，列力矩式平衡方程求 F_{Nc}，即

$$\sum M_5(F) = 0, \qquad F_{Nc} \times h - F_{1y} \times 2d - \sum F_{Pi}x_i = 0 \qquad (b)$$

$$F_{Nc} = M_5/h = (120 \times 4 - 20 \times 4 - 40 \times 2)/3 = 106.7(kN)$$

$M_7(= F_{1y} \times 3d - \sum F_{Pi}x_i)$ 为与桁架同跨度同荷载作用的简支梁在节点 7 的弯矩。

$M_5(= F_{1y} \times 2d - \sum F_{Pi}x_i)$ 为与桁架同跨度同荷载作用的简支梁在节点 5 的弯矩。

这说明桁架梁的抗弯能力主要就是由桁架的上下弦杆的轴力形成的力偶矩提供。

（3）校核。

图 3.54（b）中，平衡方程 $\sum F_x = F_a + F_b \times \sin\alpha + F_c = -120.0\ kN + 24.0\ kN \times 0.555\ kN + 106.7\ kN = 0$，故计算无误。

【例 3.13】 试求如图 3.55（a）所示桁架中杆 a,b,c 的内力。已知桁架节间距离 3 m，桁架高 6 m，$F_P = 60\ kN$。

【解】 若直接用截面Ⅱ—Ⅱ截取，则截面将截开 4 根杆件，不能一步求得待求未知量，故应用曲截面Ⅰ—Ⅰ截取其以左为研究对象，如图 3.55（b）所示。此时的 4 个截开杆件的 4 个

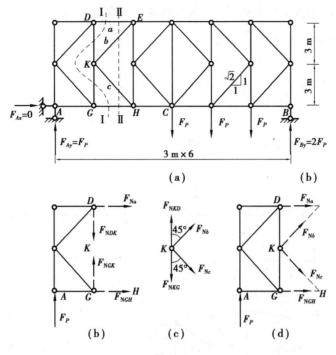

图 3.55

未知力中有 3 个作用线通过铰结点 G，由 G 铰结点的力矩式平衡条件可直接求出 F_{Na}，即

$$\sum M_G = 0, \qquad F_{Na} = -0.5F_{Nb} = -30(kN)$$

取铰结点 K 为分离体(图 3.55(c))，属于 K 形结点，必有

$$F_{Nb} = -F_{Nc}$$

取截面Ⅱ—Ⅱ以左部分为分离体(图 3.55(d))，列投影平衡方程为

$$\sum F_y = 0, \qquad F_{Ay} + (F_{Nb} - F_{Nc})\cos 45° = 0$$

解得

$$F_{Nb} = \frac{-60}{\cos 45°} = -84.9(kN), \qquad F_{Nc} = \frac{60}{\cos 45°} = 84.9(kN)$$

校核：$\sum M_G = F_{Na} \times 6 + (F_{Nb}\cos 45° + F_{Nb}\cos 45°) \times 3 + F_{Ay} \times 3 = -30 \times 6\ kN + 60 \times 3\ kN = 0$

说明上述求解结果正确无误。下面求桁架梁在Ⅱ—Ⅱ截面的剪力，同样由 $\sum F_y = 0$ 得到 $F_{SⅡ} = F_{Ay} = (F_{Nc} - F_{Nb})\cos 45° = F_{Nc,y} - F_{Nb,y}$，说明桁架梁截面的剪力等于所有腹杆轴力在铅垂 y 方向的投影的代数和，即桁架的抗剪能力由腹杆提供。

如前所述，用截面法求桁架内力时，应尽量使所截断的杆件不超过 3 根，这样所截杆件的内力均可求出。有些问题求解时，所作截面可能截断了 3 根以上的杆件，但只要被截各杆中，除一杆外，其余各杆均平行或汇交于一点，则该杆的内力仍可首先求得。如图 3.56(a)所示，当仅求图中 a 杆的内力时，最简便的方法就是用截面Ⅰ—Ⅰ截取右下部分为分离体，受力图如图 3.56(b)所示。虽然截断了 4 根杆件，但其中有 3 根平行，只需列投影式平衡方程 $\sum F_{x'} = 0$，未知力中只有 F_{Na} 有投影，做到了列一个方程解一个未知量，计算快速简便。

如图 3.56(c)所示的问题，当仅求图中 a 杆的内力时，最简便的方法就是用截面Ⅰ—Ⅰ截取以左(或以右)为分离体(图 3.56(d)),虽然截断了 5 根杆件,但其中有 4 根汇交于 C 铰结点,只需列一个力矩式平衡方程 $\sum M_C = 0$ 就可求出 F_{Na}。这两个例子都突现了用截面法求结构中某几根杆内力的快速与简便。

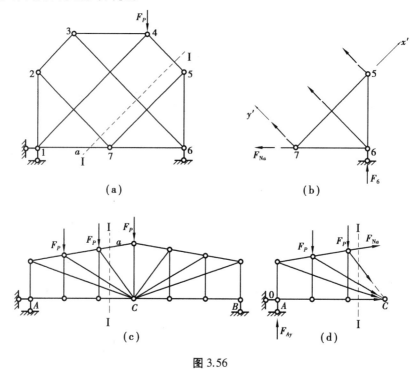

图 3.56

总之,在用截面法求解桁架结构内力时需注意以下 3 个方面:

①力矩式方程中力矩的计算在力臂不易确定的情况下,注意利用力的分解来求力矩(合力矩定理),而且分离体确定后,力可沿着其作用线移动到某一个结点进行分解,不影响分离体的平衡。

②平衡方程的 3 种形式中,基本形式注意投影轴和矩心的恰当选取;二力矩式中,投影轴不能垂直于两个矩心;三力矩式中,3 个矩心不能在一条直线上。可根据需要选取平衡方程的形式。矩心的选择尽量选多个未知力的交点,投影轴尽量平行(或垂直)于多个未知力的作用线方向。

③投影法和力矩法的平衡方程都尽量使每个方程含有一个未知量。

3)截面法和结点法的联合应用

上面用结点法或截面法讨论了**简单桁架**的计算。在**联合桁架**的计算中,若只需求解某几根指定杆件的内力,一般单独应用结点法或截面法不能一次求出结果时,则需联合应用结点法和截面法求解。如图 3.57 所示均为联合桁架,只用结点法求杆件内力将会遇到铰结点未知力超过两个的情况,故应将截面法与结点法结合起来联合求解,方能简便、快速地求得待求杆件的内力。

联合桁架的求解中需首先解决的问题如下:

①应先对平面桁架进行几何分析,判定其类型,再选择相应解法。

②当联合桁架由两刚片组成(图 3.57(b)),应先截断联系杆件,求出联系杆件的内力,再

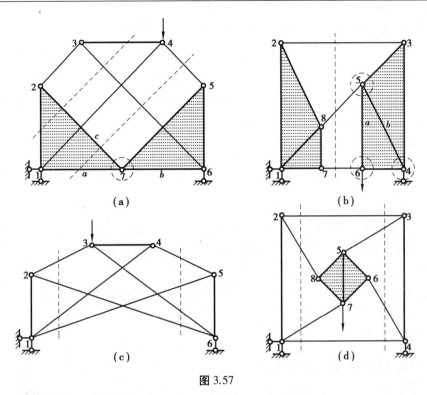

图 3.57

选择结点求解待求 a、b 杆的内力。

③当联合桁架由三刚片组成(图 3.57(a)、(c)、(d)),每两个刚片之间的联系的杆件有 4 根,一般用双截面法求解,每个截面 4 个未知力,两个截面独立有 6 个未知力,6 个方程联立求解。

【例 3.14】 求如图 3.58 所示的联合桁架 6-9 杆的内力。

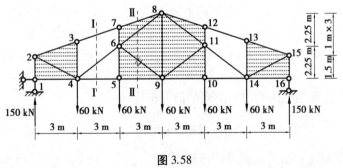

图 3.58

【解】 如图 3.58 所示,图中 3 个阴影部分为 3 个简单桁架,两次应用两刚片规则可知它们组成静定的联合桁架。可由不同途径求得 6-9 杆的内力。本例选择的方法是先用截面 I—I 截取其以左部分为分离体,由 $\sum M_8 = 0$ 求得 4-5 的内力;接着取结点 5 为分离体求得 5-9 杆的内力;再用截面 II—II 截取其以左为分离体,由 $\sum M_8 = 0$ 即可求得 6-9 杆的内力。现计算如下:

(1)取截面 I—I 以左为分离体,由 $\sum M_8 = 0$ 可得

$$F_{N45} = \frac{150 \times 9 - 60 \times 6}{4.5} = 220(\text{kN})(\text{拉})$$

（2）取结点 5 为分离体，由 $\sum F_x = 0$ 可得

$$F_{45} = F_{59} = 220(\text{kN})(\text{拉})$$

（3）取截面 Ⅱ—Ⅱ 以左为分离体，由 $\sum M_8 = 0$ 可得 6-9 杆的轴力在水平方向分量

$$F_{Nx69} = \frac{150 \times 9 - 60 \times 6 - 60 \times 3 - 220 \times 4.5}{4.5} = -40(\text{kN})(\text{压})$$

由图 3.58 的几何关系得

$$F_{N69} = -40 \times \frac{\sqrt{3^2 + 2.25^2}}{3} = -50(\text{kN})(\text{压})$$

因此，有以下 3 点结论：

①求联合桁架的所有杆的内力，一般先用截面法截开简单桁架连接处求解连接处（铰的相互作用力或联系杆的轴力）的内力，再用结点法求几个简单桁架的内力。

②求某指定杆内力，若截断未知杆的任一分离体中未知力数目多于 3，且不属于特殊情况，则应先求出其中一些易求的杆件内力（用结点法或另外用截面再取分离体），使原分离体能求解指定杆的内力。

③解题的方法并不唯一。

3.4.4　几种常用桁架受力特性的比较

不同外形的桁架，因其内力分布不同，适用场合也不同。设计时，应根据具体要求选用合理的桁架形式。下面就建筑工程中常见的 4 种**简支梁式桁架**：平行弦桁架（图 3.59（a）、图 3.60（a））、三角形桁架（图 3.60（b））、折弦桁架（抛物线桁架）（图 3.60（c）、（d））和梯形桁架（图 3.60（e））进行受力性能比较。

1）平行弦桁架

如图 3.59（a）所示平行弦桁架，设全跨有均布荷载（简化为结点集中荷载）作用于上弦，把桁架比拟成高度较大的简支梁，则上下弦杆以轴力形式承担着梁在横力荷载作用的弯矩，腹杆轴力承担着梁的剪力。与之相应的简支梁如图 3.59（b）所示，其内力 M^0 和 F_S^0 如图 3.59（c）、（d）所示。

而弦杆的内力计算用截面法列力矩式平衡方程导出

$$F_N = \pm \frac{M^0}{h}$$

式中　M^0——相应简支梁中对应截面的弯矩；

　　　　h——上下弦轴力构成的力偶臂（桁高）。

因 h 为常数，M^0 的纵坐标接近按抛物线规律变化，故弦杆的内力值与 M^0 成正比，即端部弦杆轴力小，而中间弦杆的轴力大，且上弦在受压区承受压力，下弦在受拉区承受拉力。

腹杆（竖腹杆、斜腹杆）的内力计算公式可由截面法的 y 方向投影平衡方程写出，即

$$F_{Ny} = \pm F_S^0$$

式中　F_S^0——桁架节间对应简支梁截面的剪力；

　　　　F_{Ny}——腹杆轴力在竖向分量。

由上式可知，腹杆的轴力由两端向跨中递减。斜腹杆按图中倒八字布置，竖腹杆受压，斜

腹杆受拉;若斜腹杆布置与图中相反成正八字布置,则竖腹杆受拉,斜腹杆受压。

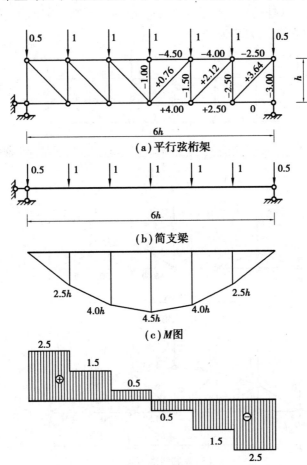

图 3.59

2)三角形桁架

如图 3.60(b)所示的三角形桁架,弦杆的内力计算用截面法列力矩式平衡方程导出

$$F_N = \pm \frac{M^0}{r}$$

式中　r——弦杆轴力对矩心的力臂,它由两端向跨中按线性递增。由于三角形桁架的力臂 r 的增加较弯矩增加快,因而弦杆的轴力是从两端向中间递减。

由截面法可知,在图示荷载下,斜腹杆受压,竖腹杆受拉,且由桁架两端向跨中腹杆的轴力呈现递增。

3)抛物线桁架

如图 3.60(c)所示抛物线桁架,上弦各杆落在同一抛物线上。下弦杆轴力和上弦杆轴力的水平分量相等,其大小为

$$F_N = \pm \frac{M^0}{r}$$

式中　r——竖杆长度,它与 M^0 图的纵坐标都是按抛物线规律变化。由于上弦杆倾斜度不
　　　　大,因此上弦杆的轴力也近似相等。由零杆判断及截面水平投影方程可知竖腹
　　　　杆和斜腹杆的内力均为零。

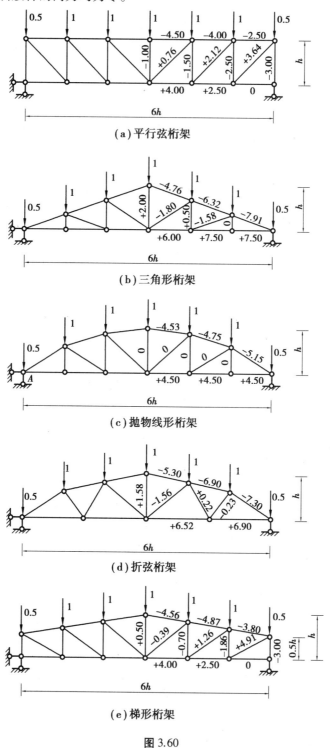

(a)平行弦桁架

(b)三角形桁架

(c)抛物线形桁架

(d)折弦桁架

(e)梯形桁架

图 3.60

4)折弦桁架

如图 3.60(d)所示的折弦桁架,折弦桁架的外形一般比较接近抛物线桁架的形式,因此两者内力分布比较接近,是介于三角形桁架和抛物线桁架之间的一种形式。但因端节间上弦杆的坡度比三角形桁架大,使力臂 r 向两端递减得慢一些,即减少了弦杆特别是端弦杆的轴力,虽然 M^0/r 值也逐渐增大,但比三角形桁架的变化要小。

5)梯形桁架

如图 3.60(e)所示的梯形桁架,是介于平行弦桁架和三角形桁架之间的一种中间形式。其上下弦杆的内力变化不大,腹杆内力由两端向中间递减。

图 3.60 给出了这 5 种形式的桁架在结点承受单位力时各杆的轴力值,从图中可直观地看到轴力从端部到跨中在弦杆和腹杆的变化趋势和分布情况。

由以上分析,可得以下结论:

①三角形桁架的轴力分布不均匀,其弦杆内力在接近支座端部最大,使得每个节间的弦杆要改变截面,因而增加了拼接困难;若采用相同的截面,则造成材料的浪费。弦杆在端结点处夹角甚小,构造复杂,布置制造较为困难。但其两斜面符合屋顶排水构造需要,故在跨度较小、坡度较大的屋盖中广泛采用。

②平行弦桁架的内力分布不均匀(如图 3.60(a)),弦杆内力向跨中递增,若设计成各节间弦杆截面不一样,每一节间改变截面,就会增加拼接困难;若采用相同的截面,又浪费材料。但由于它在构造上有许多优点,如可使结点构造统一,腹杆标准化等,因此仍得到广泛采用。一般多用于轻型桁架,这样采用相同截面的弦杆,不会造成很大的浪费。厂房中多用于 12 m 以上的吊车梁,跨度 50 m 以下的铁路桥梁,构件制作及施工拼接都有较方便,应用甚广。

③抛物线形桁架的轴力分布比三角形均匀,在材料上使用最经济,但上弦杆在第一节之间的倾角都不相同,上弦杆的每一结点处均转折而需设置接头,结点构造复杂,施工不便。不过,它常应用于 18~30 m 的大跨度屋架和 100~150 m 的大跨度桥梁,节约材料意义较大。

④折弦桁架常被用作钢筋混凝土屋架,其特点是端部上弦坡度较三角形桁架为大,同时整个上弦杆的转折也比抛物线桁架少,施工制作上要方便很多。这种桁架的受力性能接近于抛物线桁架而又避免了三角形桁架和抛物线桁架的某些不足。因此,常用于 18~24 m 中等跨度的钢筋混凝土屋盖中。

⑤梯形桁架的弦杆受力性能较平行弦、三角形桁架均匀,在施工制作上也较方便。它常应用于中等跨度的钢结构厂房的屋盖中。

3.5 组合结构

组合结构是指由若干受弯杆件和链杆混合组成的结构。如图 3.61 和图 3.62 所示均为静定组合结构的例子。组合结构常用于房屋建筑中的屋架、吊车梁和桥梁的承重结构。

组合结构通常由梁+桁架组成或刚架+桁架构成。图 3.62(a)为**梁+桁架**的组合结构形式;图 3.61 和图 3.62(b)、(c)为**刚架+桁架**的组合形式。

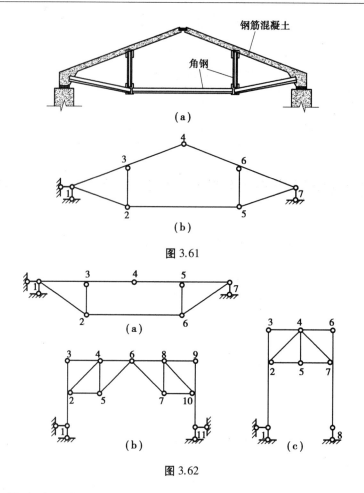

图 3.61

图 3.62

3.5.1 组合结构内力分析方法

组合结构求解时,先要区分结构中的链式杆与梁式杆,这是求解组合结构的关键。其目的是确定截面上未知内力分量的数目。

所谓链式杆,是指两端完全铰接,除结点荷载作用外,杆上无横向荷载作用,为受二力作用的直杆,横截面内力分量为**轴力**。

除链式杆外,组合结构中一定存在梁式杆,也就是杆中除了有铰接点以外,还有组合结点。即使在结点荷载作用下,这些直杆横截面内力分量一般有**弯矩**和**剪力**,如图 3.62(a)所示的 14 和 47 杆。

有些梁式杆,折杆或带有不完全铰的两端铰接杆件:横截面内力分量一般有**弯矩**、**剪力**和**轴力**,如图 3.61 所示的 14,47 杆,图 3.62(b)中的 13,9—11 杆,图 3.62(c)中的 13,68 杆。

组合结构仍然是用截面法和结点法联合求解。截面法求解的关键之处是区分截面截开的是梁式杆(M,F_S 或 F_N)还是链杆(F_N)。

因此,用截面法求解组合结构时,应注意以下 4 点:

①尽量避免截开梁式杆,因为 M,F_S,F_N 未知量太多不便求解。

②尽量截开链式杆,先求轴力杆,或截断连接铰,求相互连接力。

③如果截断的全是链杆,桁架的计算方法及结论可以适用。

④梁式杆的内力图作法同梁及刚架。

因此,组合结构的支座内力计算应是桁架的计算方法加上梁、刚架的计算方法。组合结构的求解步骤为:首先求出反力,然后计算各链杆的轴力,最后再分析受弯构件的内力。当然,如受弯杆件的弯矩图很容易先行绘出时,则可灵活处理。

组合结构有静定和超静定之分,工程中组合结构主要以超静定结构形式出现,将在超静定问题解法中研究。本节研究静定组合结构的求解。图 3.61 为下撑式五角形屋架,上弦由钢筋混凝土制成,下弦和腹杆为型钢,计算简图如图 3.61(b)所示。14 和 47 杆为拉弯或压弯组合变形构件,其余杆件为二力杆。这类结构求解一般首先用通过铰 4 的截面截取分离体,列力矩式平衡方程 $\sum M_4 = 0$ 求出 F_{N25},然后利用结点法取铰结点 2 和 5 为分离体求出所有二力杆的轴力,最后求出梁式杆件 14 和 47 的内力。

3.5.2   计算组合结构时应注意的几个问题

计算组合结构时,要注意以下 3 点:

①注意区分链杆(只受轴力)和梁式杆(受轴力、剪力和弯矩)。

②前面关于桁架结点的一些特性对有梁式杆的结点不再适用。

③一般先计算支座反力和链杆的轴力,再计算梁式杆的内力。

【例 3.15】   作如图 3.63 所示斜拉桥组合结构的内力图。

【解】   (1)求支座反力。

取整体为分离体,受力分析如图 3.63(a)所示,由平衡条件

$$\sum M_8 = 0, \qquad F_{R1}\cos 45° × 66 + 90 × 48 × 42 - F_{3y} × 66 = 0 \qquad (a)$$

截取铰 5 以左为分离体(图 3.63(b)),由平衡条件

$$\sum M_5 = 0,$$

$$F_{N21}\cos 45° × 33 + F_{N21}\sin 45° × 24 + 90 × 33 × 16.5 - F_{3y} × 33 = 0 \qquad (b)$$

联解式(a)、式(b)且由 $F_{R1} = F_{N21}$ 可得

$$F_{N21} = 2\ 458.08(\text{kN})(\text{拉}), \qquad F_{3y} = 4\ 487.22(\text{kN})(↑)$$

由图 3.63(b)的投影平衡方程

$$\sum F_x = 0, \qquad F_{5x} = F_{N21}\sin 45° = 1\ 738.13(\text{kN})(→)$$

$$\sum F_y = 0, \qquad F_{5y} = - F_{3y} + F_{N21}\cos 45° + 90 × 33 = + 220.91(\text{kN})(↑)$$

由图 3.63(a)整体的投影平衡方程

$$\sum F_x = 0, \qquad F_{89} = F_{R9} = F_{R1} = 2\ 458.08(\text{kN})(\text{拉})$$

$$\sum F_y = 0, \qquad F_{7y} = 2F_{N21}\cos 45° + 90 × 48 - F_{3y} = 3\ 309.03(\text{kN})(↑)$$

(2)由结点 2 的平衡条件可求得

$$\sum F_x = 0, \qquad F_{N24} = F_{N21}\frac{\sin 45°}{\cos \alpha} = \frac{\sqrt{2}}{2} × \frac{5}{3} × 2\ 458.08 = 2\ 896.88(\text{kN})(\text{拉})$$

$$\sum F_y = 0, \qquad F_{23} = - (F_{N21}\cos 45° + F_{N24}\sin \alpha) = - 4\ 055.63(\text{kN})(\text{压})$$

由结点 8 的平衡条件,同理可得

$$F_{N86} = F_{N89} \frac{\sin 45°}{\cos \alpha}$$

$$= \frac{\sqrt{2}}{2} \times \frac{5}{3} \times 2\ 458.08 = 2\ 896.88(kN)(拉)$$

$$F_{N67} = -4\ 055.63(kN)(压)$$

（3）求组合结构中梁式杆 35,57 的杆端剪力，并作 M 图，标出各二力直杆的轴力如图 3.63（c）所示。作梁式杆 35,57 的剪力图如图 3.63（d）所示。

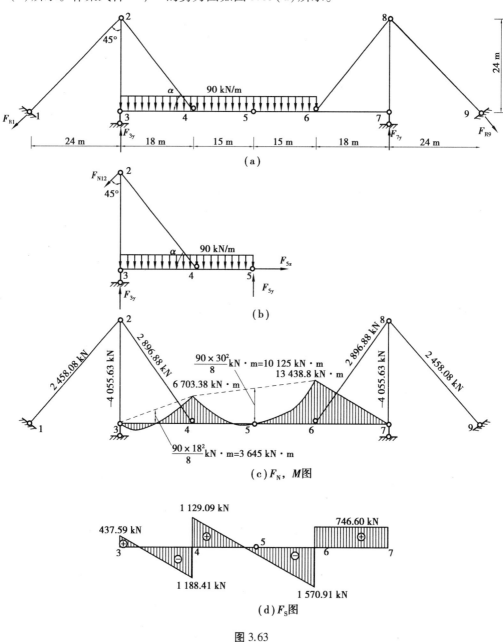

图 3.63

3.6 静定结构特性

3.6.1 静定结构特性

以上讨论了几种典型静定结构,即静定梁(单跨和多跨梁)、刚架、拱、桁架及组合结构等。如果从反力的特点进行结构分类,则静定结构又可分为无推力结构(梁、梁式桁架)和有推力结构(三铰拱、三铰刚架、拱式桁架、组合结构)。虽然这些静定结构的形式各异,但有下列共同的特性,现分析如下:

1)静定结构的基本静力特性

静力分析方面,静定结构的全部约束反力和内力可由静力平衡方程求解,而且**满足平衡条件的内力解答是唯一的**,这即是**静定结构的基本静力特性**。

在几何组成方面,静定结构是无多余联系的几何不变体系,在静力平衡方面,因静定结构没多余约束,故所有内力和反力都可由平衡条件完全确定,而且所得的内力和反力的解答只有一种。下面总结静定结构的一般特性,这些特性都可由基本特性推论得出。

2)在静定结构中,温度改变、支座移动、制造误差和材料收缩等均不会引起内力

根据静定结构解答的唯一性,在没有荷载作用时,零反力和零内力的解可满足静定结构的所有各部分的平衡条件,因而受上述的非荷载因素影响时,静定结构中均不引起内力,零解便是唯一的解答。

如图 3.64(a)、(b)所示的受温度改变影响的简支梁和悬臂梁,如图 3.64(c)、(d)所示的受支座移动的简支梁和三铰刚架,由于结构没有多余约束,因此,当产生温度改变或支座不均匀沉降时,仅发生虚线所示绕 A 点的转动,而不产生反力和内力。

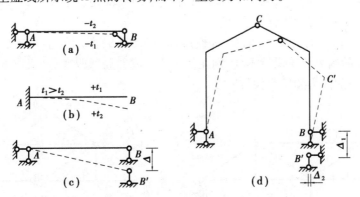

图 3.64

3)静定结构的局部平衡特性

当平衡力系加在静定结构的某一内部几何不变部分时,其余部分都没有内力和反力。

如图 3.65(a)所示,简支梁的 CD 段为一几何不变部分时,作用有平衡力系,则只有该部分产生内力,其余梁段 AC,BD 段没有内力和反力产生。如图 3.65(b)所示的桁架,平衡力系作用在三角形 CDE 的内部,而 CDE 属于几何不变部分,则只有该部分杆件产生轴力,其余各杆和支座反力均等于零。

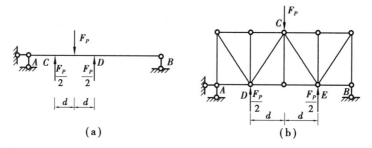

图 3.65

4)静定结构的荷载等效特性

当静定结构的一个几何不变部分上的荷载作等效变换时,只有该部分的内力发生变化,其余部分的内力和反力均保持不变。

所谓等效变换,是指由一组荷载变换为另一组荷载,且两组荷载的合力保持相同。合力相同的荷载通常称为等效荷载。

如图 3.66(a)所示,简支梁在 F_P 的作用下,若把 F_P 进行等效变换,等效力系的结果如图 3.66(b)所示。那么,除 CD 范围内的受力状态发生变化处,其余部分的内力和反力保持不变。

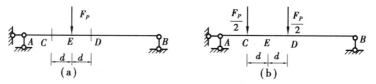

图 3.66

5)静定结构的构造变换特性

当静定结构的一个内部几何不变部分作组成上的局部构造变换时,只在该部分的内力发生变化,其余部分的内力均保持不变。

如图 3.67(a)所示的桁架,若把 67 杆换成如图 3.67(b)所示的小桁架 6879,而作用的荷载和端部 6,7 铰的约束性质保持不变,则在作上述组成的局部改变后,只有 67 部分的内力发生变化,其余部分的内力和反力保持不变。

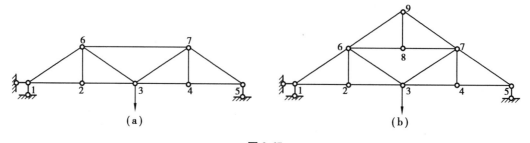

图 3.67

3.6.2 静定结构的内力特点

下面给出几类常见静定结构的内力比较。图 3.68(a)—(f)中,作用相同的横向均布荷载

q,除图 3.68(b)外其他结构的跨度都为 l,结构分别属于梁(图 3.68(a)、(b))、拱(图 3.68(e))、桁架(图 3.68(f))、组合结构(图 3.68(c)、(d)、(g))。图中给出了结构中受弯杆件的弯矩图。对受弯杆件的弯矩大小的比较可知,简支梁(图 3.68(a))结构可通过改变支座位置成为外伸梁(图 3.68(b)),其杆件内最大弯矩值由 $\dfrac{ql^2}{8}$ 降低到 $\dfrac{ql^2}{48}$,弯矩分布更趋于均匀,材料的抗弯能力得到较好的发挥;拱结构通过合理设计可将弯矩降到最低,甚至处于无弯矩状态(图 3.68(e))。理想桁架结构(图 3.68(f))中杆件处于轴向拉或压状态,横截面应力均布,可使材料的承载能力最为充分的发挥。而图 3.68(c)、(d)、(g)为组合结构,通过合理的结构设计,从图 3.68(c)→(d)→(g)可知,受弯杆件 $M_{\max}$ 值由 $\dfrac{ql^2}{32}$ 迅速降低为 $\dfrac{ql^2}{192}$,因此,图 3.68(g)的结构形式更为合理,更有利于材料的承载能力充分发挥,达到安全可靠、经济合理的设计目标。故拱结构、桁架结构和组合结构等这些合理的结构形式在中或大跨度工程中广泛采用。

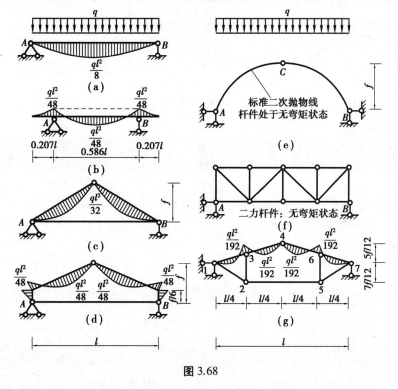

图 3.68

思考题

1.如何根据弯矩 M、剪力 F_S 和轴力 F_N 之间的微分关系对内力图进行校核?

2.用叠加法作弯矩图时,为什么是竖标的叠加而不是图形的拼合?

3.为什么直杆上的任意一区段的弯矩图都可用简支梁的叠加法来作? 简述其作图步骤。

4.分别说明多跨静定梁中基本部分与附属部分的几何组成特点和各自的受力特点。

5.怎样利用弯矩图作剪力图？又怎样进而作出轴力图及求出支座反力？

6.为什么对静定结构来说,有荷载才产生内力,没有荷载就没有内力？

7.拱的受力情况和内力计算与梁和刚架有何异同？

8.在非竖向荷载下怎样计算三铰拱的反力和内力？能否使用竖向荷载下推导的式（3.1）—式（3.4）？

9.桁架的计算简图作了哪些假设？它与实际的桁架有哪些差别？

10.如何根据桁架的几何构造特点来选择计算顺序？

11.零杆既然不受力,为何在实际结构中不能把它去掉？

12.怎样识别组合结构中的链杆（二力杆）和受弯杆件？组合结构的计算与桁架的计算有何不同之处？

13.在图示组合结构中,结点 1 能否采用结点法求解？结点 3 能否用 T 形结点判断零杆？试对结点 1 和结点 3 进行受力分析,并绘出受力图。

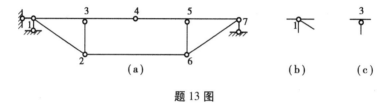

题 13 图

习 题

3.1 试作图示铰接单跨或两跨静定梁的内力图。

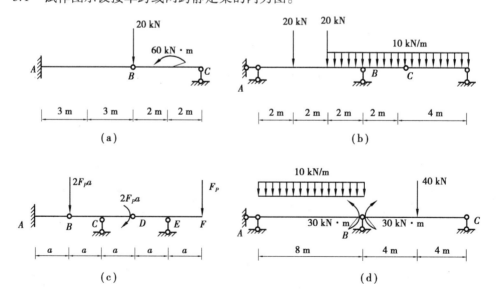

题 3.1 图

3.2 试作图式多跨静定梁的内力图。

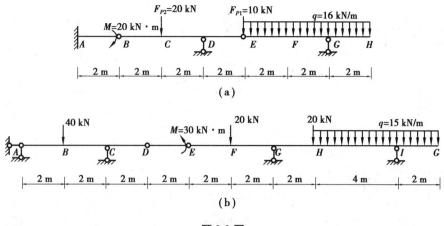

（a）

（b）

题 3.2 图

3.3 图中为一三跨铰接静定梁,全长承受均布荷载。

（1）试证明图中中间铰的位置 $a = 0.171\ 6l$ 时,支座 B 或 C 产生的最大负弯矩等于边跨 AB 或 CD 在跨内产生的最大正弯矩,且弯矩绝对值最大值为 $|M_{max}| = 0.085\ 8ql^2$。

（2）试求使三跨静定梁中间一跨的跨中正弯矩与支座 B 或 C 的负弯矩的绝对值相等时,此时中间铰的位置 a 为何值?

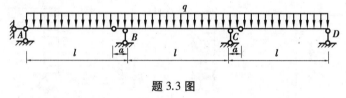

题 3.3 图

3.4 试作图示斜面梁的内力图。

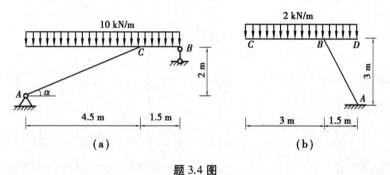

（a）   （b）

题 3.4 图

3.5 试作图示刚架的内力图。

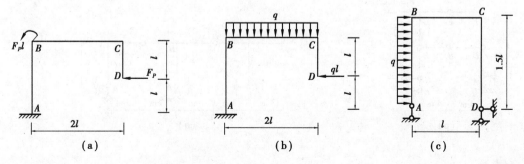

（a）   （b）   （c）

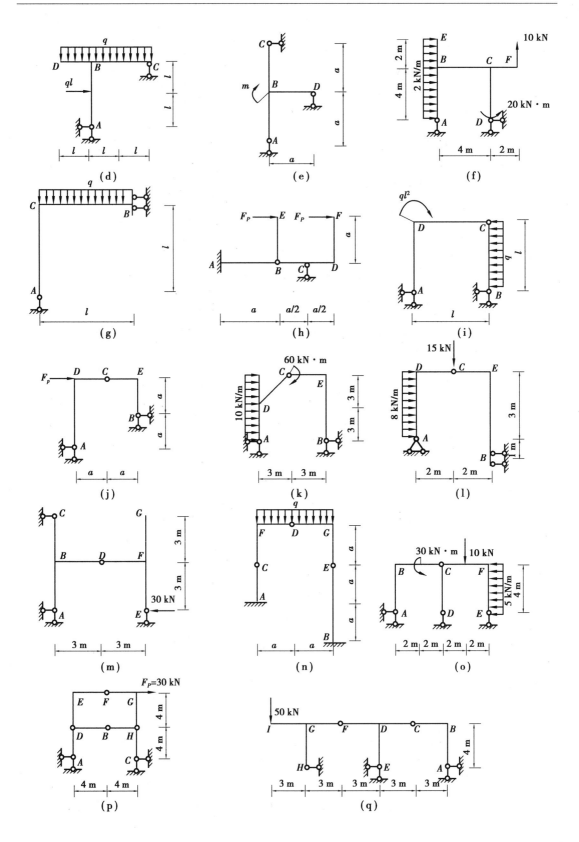

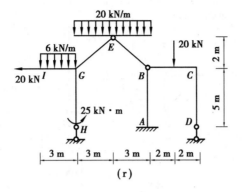

（r）

题 3.5 图

3.6 计算图示半圆三铰拱 K 截面的内力 M_K，F_{SK}，F_{NK}。已知 $q=10$ kN/m，$M=120$ kN·m。

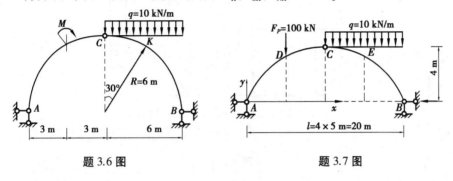

题 3.6 图　　　　　　　　　　题 3.7 图

3.7 图示抛物线三铰拱的拱轴方程为 $y=\dfrac{4f}{l^2}x(l-x)$，其中 $l=20$ m，$f=4$ m。试求：

（1）截面 D，E 的 M，F_S，F_N 值。

（2）如果改变拱高为 $f=6$ m，支座反力和弯矩有何变化？

（3）如果拱高和跨度同时变化，但高跨比不变，支座反力和弯矩如何变化？

3.8 试用结点法求图示桁架结构各杆的内力。

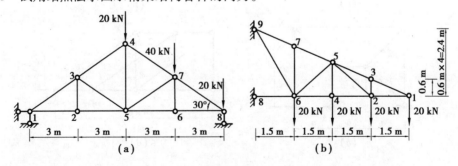

题 3.8 图

3.9 试用截面法或更简捷的方法求解图示桁架中指定杆件 1，2，3 的内力。

3.10 试用简捷的方法（截面法或其与结点法的结合）求解图示桁架中指定的 1，2，3 杆件的内力。

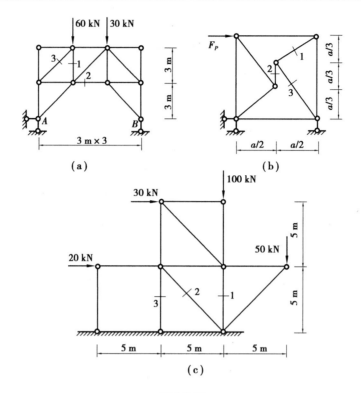

题 3.9 图

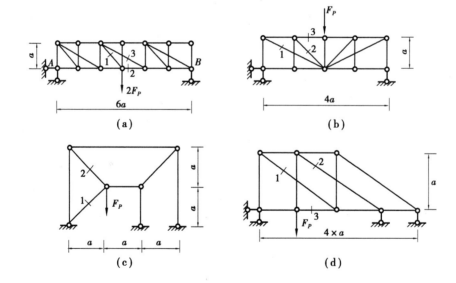

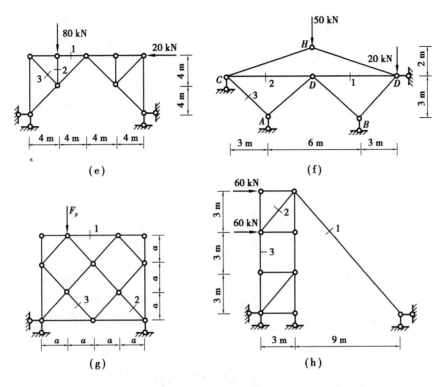

题 3.10 图

3.11 试求图示拱和桁架构成的组合结构中各链杆和拱截面 K 的内力。已知拱轴方程为 $y = \dfrac{4f}{l^2}x(l-x)$。

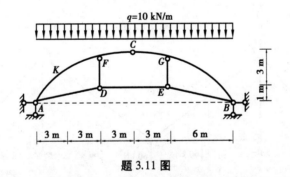

题 3.11 图

3.12 试求图示组合结构中各链杆的轴力,并作受弯杆件的内力图。

3.13 试计算图示组合结构的内力。在图中标出链杆的轴力,并作梁式杆的弯矩图。

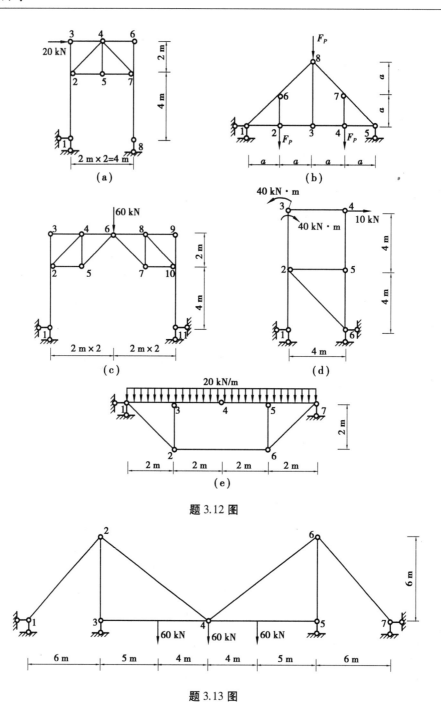

题 3.12 图

题 3.13 图

4

静定结构的位移计算

4.1 概述

4.1.1 位移的分类

结构都是由可变形材料制成的。当结构受到外部因素的作用时,它将产生变形和伴随而来的位移。变形是指形状的改变;**位移**是指某点位置或某截面位置和方位的变化。

如图 4.1(a)所示的刚架,在荷载作用下发生如虚线所示的变形,使截面 A 的形心从 A 点移动到了 A' 点,线段 AA' 称为 A 点的线位移,记为 Δ_A,它也可用水平线位移 Δ_{Ax} 和竖向线位移 Δ_{Ay} 两个分量来表示,如图 4.1(b)所示。同时,截面 A 还转动了一个角度,称为截面 A 的角位移,用 φ_A 表示。如图 4.2 所示的刚架,在荷载作用下发生虚线所示的变形,截面 A 发生了 φ_A 角位移。同时,截面 B 发生了 φ_B 的角位移,这两个截面的方向相反的角位移之和称为截面 A,B 的相对角位移,即 $\varphi_{AB}=\varphi_A+\varphi_B$。同理,$C,D$ 两点的水平线位移分别为 Δ_C 和 Δ_D,这两个指向相反的水平位移之和称为 C,D 两点的水平相对线位移,即 $\Delta_{CD}=\Delta_C+\Delta_D$。

除上述位移之外,静定结构因支座沉降等因素作用,也可使结构或杆件产生位移,但结构的各杆件并不产生内力,也不产生变形,故把这种位移称为刚体位移。

一般情况下,结构的线位移、角位移或者相对位移,与结构原来的几何尺寸相比都是极其微小的。

引起结构产生位移的主要因素有荷载作用、温度改变、支座移动,以及杆件几何尺寸制造误差和材料收缩变形等。

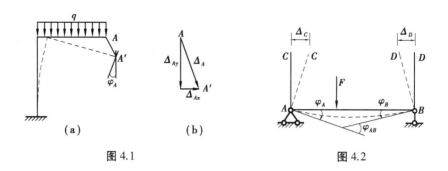

图 4.1   图 4.2

4.1.2 结构位移计算的目的

1)验算结构的刚度

结构在荷载作用下如果变形太大,即使不破坏也不能正常使用。即结构设计时,要计算结构的位移,控制结构不能发生过大的变形。让结构位移不超过允许的限值,这一计算过程称为刚度验算。

2)解算超静定问题

计算超静定结构的反力和内力时,由于静力平衡方程数目不够,需建立位移条件的补充方程,因此,必须计算结构的位移。

3)保证施工

在结构的施工过程中,也常常需要知道结构的位移,以确保施工安全和拼装就位。

4)研究振动和稳定

在结构的动力计算和稳定计算中,也需要计算结构的位移。

可见,结构的位移计算在工程上具有重要意义。

4.1.3 位移计算的有关假设

在求结构的位移时,为使计算简化,常采用以下假定:

①结构的材料服从胡克定律,既应力-应变呈线性关系。

②结构的变形很小,不致影响荷载的作用。在建立平衡方程时,仍然用结构原有几何尺寸进行计算;因变形微小,故应力-应变与位移呈线性关系。

③结构各部分之间为理想连接,不需要考虑摩擦阻力等影响。

对实际的大多数工程结构,按照上述假定计算的结果具有足够的精确度。满足上述条件的理想化的体系,其位移与荷载之间为线性关系,常称为线性变形体系。当荷载全部去掉后,位移即全部消失。对此种体系,计算其位移可应用叠加原理。

位移与荷载之间呈非线性关系的体系,称为非线性变形体系。线性变形体系和非线性变形体系统称为变形体系。本书只讨论线性变形体系的位移计算。

4.2 变形体系的虚功原理

4.2.1 虚功和刚体系虚功原理

力学中,功包含力和位移两个要素。若力在自身引起的位移上做功,所做的功称为实功。如果使力做功的位移不是由该力本身引起,即做功的力与相应于力的位移彼此独立,二者无因果关系,这时力所做的功称为**虚功**。虚功有两种情况:其一,在做功的力与位移中,有一个是虚设的,所做的功是虚功;其二,力与位移两者均是实际存在的,但彼此无关,所做的功是虚功。

在虚功中,应注意两点:

①做功的力和相应的位移是彼此独立的两个因素,因此,可将二者看成分别属于同一体系的两种彼此无关的状态。其中,力系所属状态称为力状态,位移所属状态称为位移状态。如果用 W 表示力状态的外力在位移状态的相应位移上所做的虚功,则有

$$W = F_P\Delta$$

②在虚功中,做功的力不限于集中力,它们可以是力偶,也可以是一组包括支座反力在内的力系。

在理论力学中,讨论过质点系的**虚位移原理**:刚体系处于平衡的充分必要条件是,对于任何虚位移,所有外力所做虚功总和为零。虚位移原理是虚功原理的一种形式,因为力系是真实的,位移是虚设的,称为虚位移原理。虚功原理的另一种形式是**虚力原理**,即任何一组虚设的平衡力系,在体系的实位移上的虚功之和为零。

所谓虚位移,是指约束条件所允许的任意微小位移。

4.2.2 变形体系虚功原理

对于刚体系来说,由于内力系虚功之和恒为零,因此,应用虚功原理可以只计算外力虚功。但对于变形体来说,在发生虚位移过程中会产生虚变形,外力在虚位移上做虚功,其内力也因为虚变形而做虚功。变形体系虚功原理可以表述为:**变形体系处于平衡的充分必要条件是,对任何虚位移,外力在此虚位移上所做虚功总和等于各微段上内力在微段虚变形位移上所做虚功总和**。此微段内力所做虚功总和在此称为变形虚功(也称内力虚功或虚应变能)。

可表示为: $W_外 = W_变$ 或 $W = W_v$。

接下来,着重从物理概念上论证变形体系虚功原理的成立。

做虚功需要两个状态:一个是力状态,另一个是与力状态无关的位移状态。如图 4.3(a) 所示,一平面杆件结构在力系作用下处于平衡状态,称此状态为力状态。如图 4.3(b) 所示,该结构因别的原因而产生了位移,称此状态为位移状态。这里,位移可以是与力状态无关的其他任何原因(如另一组力系、温度变化、支座移动等)引起的,也可以是假想的。但位移必须是微小的,并为支座约束条件和变形连续条件所允许,即应是所谓协调的位移。

现从如图 4.3(a) 所示的力状态任取出一微段,作用在微段上的力既有外力又有内力,这些力将在如图 4.3(b) 所示位移状态中的对应微段由 $ABCD$ 移到了 $A'B'C'D'$ 的位移上做虚功。

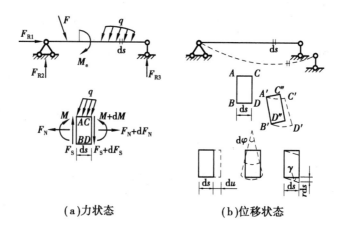

（a）力状态　　　　（b）位移状态

图 4.3

把所有微段的虚功总和起来,便得到整个结构的虚功。

1) 按外力虚功和内力虚功计算结构总虚功

设作用于微段上所有各力所做虚功总和为 dw,它可分为两部分:一部分是微段表面上外力所做的功 dw_e,另一部分是微段截面上的内力所做的功 dw_i,即

$$dw = dw_e + dw_i$$

沿杆段积分求和,得整个结构的虚功为

$$\sum \int dw = \sum \int dw_e + \sum \int dw_i$$

简写为

$$W = W_e + W_i$$

W_e 是整个结构的所有外力(包括荷载和支座反力)所做虚功总和,简称外力虚功;W_i 是所有微段截面上的内力所做虚功总和。

由于任何相邻截面上的内力互为作用力与反作用力,它们大小相等方向相反,且具有相同位移。因此,每一对相邻截面上的内力虚功总是互相抵消的。

由此有

$$W_i = 0$$

于是,整个结构的总虚功便等于外力虚功,即

$$W = W_e \tag{a}$$

2) 按刚体虚功与变形虚功计算结构总虚功

可将如图 4.3(b)所示位移状态中微段的虚位移分解为两部分:第一部分仅发生刚体位移(由 $ABCD$ 移到 $A'B'C''D''$),然后再发生第二部分变形位移($A'B'C''D''$ 移到 $A'B'C'D'$)。

作用在微段上的所有力在微段刚体位移上所做虚功为 dw_s,由于微段上的所有力含微段表面的外力及截面上的内力,构成一平衡力系。因此,其在刚体位移上所做虚功 $dw_s=0$。

作用在微段上的所有力在微段变形位移上所做虚功为 dw_v,由于当微段发生变形位移时,仅其两侧面有相对位移,因此,只有作用在两侧面上的内力做功,而外力不做功。

dw_v 实质是内力在变形位移上所做虚功,即

$$dw = dw_s + dw_v$$

沿杆段积分求和,得整个结构的虚功为

$$\sum \int dw = \sum \int dw_s + \sum \int dw_v$$

简写为

$$W = W_s + W_v$$

因为

$$dw_s = 0, \qquad w_s = 0$$

所以有

$$W = W_v \tag{b}$$

结构力状态上的力在结构虚位移状态上所做的虚功只有一个确定值,比较式(a)、式(b)可得

$$W = W_e = W_v$$

这就是要证明的结论。

内力虚功 W_v 的计算如下:

对平面杆系结构,微段的变形如图 4.3(b)所示,可分解为轴向变形 du,弯曲变形 $d\varphi$ 和剪切变形为 γds。

微段上的外力无对应的位移因而不做功,而微段上的轴力、弯矩和剪力的增量 dF_N、dM 和 dF_S 在变形位移所做虚功为高阶微量,可略去。

因此,微段上各内力在其对应的变形位移上所做虚功为

$$dW_v = F_N du + M d\varphi + F_S \gamma ds$$

对整个结构,有

$$W_v = \sum \int dw_v = \sum \int F_N du + \sum \int M d\varphi + \sum \int F_S \gamma ds$$

为书写简便,将外力虚功 W_e 改用 W 表示,变形体虚功方程为

$$W = W_v \tag{4.1}$$

对平面杆件结构,有

$$W_v = \sum \int F_N du + \sum \int M d\varphi + \sum \int F_S \gamma ds \tag{4.2}$$

故虚功方程为

$$W = \sum \int F_N du + \sum \int M d\varphi + \sum \int F_S \gamma ds \tag{4.3}$$

上面讨论中,没有涉及材料的物理性质,因此,对于弹性、非弹性、线性、非线性的变形体系,虚功原理都适用。

刚体系虚功原理是变形体系虚功原理的一个特例,即刚体发生位移时各微段不产生变形,故变形虚功 $W_v = 0$。

此时,式(4.1)成为

$$W = 0 \tag{4.4}$$

虚功原理在具体应用时有两种方式:一种是给定的力状态,另外虚设一个位移状态,利用虚功方程来求解力状态中的未知力,这样应用的虚功原理可称为虚位移原理,在理论力学中曾讨论过这种应用方式;另一种是给定的位移状态,另外虚设一个平衡的力状态,利用虚功方

程来求解位移状态中的未知位移,这样应用的虚功原理可称为虚力原理。

4.3 结构位移计算的一般方式

虚力原理是在虚功原理两个彼此无关的状态中,在位移状态给定的条件下,通过虚设平衡力状态,通过平衡状态的力在给定位移状态下做虚功而建立虚功方程,求解结构实际存在的位移。

4.3.1 结构位移计算的一般公式

如图 4.4(a)所示,刚架在荷载、支座移动及温度变化等因素影响下,产生了如虚线所示的实际变形,此状态为位移状态。为求此状态的位移需虚设一个与所求位移相对应的力状态。若求 4.4(a)所示刚架 K 点沿 $k—k$ 方向的位移 Δ_K,现虚设如图 4.4(b)所示刚架的力状态,即在刚架 K 点沿拟求位移 Δ_K 的 $k—k$ 方向虚加一个集中力 F_K,为使计算简便令 $F_K = 1$。

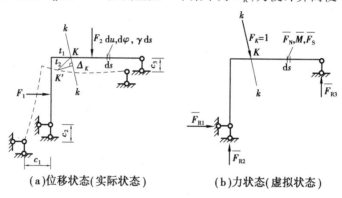

(a)位移状态(实际状态)　　　　(b)力状态(虚拟状态)

图 4.4

为求外力虚功 W,在位移状态中给出了实际位移 Δ_K, C_1, C_2 和 C_3,在力状态中可根据 $F_K = 1$ 的作用求出 $\overline{F}_{R1}, \overline{F}_{R2}, \overline{F}_{R3}$ 等支座反力。力状态上的外力在位移状态上的相应位移做虚功,即

$$W = F_K \Delta_K + \overline{F}_{R1} C_1 + \overline{F}_{R2} C_2 + \overline{F}_{R3} C_3$$

$$= 1 \times \Delta_K + \sum \overline{F}_{Ri} C$$

为求变形虚功,在位移状态中任取一微 ds 段,微段上的变形位移分别为 $du, d\varphi$ 和 γds。

在力状态中,可在与位移状态相对应的相同位置取微段 ds,并根据 $F_K = 1$ 的作用可求出微段上的内力 $\overline{F}_N, \overline{M}$ 和 $\overline{F}_S$。这样力状态微段上的内力,在位移状态微段上的变形位移所做虚功,即

$$dw_v = \overline{F}_N du + \overline{M} d\varphi + \overline{F}_S \gamma ds$$

而整个结构的变形虚功为

$$W_v = \sum \int \overline{F}_N du + \sum \int \overline{M} d\varphi + \sum \int \overline{F}_S \gamma ds$$

由虚功原理 $W = W_v$,有

$$1 \times \Delta_K + \sum \int \bar{F}_{Ri} C_i = \sum \int \bar{F}_N du + \sum \int \bar{M} d\varphi + \sum \int \bar{F}_S \gamma ds$$

可得

$$\Delta_K = - \sum \bar{F}_{Ri} C_i + \sum \int \bar{F}_N du + \sum \int \bar{M} d\varphi + \sum \int \bar{F}_S \gamma ds \qquad (4.5)$$

式(4.5)就是平面杆件结构位移计算的一般公式。

如果确定了虚拟力状态,其支座反力$\bar{F}_{Ri}$和微段上的内力$\bar{F}_N,\bar{M}_1$和$\bar{F}_S$可求,同时若已知了实际位移状态支座的位移C_i,并可求解微段的变形$du,d\varphi,\gamma ds$,则位移Δ_K可求。若计算结果为正,表示单位荷载所做虚功为正,即所求位移Δ_K的指向与单位荷载$F_K=1$的指向相同,为负则相反。

4.3.2　单位荷载的设置

利用虚功原理来求结构的位移,很关键的是虚设恰当的力状态,而方法的巧妙之处在于虚设的单位荷载一定在所求位移点沿所求位移方向设置,这样虚功恰等于位移。这种通过沿拟求位移方向虚设单位力,利用虚功原理计算位移的方法称为单位荷载法。

在实际问题中,除了计算线位移外,还要计算角位移、相对位移等。因集中力是在其相应的线位移上做功,力偶是在其相应的角位移上做功,则若拟求绝对线位移,则应在拟求位移处沿拟求线位移方向虚设相应的单位集中力;若拟求绝对角位移,则应在拟求角位移处沿拟求角位移方向虚设相应的单位集中力偶;若拟求相对线位移或相对转角,则应在拟求相对位移处沿拟求位移方向虚设相应的一对平衡单位力或力偶。

图4.5分别表示了在拟求$\Delta_{KV},\Delta_{KH},\varphi_{KK},\Delta_{KJ}$和$\varphi_{CE}$的单位荷载设置。

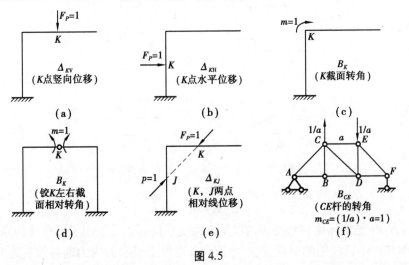

图 4.5

为研究问题的方便,在位移计算中,引入广义位移和广义力的概念。线位移、角位移、相对线位移、相对角位移以及某一组位移等,可统称为广义位移;而集中力、力偶、一对集中力、一对力偶以及某一力系等,则统称为广义力。

这样在求任何广义位移时,虚拟状态所加的荷载就应是与所求广义位移相应的单位广义力。这里的"相应",是指力与位移在做功的关系上的对应,如集中力与线位移对应、力偶与角位移对应等。

4.4　静定结构在荷载作用下的位移计算

这里所说的结构在荷载作用下的位移计算,仅限于线弹性结构,即位移与荷载呈线性关系,因而计算位移时荷载的影响可以叠加,而且当荷载全部撤除后位移也完全消失。这样的结构,位移应是微小的,应力与应变的关系符合胡克定律。

设位移仅是荷载引起,而无支座移动,故式(4.5)中的 $\sum \bar{F}_{Ri} C$ 一项为零,位移计算公式为

$$\Delta_{KP} = \sum \int \bar{M} \mathrm{d}\varphi_P + \sum \int \bar{F}_N \mathrm{d}u_P + \sum \int \bar{F}_S \gamma_P \mathrm{d}s \tag{a}$$

式中,Δ_{KP} 用了两个脚标,第一个脚标 K 表示该位移发生的地点和方向,第二个脚标 p 表示引起该位移的原因,即是广义荷载引起的。

$\bar{M}, \bar{F}_N, \bar{F}_S$ 为虚拟力状态中微段上的内力,如图 4.6(b)所示。

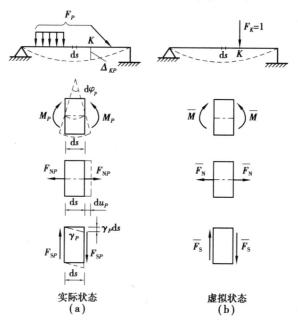

图 4.6

$\mathrm{d}\varphi_P, \mathrm{d}u_P, \gamma_P \mathrm{d}s$ 是实际位移状态中微段发生的变形位移。若引起实际位移的原因是荷载,即结构在荷载作用下微段上的变形位移,由荷载在微段上引起的内力通过材料力学相关公式可求。

设荷载作用下微段上的内力为 M_P, F_{NP} 和 F_{SP}(图 4.6(a)),分别引起的变形位移为

$$\mathrm{d}\varphi_P = \frac{M_P \mathrm{d}s}{EI} \tag{b}$$

$$\mathrm{d}u_P = \frac{F_{NP} \mathrm{d}s}{EA} \tag{c}$$

$$\gamma_P \mathrm{d}s = \frac{kF_{SP}\mathrm{d}s}{GA} \qquad\qquad (\mathrm{d})$$

式中　E——材料的弹性模量；

　　　I,A——杆件截面的惯性矩和面积；

　　　G——材料的切变模量；

　　　k——切应力沿截面分布不均匀而引用的修正系数。其值与截面形状有关，矩形截面

$k=\dfrac{6}{5}$，圆形截面$k=\dfrac{10}{9}$，薄壁圆环截面$k=2$，工字形截面$k=\dfrac{A}{A'}$，A'为腹板截面面积。

应该指出，上述关于微段变形位移的计算，对于直杆是正确的，而对于曲杆，还需考虑曲率对变形的影响。不过，工程中常用的曲杆结构，由于其截面高度与曲率半径相比很小（称为小曲率杆），故曲率的影响不大，仍可按直杆公式计算。

将前面的式（b）、式（c）、式（d）代入式（a）得

$$\Delta_{Kp} = \sum \int \frac{\bar{M}M_P}{EI}\mathrm{d}s + \sum \int \frac{\bar{F}_N F_{NP}}{EA}\mathrm{d}s + \sum \int \frac{k\,\bar{F}_S\,\bar{F}_{SP}}{GA}\mathrm{d}s \qquad (4.6)$$

式（4.6）为平面杆系结构在荷载作用下的位移计算公式。

式（4.6）中右边3项分别代表结构的弯曲变形、轴向变形和剪切变形对所求位移的影响。

在荷载作用下的实际结构中，不同的结构形式其受力特点不同，各内力项对位移的影响也不同。为简化计算，对不同结构常忽略对位移影响较小的内力项，这样既满足了工程精度要求，又使计算简化。

各类结构的位移计算简化公式如下：

1）梁和刚架

位移主要是弯矩引起，为简化计算可忽略剪力和轴力对位移的影响，即

$$\Delta_{Kp} = \sum \int \frac{\bar{M}M_P}{EI}\mathrm{d}s \qquad\qquad (4.7)$$

2）桁架

各杆件只有轴力

$$\Delta_{Kp} = \sum \int \frac{\bar{F}_N F_{NP}}{EA}\mathrm{d}s \qquad\qquad (4.8)$$

3）拱

对于拱，当其轴力与压力线相近（两者的距离与拱截面高度为同一数量级）或者为扁平拱 $\left(\dfrac{f}{l} < \dfrac{1}{5}\right)$ 时，要考虑弯矩和轴力对位移的影响，即

$$\Delta_{Kp} = \sum \int \frac{\bar{M}M_P}{EI}\mathrm{d}s + \sum \int \frac{\bar{F}_N F_{NP}}{EA}\mathrm{d}s \qquad (4.9)$$

其他情况下一般只考虑轴力对位移的影响，即

$$\Delta_{Kp} = \sum \int \frac{\bar{F}_N F_{NP}}{EA}\mathrm{d}s \qquad\qquad (4.10)$$

4)组合结构

此类结构中梁式杆以受弯为主,只计算弯矩一项的影响;而链杆只有轴力影响,即

$$\Delta_{KP} = \sum \int \frac{\overline{M}M_P}{EI}\mathrm{d}s + \sum \int \frac{\overline{F}_N F_{NP}}{EA}\mathrm{d}s \tag{4.11}$$

【例4.1】 如图4.7(a)所示的刚架,各杆段抗弯刚度均为EI,试求B截面水平位移Δ_{Bx}。

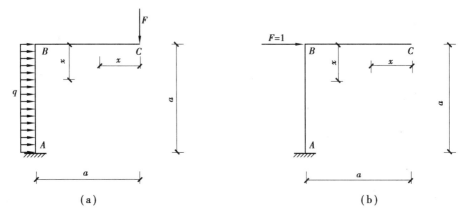

图4.7

【解】 已知实际位移状态如图4.7(a)所示,设立虚拟单位力状态如图4.7(b)所示。刚架弯矩以内侧受拉为正,则:

BA杆

$$M_P(x) = -Fa - \frac{qx^2}{2}$$

$$\overline{M}(x) = -1 \times x$$

CB杆

$$M_P(x) = -Fx$$

$$\overline{M}(x) = 0$$

将内力及$\mathrm{d}s = \mathrm{d}x$代入式(4.7),有

$$\Delta_{Bx} = \int_0^a \frac{-x}{EI} \times \left(-Fa - \frac{qx^2}{2}\right)\mathrm{d}x + \int_0^a \frac{1}{EI} \times O \times (-Fx)\mathrm{d}x$$

$$= \frac{1}{EI}\left(\frac{Fa^3}{2} + \frac{qa^4}{8}\right) \ (\rightarrow)$$

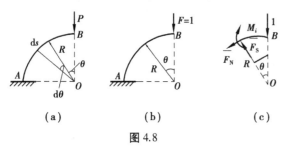

图4.8

【例4.2】 求如图4.8(a)所示等截面圆弧形曲杆$\left(\frac{1}{4}$圆周$\right)$ B点的竖向位移Δ_{By}。考虑弯曲、轴向、剪切变形,并设杆的截面高度与其曲率半径之比很小(小曲率杆)。

【解】 已知实际位移状态如图

4.8(a)所示,设立虚拟单位力状态如图 4.8(b)所示,取圆心 O 为极坐标原点,角 θ 为自变量,则

$$M_P = -PR\sin\theta, \qquad \overline{M} = -R\sin\theta$$

$$F_{NP} = -P\sin\theta, \qquad \overline{F}_N = -\sin\theta$$

$$F_{sP} = P\cos\theta, \qquad \overline{F}_S = \cos\theta$$

内力 $\overline{M}$,$\overline{F}_S$ 和 $\overline{F}_N$ 正向示于图 4.8(c),将以上内力和 $\mathrm{d}s = R\mathrm{d}\theta$ 代入式(4.6)有

$$\Delta_{By} = \int_0^{\frac{\pi}{2}} (-R\sin\theta)\frac{-PR\sin\theta}{EI}R\mathrm{d}\theta + \int_0^{\frac{\pi}{2}} (-\sin\theta)\frac{-P\sin\theta}{EA}R\mathrm{d}\theta +$$

$$\int_0^{\frac{\pi}{2}} k\cos\theta\frac{P\cos\theta}{GA}R\mathrm{d}\theta$$

积分得

$$\Delta_{By} = \frac{\pi}{4}\frac{PR^3}{EI} + \frac{\pi}{4}\frac{PR}{EA} + k\frac{\pi}{4}\frac{PR}{GA}$$

分析:以 Δ_M、Δ_N 和 Δ_s 分别表示弯曲变形、轴向变形和剪切变形引起的位移,则有

$$\Delta_M = \frac{\pi}{4}\frac{PR^3}{EI}, \qquad \Delta_N = \frac{\pi}{4}\frac{PR}{EA}, \qquad \Delta_s = k\frac{\pi}{4}\frac{PR}{GA}$$

举一个具体例子,比较其大小。对于钢筋混凝土结构,则 $G \approx 0.4E$。若截面为矩形

$$k = 1.2 \qquad \frac{I}{A} = \frac{bh^3}{12}\frac{1}{bh} = \frac{h^2}{12}$$

此时

$$\frac{\Delta_s}{\Delta_M} = K\frac{EI}{GAR^2} = \frac{1}{4}\left(\frac{h}{R}\right)^2$$

$$\frac{\Delta_N}{\Delta_M} = \frac{I}{AR^2} = \frac{1}{12}\left(\frac{h}{R}\right)^3$$

通常 $\frac{h}{R} < \frac{1}{10}$,则有

$$\frac{\Delta_s}{\Delta_M} < \frac{1}{400} \qquad \frac{\Delta_N}{\Delta_M} < \frac{1}{1\,200}$$

可见,在竖向荷载作用下,一般曲杆,剪切变形、轴向变形引起的位移与弯曲变形引起的位移相比很小,可以略去。

【例 4.3】 试计算如图 4.9(a)所示桁架结点 C 的竖向位移。设各杆 EA 为同一常数。

【解】 实际位移状态如图 4.9(a)所示,并求内力 F_{Np},设立虚拟单位力状态如图 4.9(b)所示,并求内力 $\overline{F}_N$,代入式(4.8)有

$$\Delta_{Cy} = \frac{1}{EA}\sum\overline{F}_N F_{Np}l_i$$

$$= \frac{1}{EA}\left(-\frac{\sqrt{2}}{2}\right)\times\left(-\frac{3\sqrt{2}}{4}F\right)\times(\sqrt{2}d) + \left(\frac{\sqrt{2}}{2}\right)\times\left(-\frac{\sqrt{2}}{4}F\right)\times(\sqrt{2}d) +$$

$$\left(\frac{\sqrt{2}}{2}\right)\times\left(\frac{\sqrt{2}}{4}F\right)\times\sqrt{2}d + \left(-\frac{\sqrt{2}}{2}\right)\times\left(-\frac{\sqrt{2}}{4}F\right)\times\sqrt{2}d + (-1)\times$$

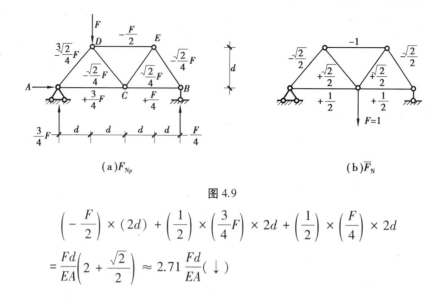

图 4.9

$$\left(-\frac{F}{2}\right) \times (2d) + \left(\frac{1}{2}\right) \times \left(\frac{3}{4}F\right) \times 2d + \left(\frac{1}{2}\right) \times \left(\frac{F}{4}\right) \times 2d$$

$$= \frac{Fd}{EA}\left(2 + \frac{\sqrt{2}}{2}\right) \approx 2.71 \frac{Fd}{EA}(\downarrow)$$

4.5　图乘法

计算梁和刚架在荷载作用下的位移时,先要写出 M_P 和 $\overline{M}$ 的方程式,然后代入公式

$$\Delta_{KP} = \sum \int \frac{\overline{M}M_P}{EI}\mathrm{d}s \tag{a}$$

进行积分运算。当荷载比较复杂时,两个函数乘积的积分计算很烦琐。当结构的各杆段符合下列条件时,问题可以简化:

①杆轴线为直线。

②EI 为常数。

③$\overline{M}$ 和 M_P 两个弯矩图至少有一个为直线图形。

若符合上述条件,则可用下述图乘法来代替积分运算,使计算工作简化。而第三个条件中 $\overline{M}$ 和 M_P 分别是单位荷载作用下的弯矩图及荷载作用下的弯矩图,这一条件是能满足的,因为单位荷载作用下的弯矩图为直线图形。

如图 4.10 所示为等截面直杆 AB 段上的两个弯矩图,$\overline{M}$ 图为一段直线,M_P 图为任意形

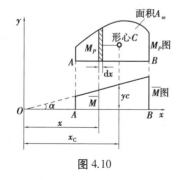

图 4.10

状,对图示的坐标,$\overline{M} = x \tan \alpha$,于是有

$$\int_A^B \frac{\overline{M}M_P}{EI}\mathrm{d}s = \frac{1}{EI}\int_A^B \overline{M}M_P\mathrm{d}s = \frac{1}{EI}\int_A^B x \tan \alpha M_P\mathrm{d}x$$

$$= \frac{1}{EI}\tan \alpha \int_A^B x M_P\mathrm{d}x \tag{b}$$

$$= \frac{1}{EI}\tan \alpha \int_A^B x\mathrm{d}A_\omega$$

式中,$dA_\omega = M_P dx$ 表示 M_P 图的微面积,因而积分 $\int_A^B x dA_\omega$ 就是 M_P 图形面积 A_ω 对 y 轴的静矩。

这个静矩可写为

$$\int_A^B x dA_\omega = A_\omega x_c \tag{c}$$

其中,x_c 为 M_P 图形心到 y 轴的距离,A_ω 为整个 M_P 图的面积。将式(c)代入式(b),得

$$\int_A^B \frac{\overline{M} M_P}{EI} ds = \frac{1}{EI} A_\omega x_c \tan \alpha。$$

而 $x_c \tan \alpha = y_c$,y_c 为 $\overline{M}$ 图中与 M_P 图形心相对应的竖标。于是,式(b)可写为

$$\int_A^B \frac{\overline{M} M_P}{EI} ds = \frac{1}{EI} A_\omega y_c \tag{4.12}$$

上述积分式等于一个弯矩图的面积 A_ω 乘以其形心所对应的另一个直线弯矩图的竖标 y_c 再除以 EI。这种利用图形相乘来代替两函数乘积的积分运算,称为**图乘法**。

根据上面的推证过程,在应用图乘法时要注意以下 6 点:

①必须符合图乘需要满足的前述条件。

②竖标只能取自直线图形。一般来说,$\overline{M}$ 图为直线,竖标取在 $\overline{M}$ 图上。当 $\overline{M}$ 图为由两段以上线段构成的折线时,则应按直线段分段图乘;如果 $\overline{M}$ 和 M_P 图均为直线,则可以其中任一个图形取面积,另一个图形取竖标。

③A_ω 与 y_c 若在杆件同侧图乘取正号,异侧取负号。

④需要掌握几种简单图形的面积及形心位置,如图 4.12 所示。

⑤当遇到面积和形心位置不易确定时,可将它分解为几个简单的图形,分别与另一图形相乘,然后把结果叠加。

例如,如图 4.11(a)所示两个梯形相乘时,梯形的形心不易定出,可把它分解为两个三角形,$M_P = M_{Pa} + M_{Pb}$,形心对应竖标分别为 y_a 和 y_b,杆件长度为 l,则

$$\frac{1}{EI} \int \overline{M} M_P dx = \frac{1}{EI} \int \overline{M}(M_{Pa} + M_{Pb}) dx$$

$$= \frac{1}{EI} \int \overline{M} M_{Pa} dx + \frac{1}{EI} \int \overline{M} M_{Pb} dx$$

$$= \frac{1}{EI}\left(\frac{al}{2} y_a + \frac{bl}{2} y_b\right)$$

式中

$$y_a = \frac{2}{3}c + \frac{1}{3}d$$

$$y_b = \frac{1}{3}c + \frac{2}{3}d$$

当 M_P 或 $\overline{M}$ 图的竖标 a,b,c,d 不在基线的同一侧时,可继续分解为位基线两侧的两个三角形(图 4.11(b)),即

$$A\omega_a = \frac{al}{2}(基线上)$$

$$A\omega_b = \frac{bl}{2}(\text{基线下})$$

$$y_a = \frac{2}{3}c - \frac{d}{3}(\text{基线下})$$

$$y_b = \frac{c}{3} - \frac{2}{3}d(\text{基线下})$$

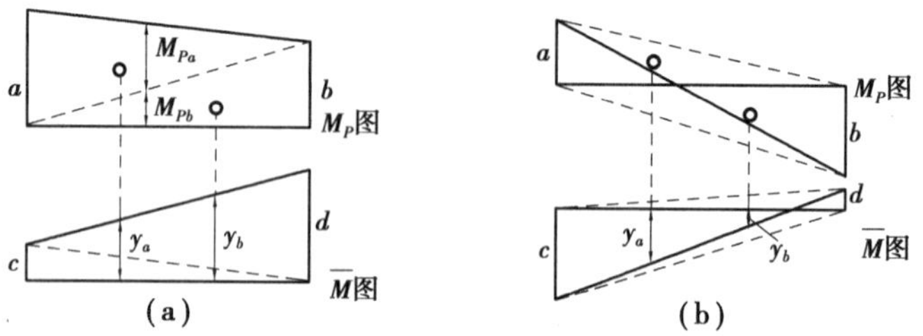

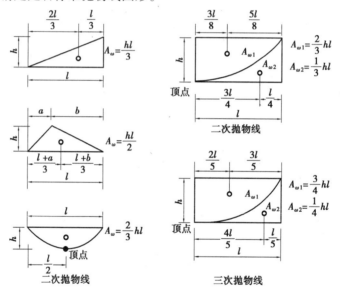

图 4.11

如图 4.12 所示为几种简单图形。其中,各抛物线图形均为标准抛物线图形。在采用图形数据时,一定要分清楚是否标准抛物线图形。

图 4.12

所谓标准抛物线图形,是指抛物线图形具有顶点(顶点是指切线平行于底边的点),并且顶点在中点或者端点。

⑥当 y_c 所在图形是折线时,或各杆段截面不相等时,均应分段图乘,再进行叠加,如图 4.13所示。

如图 4.13(a)所示应为

$$\Delta = \frac{1}{EI}(A_{\omega 1}y_1 + A_{\omega 2}y_2 + A_{\omega 3}y_3)$$

如图 4.13(b)所示应为

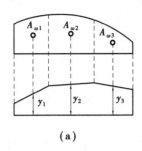 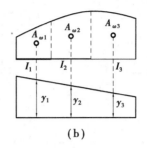

$$（a）\qquad\qquad\qquad\qquad（b）$$

图 4.13

$$\Delta = \frac{A_{\omega1}y_1}{EI_1} + \frac{A_{\omega2}y_2}{EI_2} + \frac{A_{\omega3}y_3}{EI_3}$$

【例 4.4】　试用图乘法计算如图 4.14(a)所示简支刚架截面 C 的竖向位移 Δ_{Cy}，B 点的角位移 φ_B 和 D,E 两点间的相对水平位移 Δ_{DE}，各杆 EI 为常数。

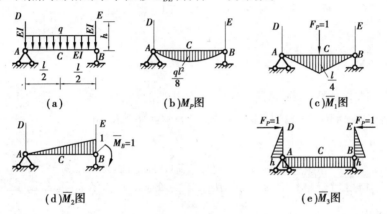

图 4.14

【解】　(1)计算 C 点的竖向位移 Δ_{Cy}。

作出 M_P 图和 C 点作用单位荷载 $F_P = 1$ 时的 $\overline{M}_1$ 图所示，分别如图 4.14(b)、(c)所示。因 $\overline{M}_1$ 图是折线，故需分段进行图乘，然后叠加，即

$$\Delta_{cy} = \frac{1}{EI} \times 2\left[\left(\frac{2}{3} \times \frac{l}{2} \times \frac{ql^2}{8}\right) \times \left(\frac{5}{8} \times \frac{l}{4}\right)\right]$$

$$= \frac{5ql^4}{384EI}（\downarrow）$$

(2)计算 B 结点角位移 φ_B。

在 B 点处加单位力偶，单位弯矩图 $\overline{M}_2$ 图如图 4.14(d)所示，将 M_P 与 $\overline{M}_2$ 图乘得

$$\varphi_B = \frac{-1}{EI}\left(\frac{2}{3} \times l \times \frac{ql^2}{8}\right) \times \frac{1}{2} = -\frac{ql^3}{24EI}（\uparrow）$$

式中，最初所用负号是因为两个图形在基线的异侧，最后结果为负号表示 φ_B 的实际转向与所加单位力偶的方向相反。

(3)为求 D,E 两点的相对水平位移，在 D,E 两点沿着两点连线加一对指向相反的单位力为虚拟状态，作出 $\overline{M}_3$ 图如图 4.14(e)所示，将 M_P 与 $\overline{M}_3$ 图乘，得

$$\Delta_{DE} = \frac{1}{EI}\left(\frac{2}{3} \times \frac{ql^2}{8} \times l\right) \times h = \frac{ql^3h}{12EI}(\rightarrow\leftarrow)$$

计算结果为正号,表示 D,E 两点相对位移方向与所设单位力的指向相同,即 D,E 两点相互靠近。

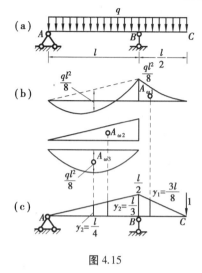

图 4.15

【**例 4.5**】 试求如图 4.15(a)所示外伸梁 C 点的竖向位移 Δ_{Cy}(梁的 EI 为常数)。

【**解**】 作 M_P 和 $\overline{M}$ 图,分别如图 4.15(b)、(c)所示。BC 段 M_P 图是标准二次抛物线图形;AB 段 M_P 图不是标准二次抛物线图形,现将其分解为一个三角形和一个标准二次抛物线图形。由图乘法可得

$$\Delta_{Cy} = \frac{1}{EI}\left[\left(\frac{1}{3} \times \frac{ql^2}{8} \times \frac{l}{2}\right)\frac{3l}{8} - \left(\frac{2}{3} \times \frac{ql^2}{8} \times l\right) \times \frac{l}{4} + \left(\frac{1}{2} \times \frac{ql^2}{8} \times l\right) \times \frac{l}{3}\right]$$

$$= \frac{ql^4}{128EI}(\downarrow)$$

【**例 4.6**】 试求如图 4.16(a)所示组合结构 D 端的竖向位移 Δ_{Dy}。$E = 2.1 \times 10^{11}\text{Pa}$,受弯杆件截面惯性矩 $I = 3.2 \times 10^{-5}\text{m}^4$,拉杆 BE 的截面面积 $A = 16 \times 10^{-4}\text{m}^2$。

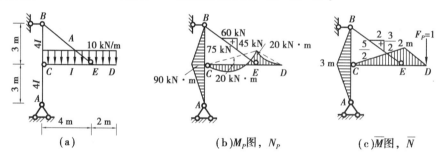

图 4.16

【**解**】 作出实际荷载作用下的弯矩图 M_P,并求出 BE 杆轴力,如图 4.16(b)所示。在 D 端加一竖向单位力,作出 $\overline{M}$ 图和 BE 杆轴力,如图 4.16(c)所示。按式(4.11)式图乘及运算,即

$$\Delta_{Dy} = \frac{1}{EI}\left[\left(\frac{1}{3} \times 20 \times 10^3 \times 2\right) \times \left(\frac{3}{4} \times 2\right) + \left(\frac{1}{2} \times 20 \times 10^3 \times 4\right) \times \left(\frac{2}{3} \times 2\right) - \right.$$

$$\left. \left(\frac{2}{3} \times 20 \times 10^3 \times 4\right) \times \left(\frac{1}{2} \times 2\right)\right] +$$

$$\frac{1}{4EI}\left[\left(\frac{1}{2} \times 90 \times 10^3 \times 3\right) \times \left(\frac{2}{3} \times 3\right) \times 2\right] + \frac{1}{EA} \times 75 \times 10^3 \times \frac{5}{2} \times 5$$

$$= \frac{1}{EI} \times 155 \times 10^3 + \frac{1}{EA} \times 937.5 \times 10^3$$

$$= 0.023\,1 + 0.002\,79$$

$$= 0.025\,9(\text{m})(\downarrow)$$

从上面的计算可知,弯矩和轴力对位移的影响分别占 89% 和 11%,显然在组合结构的计算中链杆的轴力是不能略去的。

4.6 静定结构温度变化引起的位移计算

静定结构温度变化时不产生内力,但产生变形,从而产生位移。

如图 4.17(a) 所示,假设结构外侧温度升高 t_1,内侧温度升高 t_2,现要求由此引起的 K 点竖向位移 Δ_{Kt}。此时,位移计算的一般式(4.5)成为

$$\Delta_{Kt} = \sum \int \overline{F}_N du_t + \sum \int \overline{M} d\varphi_t + \sum \int \overline{F}_S \gamma_t ds \tag{a}$$

为求 Δ_{Kt},需先求微段上因温度变化而引起的变形位移 du_t,$d\varphi_t$,$\gamma_t ds$。

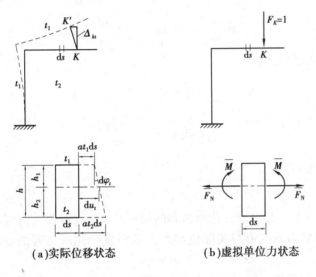

(a)实际位移状态　　　　**(b)虚拟单位力状态**

图 4.17

取实际位移状态中的微段 ds,如图 4.17(a) 所示,微段上下边缘处的纤维因温度升高而伸长,分别为 $\alpha t_1 ds$ 和 $\alpha t_2 ds$,这里 α 是材料的线膨胀系数。为简化计算,可假设温度沿截面高度成直线变化,这样在温度变化时截面仍保持为平面。由几何关系可求微段在杆轴处的伸长为

$$\begin{aligned}
du_t &= \alpha t_1 ds + (\alpha t_2 ds - \alpha t_1 ds)\frac{h_1}{h} \\
&= \alpha\left(\frac{h_2}{h}t_1 + \frac{h_1}{h}t_2\right) ds \\
&= \alpha t ds
\end{aligned} \tag{b}$$

式中,$t = \dfrac{h_2}{h}t_1 + \dfrac{h_1}{h}t_2^{\scriptstyle\cdot}$,为杆轴线处的温度变化。若杆件的截面对称于形心轴,即

$$h_1 = h_2 = \frac{h}{2}$$

则

$$t = \frac{t_1 + t_2}{2}$$

而微段两端截面的转角为

$$d\varphi_t = \frac{\alpha t_2 ds - \alpha t_1 ds}{h} = \frac{\alpha(t_2 - t_1)ds}{h}$$

$$= \frac{\alpha \Delta t ds}{h} \quad\quad\quad\quad (c)$$

式中　$\Delta t = t_2 - t_1$——两侧温度变化之差。

对于杆件结构,温度变化并不引起剪切变形,即 $\gamma_t = 0$。

将以上微段的温度变形,即式(b)、式(c)代入式(a),可得

$$\Delta_{Kt} = \sum \int \overline{F}_N \alpha t ds + \sum \int \overline{M} \frac{\alpha \Delta t ds}{h}$$

$$= \sum \alpha t \int \overline{F}_N ds + \sum \frac{\alpha \Delta t}{h} \int \overline{M} ds \quad\quad (4.13)$$

若各杆均为等截面杆,则

$$\Delta_{Kt} = \sum \alpha t \int \overline{F}_N ds + \sum \frac{\alpha \Delta t}{h} \int \overline{M} ds$$

$$= \sum \alpha t A_{\omega \overline{F}_N} + \sum \frac{\alpha \Delta t}{h} A_{\omega \overline{M}} \quad\quad (4.14)$$

式中　$A_{\omega \overline{F}_N}$——$\overline{F}_N$ 图的面积;

$A_{\omega \overline{M}}$——$\overline{M}$图的面积。

式(4.13)和式(4.14)是温度变化所引起的位移计算的一般公式,它右边两项的正负号作以下规定:**若虚拟力状态的变形与实际位移状态的温度变化所引起的变形方向一致则取正号;反之,取负号。**

对于梁和刚架,在计算温度变化所引起的位移时,一般不能略去轴向变形的影响。对于桁架,在温度变化时,其位移计算公式为

$$\Delta_{Kt} = \sum \overline{F}_N \alpha t l_i \quad\quad\quad\quad (4.15)$$

当桁架的杆件长度因制造而存在误差时,由此引起的位移计算与温度变化时相类似。设各杆长度误差为 Δl_i,则位移计算公式为

$$\Delta_K = \sum \overline{F}_N \Delta l_i \quad\quad\quad\quad (4.16)$$

式中,Δl_i 以伸长为正,$\overline{F}_N$ 以拉力为正;否则,反之。

【例 4.7】　如图 4.18(a)所示的刚架,已知刚架各杆内侧温度无变化,外侧温度下降 16 ℃,各杆截面均为矩形,高度为 h,线膨胀系数为 α。试求温度变化引起的 C 点竖向位移 Δ_{Cy}。

【解】　设立虚拟单位力状态 $F_P = 1$,作出相应的 $\overline{F}_N$ 和 $\overline{M}$ 图,分别如图 4.18(b)、(c)所示,即

$$t_1 = -16 \text{ ℃}, \quad\quad t_2 = 0$$

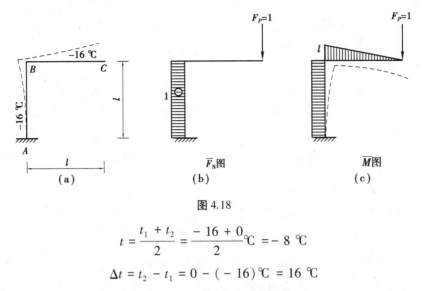

图 4.18

$$t = \frac{t_1 + t_2}{2} = \frac{-16 + 0}{2}℃ = -8 ℃$$

$$\Delta t = t_2 - t_1 = 0 - (-16)℃ = 16 ℃$$

AB 杆因温度变化产生轴向收缩变形,与 $\overline{F}_N$ 所产生的变形(压缩)方向相同。而 AB 和 BC 杆因温度变化产生的弯曲变形(外侧纤维缩短,向外侧弯曲)与由 $\overline{M}$ 所产生的弯曲变形(外侧 受拉,向内侧弯曲)方向相反,故计算时,第一项取正号而第二项取负号。代入式(4.14),得

$$\Delta_{Cy} = \alpha \times 8 \times l - \alpha \frac{16}{h} \times \frac{3}{2}l^2$$

$$= 8\alpha l - 24\frac{\alpha l^2}{h}(\uparrow)$$

因 $l>h$,故所得结果为负值,表示 C 点竖向位移与单位力方向相反,即实际位移向上。

4.7 静定结构支座移动时的位移计算

因静定结构在支座移动时不会引起结构的内力和变形,故只会使结构发生刚体位移。此时,位移计算的一般式(4.5)为

$$\Delta_{Kc} = -\sum \overline{F}_{Ri} C_i \qquad (4.17)$$

式中 $\overline{F}_{Ri}$——虚拟单位力状态的支座反力。

式(4.17)为静定结构在支座移动时的位移计算公式。

$\sum \overline{F}_{Ri} C_i$ 为反力虚功的总和。**当 $\overline{F}_{Ri}$ 与实际支座位移 C_i 方向一致时其乘积取正;相反时, 为负**。

此外,式(4.17)右项,前有一负号,系原来移项时产生,不可漏掉。

【例 4.8】 如图 4.19(a)所示的三铰刚架,若支座 B 发生如图所示位移,$a = 4$ cm, $b = 6$ cm, $l = 8$ m, $h = 6$ m,求由此而引起的左支座处杆端截面的转角 φ_A。

【解】 在 A 点处加一单位力偶,建立虚拟力状态。依次求得支座反力,如图 4.19(b)所示。由式(4.17)得

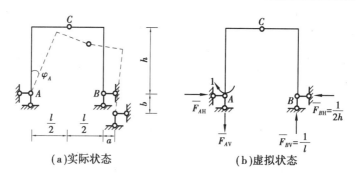

（a）实际状态　　　　　　　　（b）虚拟状态

图 4.19

$$\varphi_A = -\left[\left(-\frac{1}{2h} \times a\right) + \left(-\frac{1}{l} \times b\right)\right]$$

$$= \frac{a}{2h} - \frac{b}{l} = \frac{4}{2 \times 600} - \frac{6}{800}$$

$$= 0.010\ 8(\text{rad})$$

若静定结构同时承受荷载、温度变化和支座移动的作用,则计算结构位移的一般公式为

$$\Delta_K = \sum \int \frac{\overline{M}M_P}{EI}\mathrm{d}s + \sum \int \frac{\overline{F}_N F_{NP}}{EA}\mathrm{d}s + \sum \int \frac{k\overline{F}_s F_{Sp}}{GA}\mathrm{d}s + \sum (\pm)\int \overline{F}_N \alpha t \mathrm{d}s +$$
$$\sum (\pm)\int \overline{M}\frac{\alpha \Delta t}{h}\mathrm{d}s - \sum \overline{F}_R C \tag{4.18}$$

4.8　线弹性结构的互等定理

对于线性变形体,由虚功原理可推导出 4 个互等定理。其中,虚功互等定理是最基本的,其他几个互等定理皆可由虚功互等定理推出。

4.8.1　虚功互等定理(也称功的互等定理)

第一状态的外力在第二状态的位移上所做的功等于第二状态的外力在第一状态的位移上所做的功,即 $W_{12} = W_{21}$。

【证明】　设有两组外力 F_1 和 F_2 分别作用于同一线弹性结构上(如图 4.20(a)、(b)所示),分别为第一状态和第二状态。

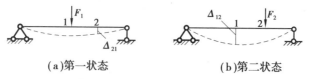

（a）第一状态　　　　　　　　（b）第二状态

图 4.20

用第一状态的外力和内力在第二状态相应的位移和微段的变形位移上做虚功,根据虚功原理有

$$F_1 \Delta_{12} = \sum \int \frac{M_1 M_2}{EI} \mathrm{d}s + \sum \int \frac{F_{N1} F_{N2}}{EA} \mathrm{d}s + \sum \int k \frac{F_{S1} F_{S2}}{GA} \mathrm{d}s \qquad (a)$$

Δ_{12} 的两个脚标含义为:脚标 1 表示位移发生的地点和方向(这里表示 F_1 作用点沿 F_1 方向),脚标 2 表示产生位移的原因(这里表示位移是由 F_2 作用引起的)。

接下来,用第二状态的外力和内力在第一状态相应的位移和微段的变形位移上做虚功,根据虚功原理有

$$F_2 \Delta_{21} = \sum \int \frac{M_2 M_1}{EI} \mathrm{d}s + \sum \int \frac{F_{N2} F_{N1}}{EA} \mathrm{d}s + \sum \int k \frac{F_{S2} F_{S1}}{GA} \mathrm{d}s \qquad (b)$$

以上式(a)和式(b)的右边是相等的,因此左边也相等,故有

$$F_1 \Delta_{12} = F_2 \Delta_{21}$$

因为

$$F_1 \Delta_{12} = W_{12}$$
$$F_2 \Delta_{21} = W_{21}$$

所以有

$$W_{12} = W_{21} \qquad (4.19)$$

证毕。

4.8.2　位移互等定理

第二个单位力所引起的第一个单位力作用点沿其方向的位移 δ_{12},等于第一个单位力所引起的第二个单位力作用点沿其方向的位移 δ_{21},即

$$\delta_{12} = \delta_{21}$$

【证明】　设两个状态中的荷载都是单位力,即 $F_1 = 1$,$F_2 = 1$,如图 4.21 所示。

(a)第一个状态　　　　　　　　(b)第二个状态

图 4.21

由功的互等定理有

$$W_{12} = F_1 \cdot \delta_{12} = \delta_{12}$$
$$W_{21} = F_2 \cdot \delta_{21} = \delta_{21}$$

由 $W_{12} = W_{21}$ 得到

$$\delta_{12} = \delta_{21} \qquad (4.20)$$

证毕。

注:这里的单位力可认为是广义的单位力,位移也可认为是广义位移。虽然会出现角位移和线位移相等,二者含义不同,但二者数值上相等,量纲也相同,定理也成立。

4.8.3　反力互等定理

它用来说明在超静定结构中,假设两个支座分别产生单位位移时,两个状态中反力的互等关系。

支座 1 发生单位位移所引起的支座 2 的反力,等于支座 2 发生单位位移所引起的支座 1 的反力,即

$$r_{21} = r_{12} \tag{4.21}$$

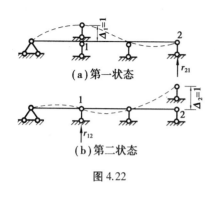

（a）第一状态

（b）第二状态

图 4.22

【证明】 如图 4.22（a）所示,支座 1 发生单位位移 $\Delta_1 = 1$,此时使支座 2 产生反力 r_{21},称此为第一状态。如图 4.22（b）所示,支座 2 发生单位位移 $\Delta_2 = 1$,此时使支座 1 产生反力 r_{12},称此为第二状态。

根据功的互等定理有

$$W_{12} = W_{21}$$
$$r_{21}\Delta_2 = r_{12}\Delta_1$$
$$\Delta_2 = \Delta_1 = 1$$

所以有

$$r_{21} = r_{12}$$

证毕。

4.8.4 反力位移互等定理

这个定理是功的互等定理的又一特殊情况。它说明在超静定结构中,一个状态中的反力与另一个状态中的位移具有互等关系。

单位力所引起的结构某支座的反力,等于该支座发生单位位移时所引起的单位力作用点沿其方向的位移,但符号相反,即

$$r_{12} = -\delta_{21} \tag{4.22}$$

【证明】 如图 4.23（a）所示,单位荷载 $F_2 = 1$ 作用时,支座 1 的反力偶为 r_{12},称此为第一状态。如图 4.23（b）所示,当支座沿 r_{12} 的方向发生单位转角 $\varphi_1 = 1$ 时,F_2 作用点沿其方向的位移为 δ_{21},称此为第二状态。

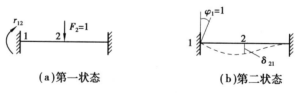

（a）第一状态　　　　　　　　　（b）第二状态

图 4.23

根据功的互等定理有

$$W_{12} = W_{21}$$
$$r_{12}\varphi_1 + F_2\delta_{21} = 0$$

因为

$$\varphi_1 = 1, F_2 = 1$$

所以有

$$r_{12} = -\delta_{21}$$

证毕。

思考题

判断以下说法是否正确:

1.虚位移原理等价于变形谐调条件,可用于求体系的位移。

2.按虚力原理所建立的虚功方程等价于几何方程。

3.在非荷载因素(支座移动、温度变化、材料收缩等)作用下,静定结构不产生内力,但会有位移且位移只与杆件相对刚度有关。

4.求图示梁铰 C 左侧截面的转角时,其虚拟状态应取:

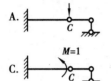

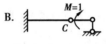

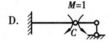

题 4 图

5.功的互等、位移互等、反力互等和位移反力互等的 4 个定理仅适用于线性变形体系。

6.已知 M_P,$\overline{M}_K$ 图,用图乘法求位移的结果为:$(\omega_1 y_1 + \omega_2 y_2)/(EI)$。

7.图(a)、(b)两种状态中,梁的转角 φ 与竖向位移 δ 间的关系为:$\delta = \varphi$。

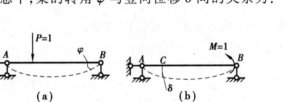

（a）　　　（b）

题 7 图

题 6 图

8.图示桁架各杆 EA 相同,结点 A 和结点 B 的竖向位移均为零。

9.图示桁架各杆 EA=常数,因荷载 P 是反对称性质的,故结点 B 的竖向位移等于零。

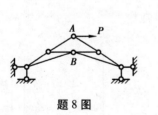

题 8 图　　　题 9 图

习 题

4.1 求图示结构铰 A 两侧截面的相对转角 φ_A（$EI=$常数）。

4.2 图示结构，$EI=$常数，$M=90\ \text{kN}\cdot\text{m}$，$P=30\ \text{kN}$。求 D 点的竖向位移。

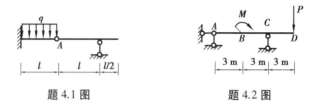

题 4.1 图　　　　　　题 4.2 图

4.3 求图示刚架 B 端的竖向位移。

4.4 求图示刚架结点 C 的转角和水平位移（$EI=$常数）。

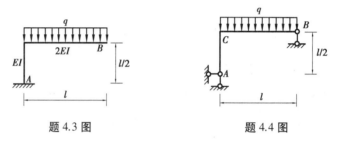

题 4.3 图　　　　　　题 4.4 图

4.5 求图示刚架中 D 点的竖向位移（$EI=$常数）。

4.6 求图示刚架横梁中 D 点的竖向位移（$EI=$常数）。

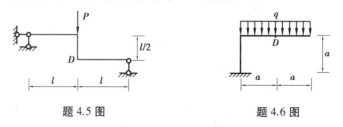

题 4.5 图　　　　　　题 4.6 图

4.7 求图示刚架中 D 点的竖向位移（$EI=$常数）。

4.8 求图示结构 A,B 两截面的相对转角（$EI=$常数）。

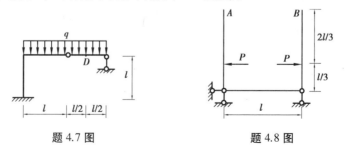

题 4.7 图　　　　　　题 4.8 图

4.9 求图示结构 A,B 两点的相对水平位移（$EI=$常数）。

4.10 求图示结构 B 点的竖向位移($EI =$ 常数)。

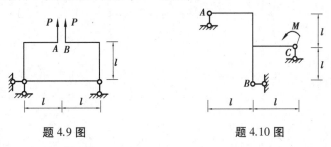

题 4.9 图　　　　　　　题 4.10 图

4.11 求图示结构 C 截面转角。已知 $q = 10$ kN/m,$P = 10$ kN($EI =$ 常数)。

4.12 求图示桁架 A,B 两点间相对线位移 Δ_{AB}($EA =$ 常数)。

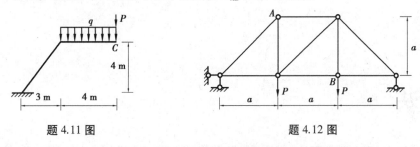

题 4.11 图　　　　　　　题 4.12 图

4.13 已知 $\int_a^b \sin u \cos u \, du = \left[\sin^2(u)/2\right]_a^b$,求圆弧曲梁 B 点的水平位移($EI =$ 常数)。

4.14 图示结构 B 支座沉陷 $\Delta = 0.01$ m,求 C 点的水平位移。

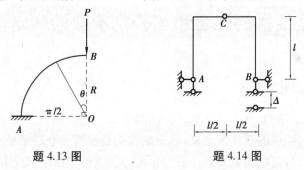

题 4.13 图　　　　　　　题 4.14 图

4.15 结构的支座 A 发生了转角 θ 和竖向位移 Δ 如图所示,计算 D 点的竖向位移。

4.16 求图示结构 B 点的水平位移。已知温度变化 $t_1 = 10$ ℃,$t_2 = 20$ ℃,矩形截面高 $h = 0.5$ m,线膨胀系数 $a = 1/10^5$。

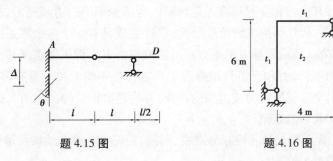

题 4.15 图　　　　　　　题 4.16 图

5

力 法

5.1.1 超静定结构的概念

前面讨论的是静定结构,从本章开始讨论超静定结构的计算。关于结构的静定性可从两个方面来定义:从几何组成的角度来定义,静定结构就是没有多余联系的几何不变体系;从静力解答的角度来定义,静定结构就是只用静力平衡方程就能求出全部反力和内力的结构。

现在,要讨论的是超静定结构。它同样可从以上两个方面来定义:从几何组成的角度来定义,超静定结构就是具有多余联系的几何不变体系;从静力解答的角度来定义,超静定结构就是只用静力平衡方程不能求出全部的反力或内力的结构。如图 5.1(a)所示的简支梁是静定的,当跨度增加时,其内力和变形都将迅速增加。为减少梁的内力和变形,在梁的中部增加一个支座(图 5.1(b)),从几何组成的角度分析,它就变成具有一个多余联系的结构。也正是因这个多余联系的存在,故只用静力平衡方程虽然可求出 F_{Ax},但不能求出其他几个约束反力 F_{Ay},F_B,F_C,全部内力中,剪力和弯矩只用静力平衡方程也不能求出。具有多余约束,仅用静力平衡条件不能求出全部支座反力或内力的结构,称为超静定结构。如图 5.1(b)和图 5.2 所示的连续梁和刚架都是超静定结构。

图 5.3 给出了工程中常见的几种超静定梁、刚架、桁架、拱、组合结构及排架。本章讨论如何用力法计算这种类型的结构。

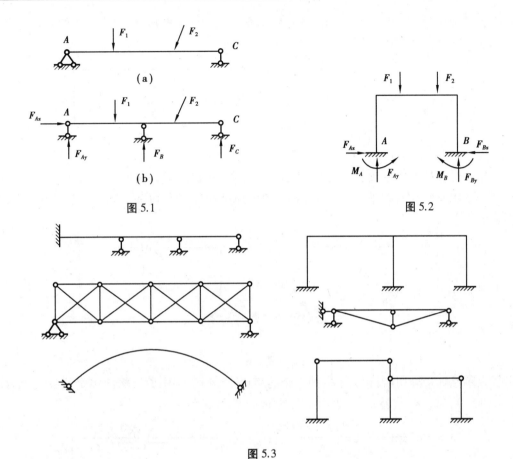

图 5.1

图 5.2

图 5.3

5.1.2 超静定次数的确定

力法是解超静定结构最基本的方法。用力法求解时,首先要确定结构的超静定次数。通常将多余联系的数目或多余未知力的数目称为超静定结构的**超静定次数**。如果一个超静定结构在去掉 n 个联系后变成静定结构,那么,这个结构就是 n 次超静定。

显然,可用去掉多余约束(联系)使原来的超静定结构(以后称原结构)变成静定结构的方法来确定结构的超静定次数。去掉多余联系的方式,通常有以下 4 种:

①去掉支座处的一根支座链杆或切断一根链式杆,相当于去掉一个约束。如图 5.4 (a)、(b)所示的结构就是 1 次超静定结构。力法求解时,图中原结构的多余联系去掉后用未知力 X_1 代替,如图 5.4(c)、(d)所示。

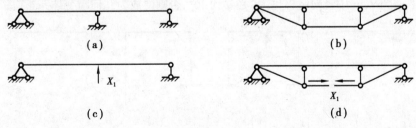

图 5.4

②去掉一个单铰,相当于去掉两个约束(图5.5)。力法求解时,图中原结构的多余约束去掉后用两个未知力 X_1,X_2 代替。

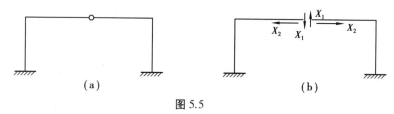

图5.5

③把刚性连接改成单铰连接,相当于去掉一个约束(图5.6)。将刚结点改为单铰,相当于去掉了一个阻止转动的约束。力法求解时,图中原结构的多余约束去掉后用相应未知力 X_1 (弯矩)代替。

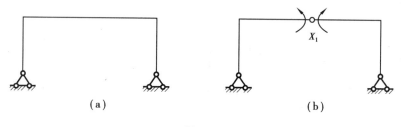

图5.6

④在刚性连接处切断,相当于去掉3个约束(图5.7)。图中原结构的多余约束去掉后用3个未知力 X_1,X_2,X_3 代替,分别表示截面的轴力、剪力和弯矩。

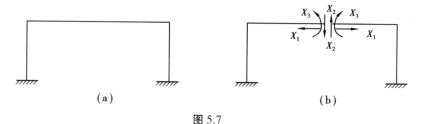

图5.7

应用上述去掉多余约束的基本方式,可以确定结构的超静定次数。应该指出,同一个超静定结构,可采用不同方式去掉多余约束。如图5.8(a)所示可以有3种不同的去约束方法,分别如图5.8(b)、(c)、(d)所示。无论采用何种方式,原结构的超静定次数都是相同的。因此,去约束的方式不是唯一的。这里面所说的去掉"多余约束"(或"多余联系"),是以保证结构是几何不变体系为前提的。如图5.9(a)所示的水平约束就不能去掉,因为它是使这个结构保持几何不变的"必要约束"(或"必要联系")。如果去掉水平链杆(图5.9(b)),则原体系就变成几何可变了。同样,图5.9(c)中竖向链杆也为"必要约束",否则便成为几何瞬变体系了(图5.9(d))。

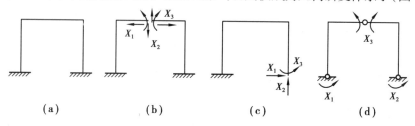

图5.8

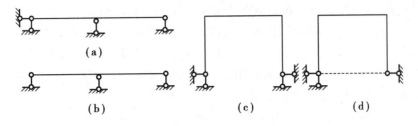

图 5.9

如图 5.10(a)所示的多跨多层刚架,在将每一个封闭框格的横梁切断,共去掉 3×4＝12 个多余联系后,变成如图 5.10(b)所示的静定结构。因此,它是 12 次超静定的结构。如图 5.10(c)所示的刚架,在将顶部的复铰(相当于两个单铰)去掉后,变成如图 5.10(d)所示的静定结构,因此,它是 4 次超静定的结构。

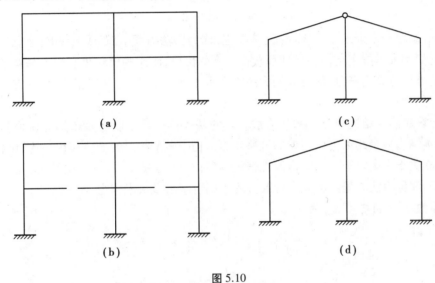

图 5.10

5.2　力法原理和力法典型方程

5.2.1　力法基本原理

力法是计算超静定结构最基本的方法。下面通过一个简单的例子来说明力法的基本原理。

如图 5.11(a)所示为一单跨超静定梁。它是具有一个多余约束的超静定结构。如果把支座 B 去掉,在去掉多余约束 B 支座处加上与之相应的多余未知力 X_1,原结构就变成静定结构,说明它是 1 次超静定结构。此时,梁上(图 5.11(b))作用有均布荷载 q 和集中力 X_1,这种在去掉多余约束后所得到的静定结构,称为原结构的基本结构或基本静系,代替多余约束的未知力 X_1 称为多余未知力。如果能设法求出符合实际受力情况的 X_1,也就是支座 B 处的真实反力,那么,基本结构在荷载和多余力 X_1 共同作用下的内力和变形就与原结构在荷载作用下的情况完全一样,从而将超静定结构问题转化为静定结构问题。

如图 5.11(b)所示基本结构上的 B 点,其位移应与原结构相同,即 $\Delta_B = 0$。这就是原结构与基本结构内力和位移相同的位移条件。基本结构上同时作用有荷载和多余未知力 X_1,称其为基本体系。可把基本体系分解成分别由荷载和多余未知力单独作用在基本结构上的这两种情况的叠加(图 5.11(c)和(e)的叠加)。

用 Δ_{11} 表示基本结构在 X_1 单独作用下 B 点沿 X_1 方向的位移(图 5.11(c)),用 δ_{11} 表示当 $X_1 = 1$ 时 B 点沿 X_1 方向的位移。根据力和位移之间的线性关系,故有 $\Delta_{11} = \delta_{11}X_1$。这里 δ_{11} 的物理意义为:基本结构上,因 $\overline{X}_1 = 1$ 的作用,故在 X_1 的作用点,沿 X_1 方向产生的位移。

用 Δ_{1P} 表示基本结构在荷载作用下 B 点沿 X_1 方向的位移。根据叠加原理,B 点的位移可视为基本结构上,上述两种位移之和,即

$$\Delta_B = \delta_{11}X_1 + \Delta_{1P} = 0$$

有
$$\delta_{11}X_1 + \Delta_{1P} = 0 \tag{5.1}$$

式(5.1)是含有多余未知力 X_1 的位移方程,称为**力法方程**。式中,δ_{11} 称为系数;Δ_{1P} 称为自由项。它们都表示静定结构在已知荷载作用下的位移,而这些位移可利用上一章求静定结构的位移的方法计算出来,从而可利用力法方程求出 X_1,就完成了把超静定结构转换成静定结构来计算的过程。

上述计算超静定结构的方法称为**力法**。它的基本特点就是以多余未知力作为基本未知量,根据基本结构多余约束力作用处的位移和原结构中多余约束处的位移相一致(位移协调)的条件,建立关于多余未知力的方程或方程组,则称这样的方程(或方程组)为力法正则方程或典型方程,简称力法方程。解此方程或方程组即可求出多余未知力。

计算系数 δ_{11} 和自由项 Δ_{1P} 为

$$\delta_{11} = \frac{1}{EI} \times \frac{1}{2} \times l \times l \times \frac{2}{3} \times l = \frac{l^3}{3EI}$$

$$\Delta_{1P} = -\frac{1}{EI} \times \frac{1}{3} \times \frac{ql^2}{2} \times l \frac{3}{4} \times l = -\frac{ql^4}{8EI}$$

把 δ_{11} 和 Δ_{1P} 代入式(5.1)得

$$X_1 = -\frac{\Delta_{1P}}{\delta_{11}} = \frac{3}{8}ql(\uparrow)$$

计算结果 X_1 为正值,表示开始时假设的 X_1 方向是正确的(向上)。

多余未知力 X_1 求出后,其内力可按静定结构的方法进行分析,也可利用叠加法计算,即将 $X_1 = 1$ 单独作用下的弯矩图 $\overline{M}_1$ 乘以 X_1 后与荷载单独作用下的弯矩图 M_P 叠加。用公式可表示为

$$M = \overline{M}_1 X_1 + M_P$$

通过这个例子可知,力法的基本思路是:去掉多余约束,以多余未知力代替,再根据原结构的位移条件建立力法方程,并解出多余未知力。这样,就把超静定问题转化为静定问题了。

因去掉多余联系的方式不同,故同一个超静定问题可能选择几个不同的基本结构。图 5.12(a)就是如图 5.11(a)所示的单跨超静定梁的又一基本结构,将原结构中的固定端约束改

为固定铰支座约束,相当于去掉了一个阻止转动的约束,其多余未知力 X_1 是原结构固定端支座的反力偶。读者可根据位移条件列出力法方程,并按如图 5.12 所示的 $\overline{M}_1$ 图和 M_P 图,求出系数和自由项,解出 X_1 并作出 M 图,如图 5.12(f)所示。应该指出的是,不论选用哪种基本结构,力法方程的形式都是不变的,最终的结果也是一样的,但力法方程中的系数和自由项的物理意义与数值的大小一般不同。

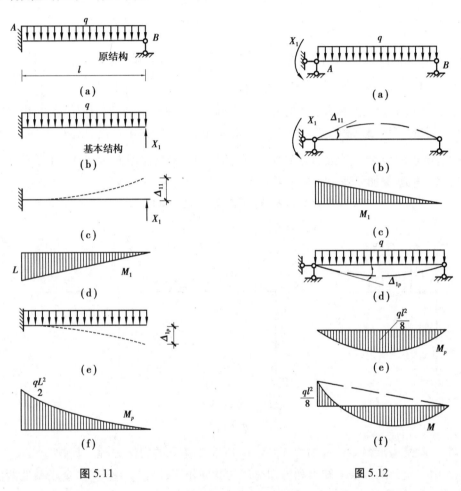

图 5.11

图 5.12

5.2.2 力法典型方程

以上是以 1 次超静定梁为例,说明了力法原理,下面讨论多次超静定的情况。如图 5.13(a)所示的刚架为 2 次超静定结构。下面以 B 点支座的水平和竖直方向反力 X_1,X_2 为多余未知力,确定基本结构,如图 5.13(b)所示。按上述力法原理,基本结构在给定荷载和多余未知力 X_1,X_2 共同作用下,其内力和变形应等同于原结构在给定荷载下的内力和变形。原结构在铰支座 B 点处沿多余力 X_1 和 X_2 方向的位移(或称为基本结构上与 X_1 和 X_2 相应的位移)都应为零,即

$$\begin{cases} \Delta_1 = 0 \\ \Delta_2 = 0 \end{cases} \tag{5.2}$$

式(5.2)就是求解多余未知力 X_1 和 X_2 的位移协调条件。

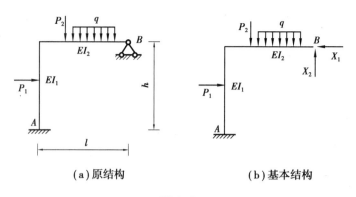

（a）原结构　　　　　　　　　（b）基本结构

图 5.13

如图 5.14 所示，Δ_{1P} 表示基本结构上多余未知力 X_1 的作用点沿其作用方向，由荷载单独作用时所产生的位移；Δ_{2P} 表示基本结构上多余未知力 X_2 的作用点沿其作用方向，由荷载单独作用时所产生的位移；δ_{ij} 表示基本结构上 X_i 的作用点沿其作用方向，由 $\overline{X}_j = 1$ 单独作用时所产生的位移。根据叠加原理，式（5.2）可写为

$$\begin{cases} \Delta_1 = \delta_{11} X_1 + \delta_{12} X_2 + \Delta_{1P} = 0 \\ \Delta_2 = \delta_{21} X_1 + \delta_{22} X_2 + \Delta_{2P} = 0 \end{cases} \tag{5.3}$$

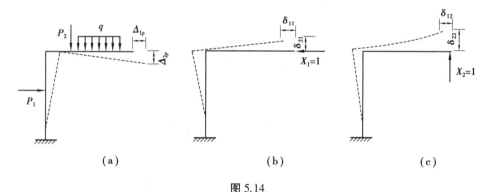

（a）　　　　　　　　　（b）　　　　　　　　　（c）

图 5.14

式（5.3）就是为求解多余未知力 X_1 和 X_2 所需要建立的力法方程。其物理意义是：在基本结构上，由于全部的多余未知力和已知荷载的共同作用，因此，在去掉多余联系处的位移应与原结构中相应的位移相等。在本例中这两个位移都等于零。

在计算时，首先要求得式（5.3）中的系数和自由项，然后代入式（5.3），即可求出 X_1 和 X_2，剩下的问题就是静定结构的计算问题了。

如图 5.15（a）所示为一 3 次超静定刚架，将原结构的横梁在中间处切开，取这样切为两半的结构作为基本结构，如图 5.15（b）所示。由于原结构的实际变形是处处连续的，显然，同一截面的两侧不可能有相对转动或移动。因此，在荷载和各多余力的共同作用下，基本结构切口两侧的截面，沿各多余力指向的相对位移都应为零，即

$$\begin{cases} \Delta_1 = 0 \\ \Delta_2 = 0 \\ \Delta_3 = 0 \end{cases} \tag{5.4}$$

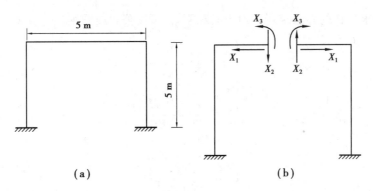

图 5.15

式(5.4)就是求解多余未知力 X_1,X_2,X_3 的位移条件。根据叠加原理,式(5.4)可改写为

$$\begin{cases} \delta_{11}X_1 + \delta_{12}X_2 + \delta_{13}X_3 + \Delta_{1P} = 0 \\ \delta_{21}X_1 + \delta_{22}X_2 + \delta_{23}X_3 + \Delta_{2P} = 0 \\ \delta_{31}X_1 + \delta_{32}X_2 + \delta_{33}X_3 + \Delta_{3P} = 0 \end{cases} \tag{5.5}$$

这就是求解多余未知力 X_1,X_2,X_3 所需要建立的力法方程。因为 X_1,X_2,X_3 都是成对的未知力(或力偶),故式(5.5)中与它们相应的 δ 及 Δ 应理解为相对位移(截面相对移动或相对转动)。

用同样的分析方法,可建立力法的一般方程。对于 n 次超静定的结构,用力法计算时,可去掉 n 个多余联系,得到静定的基本结构,在去掉的多余联系处代以 n 个多余未知力。相应地也就有 n 个已知的位移条件 $\Delta_i(i=1,2,\cdots,n)$。据此可建立 n 个关于多余未知力的方程为

$$\begin{cases} \delta_{11}X_1 + \delta_{12}X_2 + \delta_{13}X_3 + \cdots + \delta_{1n}X_n + \Delta_{1P} = \Delta_1 \\ \delta_{21}X_1 + \delta_{22}X_2 + \delta_{23}X_3 + \cdots + \delta_{2n}X_n + \Delta_{2P} = \Delta_2 \\ \qquad\qquad\qquad\qquad \vdots \\ \delta_{n1}X_1 + \delta_{n2}X_2 + \delta_{n3}X_3 + \cdots + \delta_{nn}X_n + \Delta_{nP} = \Delta_n \end{cases} \tag{5.6}$$

当与多余力相应的位移都等于零,即 $\Delta_i=0(i=1,2,\cdots,n)$ 时,则式(5.6)即变为

$$\begin{cases} \delta_{11}X_1 + \delta_{12}X_2 + \delta_{13}X_3 + \cdots + \delta_{1n}X_n + \Delta_{1P} = 0 \\ \delta_{21}X_1 + \delta_{22}X_2 + \delta_{23}X_3 + \cdots + \delta_{2n}X_n + \Delta_{2P} = 0 \\ \qquad\qquad\qquad\qquad \vdots \\ \delta_{n1}X_1 + \delta_{n2}X_2 + \delta_{n3}X_3 + \cdots + \delta_{nn}X_n + \Delta_{nP} = 0 \end{cases} \tag{5.7}$$

式(5.6)或式(5.7)就是力法方程的一般形式。通常称为力法典型方程或正则方程。

在以上的方程组中,位于从左上方至右下方的一条主对角线上的系数 $\delta_{ii}(i=j)$ 称为主系数,主对角线两侧的其他系数 $\delta_{ij}(i\neq j)$ 称为副系数,最后一项 Δ_{iP} 称为自由项。所有系数和自由项都是基本结构上与某一单位多余未知力或与载荷相应的位移,并规定与所设多余未知力方向一致为正。因主系数 δ_{ii} 代表由单位力 $X_i=1$ 的作用,在其本身方向所引起的位移,它总是与该单位力的方向一致,故总是正的。而副系数 $\delta_{ij}(i\neq j)$ 则可能为正、为负或为零。根据位移互等定理,有 $\delta_{ij}=\delta_{ji}$,它表明,力法方程中位于对角线两侧对称位置的两个副系数是相等的。

力法方程在组成上具有一定的规律,其副系数具有互等的关系。无论是哪种 n 次超静定结构,也无论其静定的基本结构如何选取,只要超静定次数是一样的,则方程的形式和组成就完全相同。因为基本结构是静定结构,所以力法方程式(5.6)及式(5.7)中的系数和自由项都

可按静定结构求位移的方法求得。对于梁和刚架,可按公式或图乘法计算为

$$\begin{cases} \delta_{ii} = \sum \int \dfrac{\overline{M_i}^2}{EI} \mathrm{d}s \\[3mm] \delta_{ij} = \sum \int \dfrac{\overline{M_i}\,\overline{M_j}}{EI} \mathrm{d}s \\[3mm] \Delta_{iP} = \sum \int \dfrac{\overline{M_i} M_P}{EI} \mathrm{d}s \end{cases} \tag{5.8}$$

式中　$\overline{M_i},\overline{M_j},M_P$——在 $\overline{X_i}=1,\overline{X_j}=1$ 和荷载单独作用下基本结构中的弯矩。

从力法方程中解出多余力 $X_i(i=1,2,\cdots,n)$ 后,即可按照静定结构的分析方法求原结构的反力和内力,或按叠加公式求出弯矩,即

$$M = X_1 \overline{M_1} + X_2 \overline{M_2} + \cdots + X_n \overline{M_n} + M_P \tag{5.9}$$

再根据平衡条件即可求其剪力和轴力。

根据以上所述,用力法计算超静定结构的步骤可归纳如下:

①去掉结构的多余联系得静定的基本结构,并以多余未知力代替相应的多余联系的作用。在选取基本结构的形式时,以使计算尽可能简单为原则。

②根据基本结构在多余力和荷载共同作用下,在去掉多余联系处的位移应与原结构相应的位移相同的条件,建立力法方程。

③作出基本结构的单位内力图和荷载内力图(或写出内力表达式),按照求位移的方法计算方程中的系数和自由项。

④将计算所得的系数和自由项代入力法方程,求解各多余未知力。

⑤求出多余未知力后,按分析静定结构的方法,绘出原结构的内力图,即最后内力图。最后内力图也可利用已作出的基本结构的单位内力图和荷载内力图按式(5.9)求得。

5.3　用力法计算超静定结构

5.3.1　梁和刚架

【例 5.1】　试计算如图 5.16(a)所示的单跨超静定梁,绘梁的弯矩图(设 EI 为常数)。

【解】　此梁具有 3 个多余联系,为 3 次超静定。取基本结构及 3 个多余力,如图 5.16(b)所示。根据支座 B 处位移为零的条件,可建立力法方程为

$$\begin{cases} \delta_{11}X_1 + \delta_{12}X_1 + \delta_{13}X_3 + \Delta_{1P} = 0 \\ \delta_{21}X_1 + \delta_{22}X_2 + \delta_{23}X_3 + \Delta_{2P} = 0 \\ \delta_{31}X_1 + \delta_{32}X_2 + \delta_{33}X_3 + \Delta_{3P} = 0 \end{cases}$$

式中　X_1,X_3——支座 B 处的竖向反力和水平反力;

　　　X_2——支座 B 处的反力偶。

作基本结构的单位弯矩图和荷载弯矩图,如图 5.16(c)、(d)、(e)、(f)所示。利用图乘法

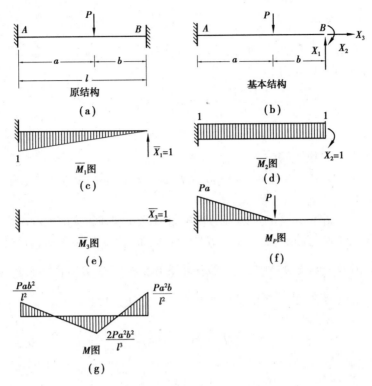

图 5.16

求得力法方程的各系数和自由项为

$$\delta_{11} = \frac{1}{EI}\left(\frac{1}{2} \times l \times l \times \frac{2}{3} \times l\right) = \frac{l^3}{3EI}$$

$$\delta_{12} = \delta_{21} = -\frac{1}{EI}\left(\frac{1}{2}l \times l \times 1\right) = -\frac{l^2}{2EI}$$

$$\delta_{22} = \frac{1}{EI}(l \times 1 \times 1) = \frac{l}{EI}$$

$$\delta_{13} = \delta_{31} = \delta_{23} = \delta_{32} = 0$$

$$\Delta_{1P} = -\frac{1}{EI}\left[\frac{Pa}{2} \times a \times \left(l - \frac{a}{3}\right)\right] = -\frac{Pa^2(3l - a)}{6EI}$$

$$\Delta_{2P} = \frac{1}{EI}\left(\frac{1}{2}Pa \times a \times 1\right) = \frac{Pa^2}{2EI}$$

$$\Delta_{3P} = 0$$

关于 δ_{33} 的计算分以下两种情况:不考虑轴力对变形的影响时,$\delta_{33} = 0$;考虑轴力对变形的影响时,$\delta_{33} \neq 0$。

将以上各值代入力法方程,而在前两式中消去 $\frac{1}{6EI}$ 后,得

$$\begin{cases} 2l^3X_1 - 3l^2X_2 - Pa^2(3l - a) = 0 \\ -3l^2X_1 + 6lX_2 + 3Pa^2 = 0 \end{cases}$$

解以上方程组求得

$$X_1 = \frac{Pa^2(l+2b)}{l^3}, \qquad X_2 = \frac{Pa^2 b}{l^2}$$

由力法方程的第三式求解 X_3 可知,按不同的假设有不同的结果。若不考虑轴力对变形的影响($\delta_{33}=0$),则第三式变为

$$0 \times \frac{Pa^2(l+2b)}{l^3} + 0 \times \frac{Pa^2 b}{l^2} + 0 \times X_3 + 0 = 0$$

故 X_3 为不定值。按此假设,不能利用位移条件求出轴力。如考虑轴力对变形的影响,则 $\delta_{33} \neq 0$,而 Δ_{3P} 仍为零,故 X_3 的值为零。

用叠加公式 $M = X_1 \overline{M_1} + X_2 \overline{M_2} + \cdots + X_n \overline{M_n} + M_P$ 计算出两端的最后弯矩,画出最后弯矩图,如图 5.16(g)所示。

【例 5.2】 试作如图 5.17(a)所示梁的弯矩图。设 B 端弹簧支座的刚度为 K,EI 为常数。

【解】 此梁是 1 次超静定,去掉支座 B 的弹簧联系,代以多余力 X_1,可得如图 5.17(b)所示的基本结构。因 B 处为弹簧支座,在荷载作用下弹簧被压缩,B 处向下移动 $\Delta = -\dfrac{1}{K}X_1$(负号表示移动方向与多余力 X_1 的方向相反),故据此建立力法方程为

$$\delta_{11}X_1 + \Delta_{1P} = -\frac{1}{K}X_1$$

或改写为

$$\left(\delta_{11} + \frac{1}{K}\right)X_1 + \Delta_{1P} = 0$$

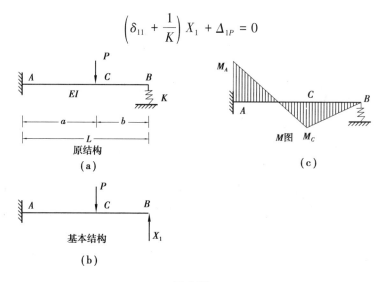

图 5.17

作基本结构的单位弯矩图和荷载弯矩图,利用图乘法可求得

$$\delta_{11} = \frac{l^3}{3EL}; \Delta_{1P} = \frac{Pa^2(3l-a)}{6EL}$$

将以上各值代入力法方程,解得

$$X_1 = \frac{Pa^2(3l-a)}{2l^3 + \dfrac{6EI}{K}}$$

由上式可知,B 端为弹簧支座,多余力 X_1 的值不仅与弹簧刚度 K 值有关,而且与梁 AB 的弯曲刚度 EI 有关。当 $K = \infty$ 时,相当于 B 端为刚性支承情形,此时 $X_1' = \dfrac{Pa^2(3l-a)}{2l^3}$。

当 $K = 0$ 时,相当 B 端为完全柔性支承(即自由端)情形,此时

$$X_1'' = 0$$

故实际上 B 端多余力(即 B 支座处竖向反力)在 X_1' 和 X_1'' 之间。求得 X_1 后,根据 $M = X_1 \overline{M_1} + M_P$ 作出最后弯矩图,如图 5.17(c)所示,即

$$M_A = \frac{Pa\left(\dfrac{3EI}{Kl} + \dfrac{ab}{2} + b^2\right)}{l^2\left(1 + \dfrac{3EI}{Kl^3}\right)}; M_C = \frac{Pa^3 b\left(1 + \dfrac{3b}{3a}\right)}{l^3\left(1 + \dfrac{3EI}{Kl^3}\right)}$$

【例 5.3】 用力法计算如图 5.18(a)所示的刚架。

【解】 刚架是 2 次超静定结构,基本结构如图 5.18(b)所示。力法方程为

$$\begin{cases} \delta_{11}X_1 + \delta_{12}X_2 + \Delta_{1P} = 0 \\ \delta_{21}X_1 + \delta_{22}X_2 + \Delta_{2P} = 0 \end{cases}$$

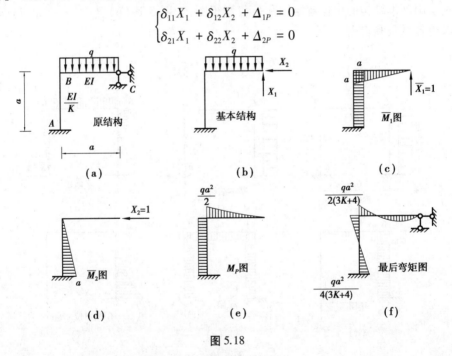

图 5.18

作 $\overline{M}_1$,$\overline{M}_2$ 和 M_P 图,用图乘法计算系数和自由项,得

$$\delta_{11} = \frac{K}{EI}a_3 + \frac{1}{EI} \times \frac{a^2}{2} \times \frac{2}{3}a = \frac{3K+1}{3EI}a^3$$

$$\delta_{22} = \frac{K}{EI} \times \frac{a^2}{2} \times \frac{2}{3}a = \frac{Ka^3}{3EI};$$

$$\delta_{12} = \delta_{21} = \frac{K}{EI} \times \frac{a^2}{2} \times a = \frac{K}{2EI}a^3$$

$$\Delta_{1P} = -\frac{K}{EI} \times a^2 \times \frac{1}{2}qa^2 - \frac{1}{EI} \times \frac{1}{3} \times \frac{1}{2}qa^2 \times a \times \frac{3}{4}a = -\frac{4K+1}{8EI}qa^4$$

$$\Delta_{2P} = -\frac{K}{EI} \times \frac{a^2}{2} \times \frac{1}{2}qa^2 = -\frac{K}{4EI}qa^4$$

代入力法方程,解得

$$X_1 = \frac{3(K+1)}{2(3K+4)}qa \; ; X_2 = \frac{3}{4(3K+4)}qa$$

M 图如图 5.18(f)所示,读者按 M 图作出 F_s 图。

【例 5.4】 试作如图 5.19(a)所示刚架的弯矩图(EI 为常数)。

【解】 此刚架是 3 次超静定,去掉支座 B 处的 3 个多余联系代以多余力 X_1,X_2,X_3,得如图 5.19(b)所示的基本结构。根据原结构在支座 B 处不可能产生位移的条件,建立力法方程为

$$\begin{cases} \delta_{11}X_1 + \delta_{12}X_2 + \delta_{13}X_3 + \Delta_{1P} = 0 \\ \delta_{21}X_1 + \delta_{22}X_2 + \delta_{23}X_3 + \Delta_{2P} = 0 \\ \delta_{31}X_1 + \delta_{32}X_2 + \delta_{33}X_3 + \Delta_{3P} = 0 \end{cases}$$

分别绘出基本结构的单位弯矩图和荷载弯矩图,如图 5.19(c)、(d)、(e)和(f)所示。用图乘法求得各系数和自由项为

$$\delta_{11} = \frac{2}{2EI}\left(\frac{1}{2} \times 6 \times 6 \times \frac{2}{3} \times 6\right) + \frac{1}{3EI}(6 \times 6 \times 6) = \frac{144}{EI}$$

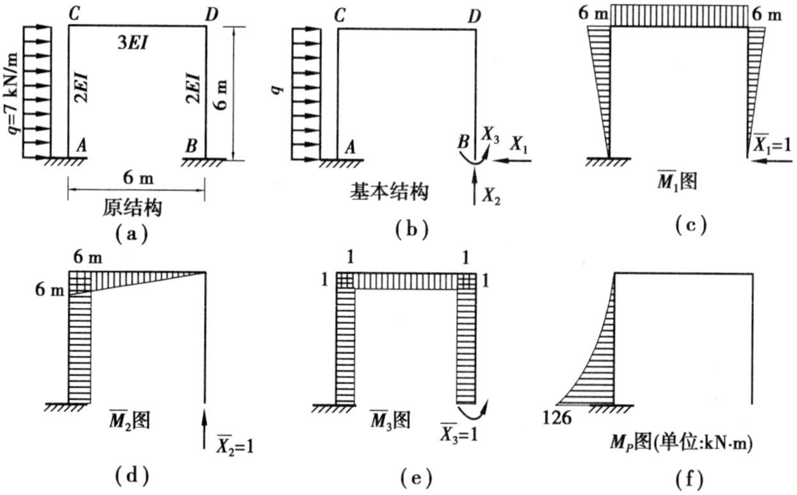

图 5.19

$$\delta_{22} = \frac{2}{2EI}(6 \times 6 \times 6) + \frac{1}{3EI}\left(\frac{1}{2} \times 6 \times 6 \times \frac{2}{3} \times 6\right) = \frac{132}{EI}$$

$$\delta_{33} = \frac{2}{2EI}(1 \times 6 \times 1) + \frac{1}{3EI}(1 \times 6 \times 1) = \frac{8}{EI}$$

$$\delta_{12} = \delta_{21} = -\frac{1}{2EI}\left(\frac{1}{2} \times 6 \times 6 \times 6\right) - \frac{1}{3EI}\left(\frac{1}{2} \times 6 \times 6 \times 6\right) = -\frac{90}{EI}$$

$$\delta_{13} = \delta_{31} = -\frac{2}{2EI}\left(\frac{1}{2} \times 6 \times 6 \times 1\right) - \frac{1}{3EI}(6 \times 6 \times 1) = -\frac{30}{EI}$$

$$\delta_{23} = \delta_{32} \frac{1}{2EI}(6 \times 6 \times 1) + \frac{1}{3EI}\left(\frac{1}{2} \times 6 \times 6 \times 1\right) = \frac{24}{EI}$$

$$\Delta_{1P} = \frac{1}{2EI}\left(\frac{1}{3} \times 126 \times 6 \times \frac{1}{4} \times 6\right) = \frac{180}{EI}$$

$$\Delta_{2P} = -\frac{1}{2EI}\left(\frac{1}{3} \times 126 \times 6 \times 6\right) = -\frac{756}{EI}$$

$$\Delta_{3P} = -\frac{1}{2EI}\left(\frac{1}{3} \times 126 \times 6\right) = -\frac{126}{EI}$$

将系数和自由项代入力法方程,化简后得

$$\begin{cases} 24X_1 - 15X_2 - 5X_3 + 31.5 = 0 \\ -15X_1 + 22X_2 + 4X_3 - 126 = 0 \\ -5X_1 + 4X_2 + \frac{4}{3}X_3 - 21 = 0 \end{cases}$$

解此方程组得

$$X_1 = 9 \text{ kN}; \qquad X_2 = 6.3 \text{ kN}; \qquad X_3 = 30.6 \text{ kN}$$

按叠加公式计算得最后的弯矩图,如图 5.20 所示。

从以上例子可知,在荷载作用下,多余力和内力的大小都只与各杆抗弯刚度的相对值有关,而与其绝对值无关。对于同一材料构成的结构(即梁、柱的 E 值相同),材料的弹性模量 E 对多余力和内力的大小也无影响。

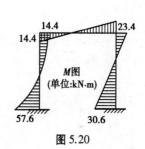

图 5.20

5.3.2 超静定桁架和排架

用力法计算超静定桁架,在只承受结点荷载时,因在桁架的杆件中只产生轴力,故力法方程中的系数和自由项的计算公式为

$$\begin{cases} \delta_{ii} = \sum \dfrac{\overline{F}_{Ni}^2 l_i}{(EA)_i} \\[3mm] \delta_{ij} = \sum \dfrac{\overline{F}_{Ni}\,\overline{F}_{Nj} l_i}{(EA)_i} = \delta_{ji} \\[3mm] \Delta_{iP} = \sum \dfrac{\overline{F}_{Ni} F_{NP} l_i}{(EA)_i} \end{cases} \qquad (5.10)$$

桁架各杆的最后内力可计算为

$$F_N = X_1 \overline{F}_{N1} + X_2 \overline{F}_{N2} + \cdots + X_n \overline{F}_{Nn} + \overline{F}_{NP}$$

【例 5.5】 试分析如图 5.21(a)所示的桁架。设各杆 EA 为常数。

【解】 此桁架是 1 次超静定。切断 BC 杆代以多余力 X_1,得如图 5.21(b)所示的基本结构。根据原结构切口两侧截面沿杆轴方向的相对线位移为零的条件,建立力法方程为

$$\delta_{11} X_1 + \Delta_{1P} = 0$$

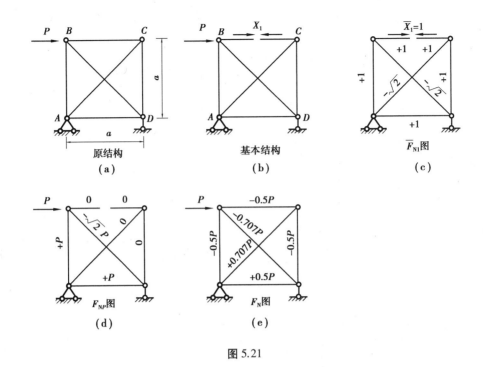

图 5.21

分别求出基本结构在单位力 $\overline{X}_1 = 1$ 和荷载单独作用下各杆的内力 $\overline{F}_{N1}$ 和 F_{NP}（图 5.21（c）、（d）），即可按式（5.10）求得系数和自由项为

$$\delta_{11} = \sum \frac{\overline{F}_{N1} l_i}{EA} = \frac{2}{EA}\left[1^2 \times a + 1^2 \times a + (-\sqrt{2})^2 \times \sqrt{2} a \right] = \frac{2a}{EA}(2 + 2\sqrt{2})$$

$$\Delta_{1P} = \sum \frac{\overline{F}_{N1} F_{NP} l_i}{EA} = \frac{1}{EA}\left[1 \times P \times a + 1 \times P \times a + (-\sqrt{2}P)^2 \times (-\sqrt{2}) \times \sqrt{2} a \right] = \frac{Pa}{EA}(2 + 2\sqrt{2})$$

代入力法方程,得

$$X_1 = -\frac{\Delta_{1P}}{\delta_{11}} = -\frac{P}{2}$$

各杆轴力可计算为

$$F_N = X_1 \overline{F}_{N1} + F_{NP}$$

最后结果示于图 5.21（e）中。在计算 δ_{11} 过程中,利用了轴力的对称性。

【例 5.6】 用力法计算如图 5.22（a）所示桁架各杆轴力。设各杆 EA 为常数。

分析:（1）本题桁架和荷载都是对称的,宜取对称的基本体系。取对称基本体系时,可计算半个桁架的杆件。

（2）计算 δ_{11} 和 Δ_{1P} 时,只考虑轴向变形的影响。计算半个桁架的变形时,EF 杆长度可取其一半长度。最后结果为半个桁架杆件变形总和的 2 倍。

因取基本体系时作为多余约束的链杆已切断,基本结构在 $\overline{X}_1 = 1$ 作用下,δ_{11} 中应包含切断杆的变形影响;在荷载作用下切断杆轴力为零,Δ_{1P} 中切断杆的变形影响为零。

【解】 (1)切断对称轴上的 CD 链杆,代以多余未知力 X_1,得到基本体系和基本未知量,如图 5.22(b)所示。

(2)列力法方程: $\delta_{11}X_1 + \Delta_{1P} = 0$。

(3)计算 $\overline{F}_{N1}$,F_{NP},并求 δ_{11},Δ_{1P}。

$\overline{F}_{N1}$,F_{NP},如图 5.22(c)、(d)所示,则

$$\delta_{11} = \sum \frac{\overline{F}_{N1}^2 l_i}{EA}$$

$$\Delta_{1P} = \sum \frac{\overline{F}_{N1} F_{NP}}{EA} l_i$$

$$\delta_{11} = \sum \frac{\overline{F}_{N1}^2}{EA} l_i = 2 \times \frac{13.5}{EA} = \frac{27}{EA}$$

$$\Delta_{1P} = \sum \frac{\overline{F}_{N1} F_{NP}}{EA} l_i = 2 \times \frac{630}{EA} = \frac{1\,260}{EA}$$

(4)解方程: $X_1 = \dfrac{\Delta_{1P}}{\delta_{12}} - \dfrac{1\,260}{27} \mathrm{kN} = -46.57\ \mathrm{kN}$。

(5)利用叠加公式 $F_N = \overline{F}_{N1} X_1 + F_{NP}$ 计算轴力。各杆轴力结果见表 5.1 及图 5.22(e)所示。

表 5.1

杆件	EA	l/m	F_{NP}/kN	$\overline{F}_{N1}$	$\overline{F}_{N1} F_{NP} l$	$\overline{F}_{N1} l$	$F_N = \overline{F}_{N1} X_1 + F_{NP}$
AC	EA	4.24	−56.57	0	0	0	−56.57
AE	EA	3.00	+40.00	0	0	0	+40.00
CE	EA	3.00	+70.00	3/4	157.50	1.69	+35.00
CF	EA	5.00	−50.00	$-\dfrac{5}{4}$	312.50	7.81	+8.34
EF	EA	2.00	+80.00	1	160	2	+33.33
CD	EA	2.00	0	1	2	−46.67
$\sum$		630	13.5				

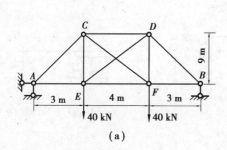

(a)

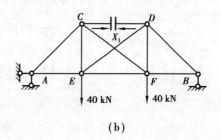

(b)

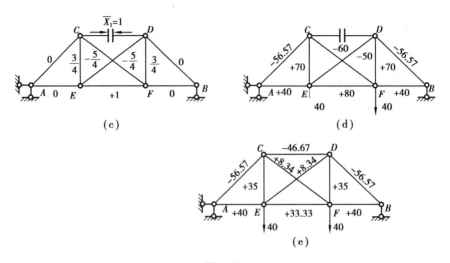

图 5.22

具体计算可列表进行,见表 5.1。

【例 5.7】 如图 5.23 所示为两跨厂房排架的计算简图。求在图示吊车荷载作用下的内力。计算数据如下:

(1)截面惯性矩。

左柱:上段 $I_{S1} = 10.1 \times 10^4 \text{cm}^4$,下段 $I_{X1} = 28.6 \times 10^4 \text{cm}^4$

右柱及中柱:上段 $I_{S2} = 16.1 \times 10^4 \text{cm}^4$,下段 $I_{X2} = 81.8 \times 10^4 \text{cm}^4$

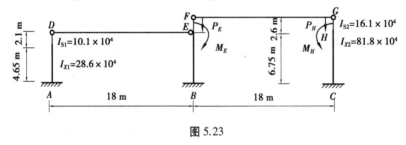

图 5.23

(2)右跨吊车荷载。

竖向荷载 $P_H = 108$ kN, $P_E = 43.9$ kN。由于 P_H, P_E 与下柱轴线有偏心距 $e = 0.4$ m,因此在 H, E 点的力偶荷载为 $M_H = P_H e = 43.2$ kN·m; $M_E = P_E e = 17.6$ kN·m。

【解】 横梁 FG 和 DE 是两端铰接的杆件,在吊车荷载作用下横梁起链杆作用,可忽略其剪力和弯矩,只受轴力。此排架是 2 次超静定结构。

取链杆 FG 和 DE 的轴力 X_1 和 X_2 为多余未知力。截断两个链杆的轴向约束,在切口处加上轴力 X_1 和 X_2,得出基本体系如图 5.24(a)所示。

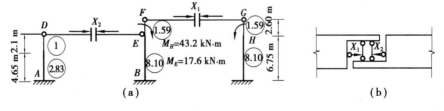

图 5.24

这里需要说明两点：

①多余未知力 X_1 和 X_2 都是广义力，每个广义力是由数值相等、方向相反的一对力组成的。

②通常说的切断一根杆件，是指在切口处把与轴力、剪力和弯矩相应的 3 个约束全部切断。本例中横梁 FG 和 DE 是两端铰接的链式杆件，只有一个轴向的约束，截断后相当于去掉了该约束。如果只需切断一个梁式杆中的轴向约束，即指切断与轴力相应的那一个约束，另外两个约束仍然保留。如图 5.24(b)所示为杆在切口处的详细情形。

力法基本方程为

$$\Delta_1 = \delta_{11}X_1 + \delta_{12}X_2 + \Delta_{1P} = 0$$
$$\Delta_2 = \delta_{21}X_1 + \delta_{22}X_2 + \Delta_{2P} = 0$$

这里 Δ_1 和 Δ_2 分别表示与轴力 X_1 和 X_2 相对应的广义位移，即切口处两个截面的轴向相对位移。因此，这里力法基本方程所表示的变形条件为：切口处的两个截面沿轴向保持接触，即沿轴向的相对位移为零。

作基本结构的 M_P，$\overline{M}_1$ 和 $\overline{M}_2$ 图(图 5.25(a)、(b)、(c))，由此求得自由项和系数为(图 5.24(a)中小圆圈内的数字是各杆 EI 的相对值)

$$\Delta_{1P} = \sum \int \frac{\overline{M}_1 M_P}{EI}ds = \frac{1}{8.10} \times \left(\frac{2.60 + 9.35}{2} \times 6.75\right) \times (43.2 + 17.6) = 303 \ (m)$$

$$\Delta_{1P} = \sum \int \frac{\overline{M}_2 M_P}{EI}ds = \frac{1}{8.10} \times \left(\frac{6.75 \times 6.75}{2}\right) \times 17.6 = -49.5 \ (m)$$

$$\delta_{11} = \sum \int \frac{\overline{M}_1^2 ds}{EI} = \frac{1}{1.59} \times \left(\frac{2.6 \times 2.6}{2}\right) \times \left(\frac{2}{3} \times 2.6\right) \times 2 + \frac{2}{8.10} \times$$
$$\left[(2.6 \times 6.75) \times 5.98 + \frac{6.75 \times 6.75}{2} \times \left(\frac{2}{3} \times 6.75\right)\right]$$
$$= 73.2 \ (m/kN)$$

$$\delta_{22} = \sum \int \frac{\overline{M}_2^2 ds}{EI} = \frac{1}{8.10} \times \left(\frac{6.75 \times 6.75}{2}\right) \times \left(\frac{2}{3} \times 6.75\right) + \frac{1}{1} \times \frac{2.1 \times 2.1}{2} \times \frac{2}{3} \times$$
$$2.1 + \frac{1}{2.83} \times \left[(2.1 \times 4.65) \times 4.43 + \frac{4.65 \times 4.65}{2} \times 5.20\right] = 50.9 \ (m/kN)$$

$$\delta_{12} = \delta_{21} = -\frac{1}{8.1} \times \left(\frac{6.75 \times 6.75}{2}\right) \times 7.10 = -20 \ (m/kN)$$

力法方程为

$$\begin{cases} 73.2X_1 - 20X_2 + 303 = 0 \\ -20X_1 + 50.9X_2 - 49.5 = 0 \end{cases}$$

解方程得

$$X_1 = -4.33, X_2 = -0.73 \ (kN)$$

在排架计算中，柱是阶梯形变截面杆件，柱底为固定端，柱顶与屋架为铰接。通常忽略屋架轴向变形的影响。

利用叠加公式 $M = \overline{M}_1 X_1 + \overline{M}_2 X_2 + M_P$ 作 M 图，如图 5.25(d)所示。

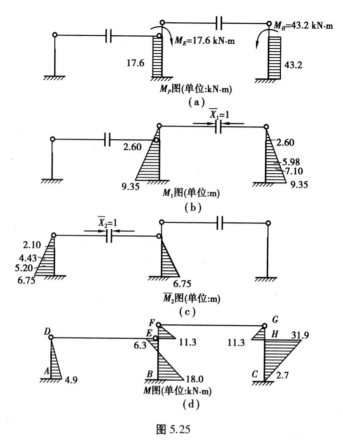

图 5.25

5.3.3 超静定组合结构

桁架是链杆体系,计算其位移时只考虑轴向力的影响。组合结构中既有链杆又有梁式杆,计算位移时,对链杆只考虑轴力的影响,而对梁式杆通常可忽略轴力和剪力的影响,只考虑弯矩的影响。

【例5.8】 如图5.26(a)所示为1次超静定的组合结构,求在图示荷载作用下的内力。各杆的刚度给定如下:

杆 AD 为梁式杆: $\qquad EI = 1.4 \times 10^4 \text{kN} \cdot \text{m}^2$

$$EA = 1.99 \times 10^6 \text{kN}$$

杆 AC 和 CD 为链杆: $\qquad EA = 2.56 \times 10^5 \text{kN}$

杆 BC 为链杆: $\qquad EA = 2.20 \times 10^5 \text{kN}$

【解】 (1)基本体系和力法方程。

切断多余链杆 BC,在切口处代以未知轴力 X_1,得到如图5.26(b)所示的基本体系。基本体系由于荷载和未知力在 X_1 方向的位移为零,即切口处两截面的相对位移应为零。因此,得力法方程为

$$\delta_{11}X_1 + \Delta_{1P} = 0$$

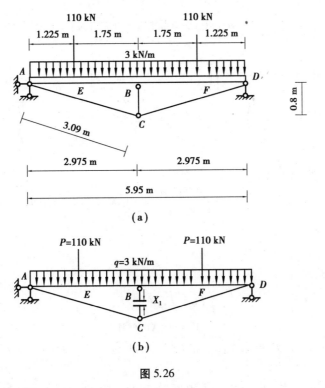

图 5.26

(2)求系数和自由项。

在基本结构切口处加单位力 $\overline{X}_1 = 1$。各杆轴力可由结点法求得,如图 5.27(a)所示。杆 AD 还有弯矩,$\overline{M}_1$ 图如图 5.27(c)所示。

基本结构在荷载作用下,各杆没有轴力,只有杆 AD 有弯矩,由集中荷载和均布荷载产生的两个 M_P 图分别如图 5.27(b)和(d)所示。

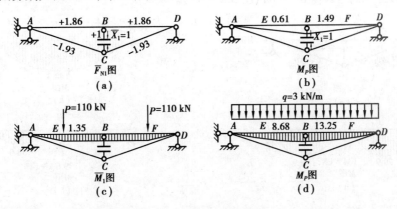

图 5.27

$$\delta_{11} = \int \frac{\overline{M}_1^2}{EI}ds + \sum \frac{\overline{F}_{N1}^2 l}{EA} = \frac{1}{1.4 \times 1.0^4} \times \left[\frac{1.49 \times 2.975}{2} \times \left(\frac{2}{3} \times 1.49\right)\right] \times 2 +$$

$$\frac{1}{1.99 \times 10^6} \times (1.86^2 \times 5.95) + \frac{1}{2.56 \times 10^5} \times (1.93^2 \times 3.09) \times 2 +$$

$$\frac{1}{2.02 \times 10^5} \times (1^2 \times 0.80) = 0.000\ 419\ (\text{m/kN})$$

$$\Delta_{1P} = \int \frac{\overline{M}_1 M_P}{EI} \text{d}s = \frac{1}{1.4 \times 10^4} \times \left[\left(\frac{2}{3} \times 13.25 \times 2.975\right) \times \left(\frac{5}{8} \times 1.49\right) \times 2 + \right.$$

$$\left. \left(\frac{1}{2} \times 1.35 \times 1.225\right) \times \left(\frac{2}{3} \times 0.61\right) \times 2 + (135 \times 1.75) \times \left(\frac{0.61 + 1.49}{2}\right) \times 2 \right]$$

$$= 0.043\ 8\ (\text{m})$$

（3）求多余未知力为

$$X_1 = -\frac{\Delta_{1P}}{\delta_{11}} = -\frac{0.043\ 8}{0.000\ 419} = -104.5\ (\text{kN})（压力）$$

（4）求内力。

内力叠加公式为

$$F_N = \overline{F}_{N1} X_1 + F_{NP}$$

$$M = \overline{M}_1 X_1 + M_P$$

各杆轴力及横梁 AD 弯矩图如图 5.28（a）、（b）所示。

（5）讨论。

由图 5.28（b）可知,横梁 AD 在中点 B 受到下部桁架的支承反力为 104.5 kN,这时横梁最大弯矩为 79.9 kN·m。如果没有下部桁架的支承,则横梁 AD 为一简支梁,其弯矩图如图5.29（a）所示,其最大弯矩为 148.3 kN·m。因桁架的支承,故横梁的最大弯矩减少了 46%。

还需指出,这个超静定结构的内力分布与横梁和桁架的相对刚度有关。如果下部链杆的截面很小,则横梁的 M 图接近于简支梁的 M 图（图 5.29（a））。如果下部链杆的截面很大,则横梁的 M 图接近两跨连续梁的 M 图（图 5.29（b））。

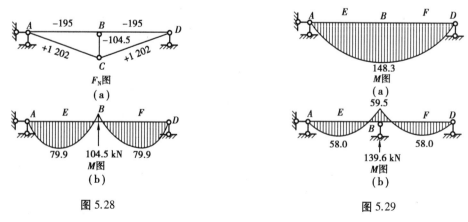

图 5.28   图 5.29

【例 5.9】 用力法计算如图 5.30（a）所示组合结构的链杆轴力,作 M 图,其中 $\dfrac{I}{A} = \dfrac{L^2}{10}$,并讨论当 $EA \to 0$ 和 $EA \to \infty$ 时链杆轴力及 M 图的变化。

说明:（1）组合结构是由梁式杆和链杆组成的,用力法计算时,通常切断链杆作为基本体系,以链杆轴力为基本未知量。

（2）计算系数和自由项时，注意系数中应包含切断链杆的轴向变形影响，因链杆已切断，自由项中的链杆轴向变形为零。

【解】 （1）这是 1 次超静定组合结构，取基本体系及相应的基本未知量，如图 5.30(b)所示。力法方程为

$$\delta_{11}X_1 + \Delta_{1P} = 0$$

（2）计算 $\overline{F}_{N1}$，作 $\overline{M}_1$，M_P 图，如图 5.30(c)、(d)所示。计算 δ_{11}，Δ_{1P}，即

$$\delta_{11} = \sum \int \frac{\overline{M}_1^2}{EI}\mathrm{d}x + \sum \frac{\overline{F}_{N1}^2}{EA}L = \frac{1}{EI}\left[\left(2 \times \frac{1}{2}L \times L \times \frac{2}{3}L\right) + (L \times L \times L)\right] + \frac{L}{EA} = \frac{5}{3EI}L^3 + \frac{L}{EA}$$

$$\Delta_{1P} = \sum \int \frac{\overline{M}_1 M_{1P}}{EI}\mathrm{d}x = -\frac{1}{EI}\left(\frac{1}{2}L \times PL \times \frac{2L}{3} + \frac{1}{2}L \times PL \times L\right)$$

$$= -\frac{5PL^3}{6EI}$$

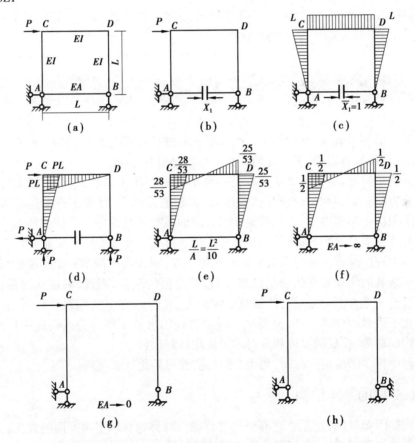

图 5.30

解方程

$$X_1 = -\frac{\Delta_{1P}}{\delta_{11}} = \frac{\frac{1}{EI} \cdot \frac{5}{6}PL^3}{\frac{5}{3EI}L^3 + \frac{L}{EA}}$$

当 $\dfrac{I}{A} = \dfrac{L^2}{10}$ 时，$X_1 = \dfrac{25}{53}P$。

（3）作 M 图，如图 5.30（e）所示。

（4）校核。

校核公式如下：

$$\Delta_1 = \sum \int \frac{\overline{M}_1 M_P}{EI}\mathrm{d}x + \frac{\overline{F}_{N1}F_N}{EA}L = 0$$

（请同学自己完成。注意：Δ_1 的计算公式中应含有链杆的轴向变形项）

（5）讨论。

由 $X_1 = \dfrac{\dfrac{5}{6EI}PL^3}{\dfrac{5}{3EI}L^3 + \dfrac{L}{EA}}$ 可知，当 $EA \to \infty$ 时，$X_1 \to \dfrac{P}{2}$。由 $M = \overline{M}_1 X_1 + M_P$ 得到 M 图，如图 5.30（f）所

示。这时，链杆 AB 相当于一刚性杆，结构可看成 B 端为固定铰支座的刚架，如图 5.30（h）所示。当 $EA \to 0$ 时，相当于图 5.30（g）所示的简支刚架。

5.4 对称性的利用

对于超静定结构来说，对称结构是几何形状和刚度分布都对称的结构。而对于静定结构来说，不论刚度分布是否对称，只要几何形状对称就是对称结构。

用力法分析超静定结构时，力法方程是多余未知力的线性代数方程组，需要计算方程的系数和解联立方程。其结构的超静定次数越高，方程数量越多，计算工作量就越大。而主要工作量的大小取决于典型方程，并且需要计算大量的系数和自由项并求解这线性方程组。利用对称性来计算超静定结构，其目的就是要简化计算过程。要简化计算必须从简化典型方程着手。在典型方程中若能使一些系数和自由项等于零，则计算可得到一定程度的简化。通过对典型方程中系数的物理意义的分析已知，主系数是恒为正数，因此，只能从副系数、自由项和基本未知量这 3 个方面考虑。力法简化的原则是：使尽可能多的副系数和自由项等于零。这样不仅简化了系数的计算工作，也简化了联立方程的求解工作。为达到这一目的，本节将讨论利用结构的对称、荷载的对称和反对称来简化计算。

实际工程中很多结构是对称的，利用它的对称性可简化计算过程。

5.4.1 选取对称的基本结构

对称结构如图 5.31（a）所示。它有一个对称轴。对称包含以下两方面的含义：

①结构的轴线形状对称，几何形状和支承情况对称。

②各杆的刚度（EI 和 EA 等）对称。

取对称的基本结构如图 5.31（b）所示。此时，多余未知力有 3 对，它们是一对弯矩 X_1 和一对轴力 X_2 是正对称的，还有一对剪力 X_3 是反对称的。所谓**正对称**，是指绕对称轴折叠后其两个力的大小、方向和作用线均重合；所谓**反对称**，是指绕对称轴折叠后两个力的大小、作用点相同，而方向相反，作用线重叠。因此，对于同一截面来说，称弯矩和轴力为**对称的内力**，

剪力为反对称的内力。

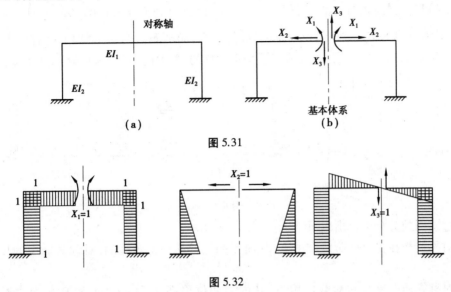

图 5.31

图 5.32

绘出基本结构在各多余未知力单位力作用下的弯矩图,如图 5.32 所示。可以看出,$\overline{M}_1$ 图和 $\overline{M}_2$ 图是正对称的,而 $\overline{M}_3$ 图是反对称的。因正对称和反对称的图形图乘时恰好正负抵消,使结果为零,故可得典型方程中的副系数 $\delta_{13}=\delta_{31}=0,\delta_{23}=\delta_{32}=0$。于是,典型方程便简化为

$$\begin{cases} \delta_{11}X_1 + \delta_{12}X_2 + \Delta_{1P} = 0 \\ \delta_{21}X_1 + \delta_{22}X_2 + \Delta_{2P} = 0 \\ \delta_{33}X_3 + \Delta_{3P} = 0 \end{cases}$$

由此可知,典型方程已分为两组:一组只含正对称的多余未知力 X_1 和 X_2;另一组只含反对称的多余未知力 X_3。

5.4.2 选择对称或反对称的荷载

如果作用在对称结构上的荷载也是正对称的(图 5.33(a)),则 M_P 图也是正对称的(图 5.33(b)),于是有 $\Delta_{3P}=0$。由典型方程的第 3 式可知,反对称的多余未知力 $X_3=0$,因此,只需计算正对称的多余未知力 X_1 和 X_2。最后的弯矩图为 $M=\overline{M}_1X_1+\overline{M}_2X_2+M_P$,它也将是正对称的,其形状如图 5.33(c)所示。由此可知,对称结构在正对称荷载作用下,结构上所有的反力、内力及位移(图 5.33(a)中虚线)都是正对称的。同时必须注意,此时剪力图是反对称的,这是由剪力的正负号规定所致,而剪力的实际方向则是正对称的。

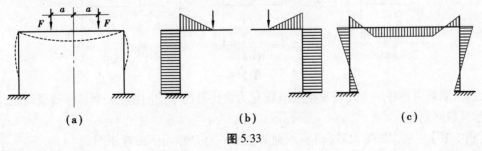

图 5.33

如果作用在结构上的荷载是反对称的,如图 5.34(a)所示,作出 M_P 图,如图 5.34(b)所示,则同理可证,此时正对称的多余未知力 $X_1 = X_2 = 0$,只剩下反对称的多余未知力 X_3。最后弯矩图为 $M = \overline{M}_3 X_3 + M_P$,它也是反对称的,如图 5.34(c)所示。此时,结构上所有反力、内力和位移都是反对称的。但必须注意,剪力图是正对称的,剪力的实际方向则是反对称的。

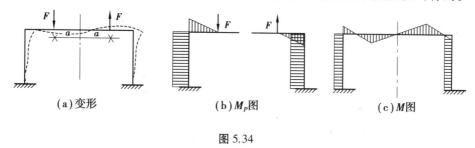

(a)变形　　　　　　(b) M_P 图　　　　　　(c) M 图

图 5.34

通过前面的分析可得出以下结论:

①对称结构在正对称荷载作用下,其内力和位移都是正对称的,对称截面中的反对称内力为零。

②对称结构在反对称荷载作用下,其内力和位移都是反对称的,对称截面中对称内力为零。

也就是说,对称结构在正对称荷载作用下,反对称多余未知力必等于零;在反对称荷载作用下,正对称的多余未知力必等于零,只需计算反对称多余未知力。

5.4.3　荷载分组

如果荷载不具备对称或反对称性,总可分为对称荷载和反对称荷载之和,如图 5.35(a)和 5.36(a)所示的对称结构受任意荷载作用,可分解为如图 5.35(b)所示对称荷载和如图 5.35(c)所示反对称荷载之和,以及如图 5.36(b)所示对称荷载和如图 5.36(c)所示反对称荷载之和。

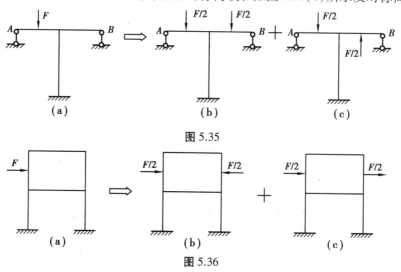

图 5.35

图 5.36

因此,求解时就将一个比较复杂的问题化为两比较简单的问题(一个对称荷载问题,一个反对称荷载问题)。

【例 5.10】　求作如图 5.37(a)所示刚架在水平力 P 作用下的弯矩图。

【解】 荷载 P 可分解为正对称荷载(图5.37(b))和反对称荷载(图5.37(c))。

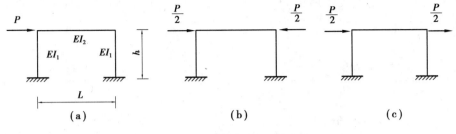

图5.37

在正对称荷载作用下(图5.37(b)),可以得出只有横梁承受压力 $P/2$,而其他杆无内力的结论。这是因为在计算刚架时通常忽略轴力对变形的影响,也就是忽略横梁的压缩变形。在这个条件下,上述内力状态不仅满足了平衡条件,也同时满足了变形条件,故它就是真正的内力状态。因此,为了求如图5.37(a)所示刚架的弯矩图,只需求作如图5.37(c)所示刚架在反对称荷载作用下的弯矩图即可。

在反对称荷载作用下,基本体系如图5.38(a)所示。对称切口截面的弯矩、轴力都是对称的未知力,应为零;只有反对称未知力 X_1 存在。基本结构在荷载和未知力方向的单位力作用下的弯矩图,如图5.38(b)、(c)所示。

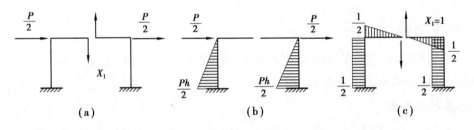

图5.38

由此得

$$\Delta_{1P} = \frac{Ph^2L}{4EI_1}$$

$$\delta_{11} = \frac{L^2h}{2EI_1} + \frac{L^3}{12EI_2}$$

代入力法方程,并设 $K = \dfrac{I_2h}{I_1L}$ 得

$$X_1 = -\frac{\Delta_{1P}}{\delta_{11}} = -\frac{6K}{6K+1} \times \frac{Ph}{2l}$$

刚架的弯矩图如图5.39(a)所示。

结合上例讨论如下:弯矩图随横梁与立柱刚度比值 K 而改变。

①当横梁刚度比立柱刚度小很多时,即 K 很小时,弯矩图如图5.39(b)所示,此时柱顶弯矩为零。

②当横梁刚度比立柱刚度大很多时,即 K 很大时,弯矩图如图5.39(d)所示,此时柱的弯矩零点趋于柱的中点。

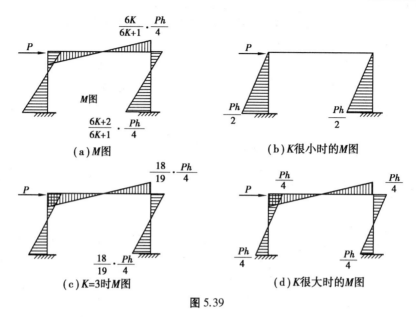

（a）M图

（b）K很小时的M图

（c）K=3时M图

（d）K很大时的M图

图 5.39

③一般情况下,柱的弯矩图有零点,此弯矩零点在柱上半部范围内变动,当 $K=3$ 时零点位置与柱中点已很接近(图 5.39(c))。

5.4.4　取半结构

取一半结构计算,适用于结构较为复杂,荷载对称或反对称,取结构的一般进行计算,另一半结构上的弯矩图根据对称性画出。

1) 奇数跨对称刚架

如图 5.40 所示的刚架,所受外力对称时,由内力和变形的对称性可知,中间截面无剪力、无转角,无水平位移;有弯矩、轴力、有铅垂位移,因此取半结构时,截开的 C 处截面以滑动支座代替。如果外力反对称时,由内力和变形的反对称性可知,中间截面无弯矩、无轴力、无铅垂位移,有剪力、有转角、有水平位移,截开的 C 处截面以单链杆代替。

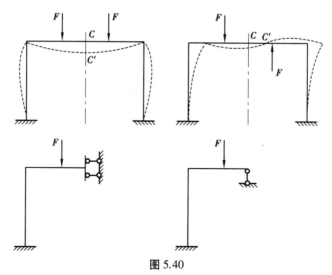

图 5.40

同理,图 5.41(a)中的梁,受对称荷载作用,取半结构如图 5.41(b)所示。图 5.42(a)中的梁,受反对称荷载作用,取半结构如图 5.42(b)所示。

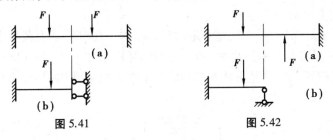

图 5.41　　　　　　　　图 5.42

2) 偶数跨对称刚架

如图 5.43(a)所示的刚架,在正对称荷载作用下,若忽略杆件的轴向变形,则在对称轴上的刚节点 C 处将不产生任何位移。同时,在该处的横梁杆端有弯矩、剪力、轴力存在。因此,截取一半时该处用固定支座代替,从而得到如图 5.43(b)所示。从对称性分析可知,中间杆中只有轴力,没有弯矩和剪力。

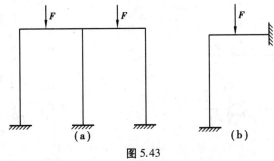

图 5.43

在反对称荷载作用下(图 5.44(a)),可将其中间柱设想为两根刚度各位 $I/2$ 的竖柱组成,它们在顶端分别与横梁刚接(图 5.44(b)),显然这与原结构是等效的。设想将此两柱中间的横梁切开,则荷载是反对称的,则切口上只有剪力 F_{SC},如图 5.44(c)所示。因忽略轴向变形,这对剪力将只使两柱分别产生等值反号的轴力,而不使其他杆件产生内力。而原结构中间柱的内力是等于该两柱内力之和,故剪力实际上对原结构的内力和变形都无影响。因此,可将其略去不计,而取一半刚架的计算简图,如图 5.44(d)或(e)所示。

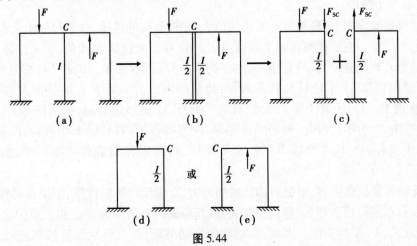

图 5.44

【例5.11】 如图5.45(a)所示为一对称结构,试讨论怎样选取对称的基本体系进行简化。在正对称荷载和反对称荷载分别作用下,讨论怎样选取半结构计算。

【解】 (1)选取对称的基本体系。

如图5.45(a)所示的结构,是3次超静定的对称结构。在对称轴上截断中间铰E和链杆CD,在铰E上加上对称的水平未知力X_1和反对称的竖向未知力X_2,在CD切口F处加一对称的水平未知力X_3,得到一对称基本体系和相应的基本未知量,如图5.45(b)所示。

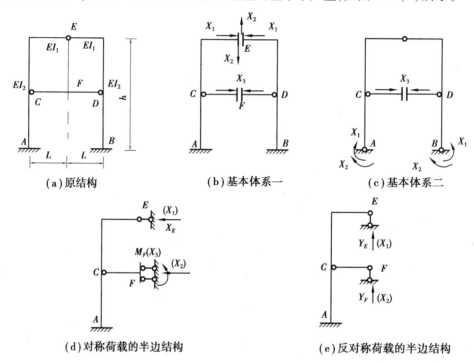

(a)原结构 　　　　(b)基本体系一 　　　　(c)基本体系二

(d)对称荷载的半边结构 　　　　(e)反对称荷载的半边结构

图5.45

也可将固定支座A,B改成铰支座,再截断链杆CD,在铰支座A,B上作用有对称的未知力偶X_1和反对称的未知力偶X_2,在链杆CD的切口上,加上一对称的未知水平力X_3,得到另一个对称的基本体系和相应的基本未知量,如图5.45(c)所示。

(2)选取半边结构。

①在对称荷载作用下,根据对称结构的内力、变形对称的性质,分析对称轴上E点和F点的变形和内力特点。刚架在对称轴上铰结点E可以有竖向位移和转角,水平位移为零;相应的内力情形为E点的竖向力、弯矩为零,水平力$X_E(X_1)$不等于零。链杆CD在对称轴上的F点,可以有竖向位移,水平位移和转角为零;相应的内力情形为F点的竖向力为零,水平力$X_F(X_3)$和弯矩$M_F(X_2)$不等于零。注意,此时的弯矩X_2是静定的量,如链杆CD上无横向荷载作用,则弯矩X_2为零。因此,根据上述变形、内力特点,在对称轴上切开后,E点保留铰结点,加一水平支杆;在F点为两个平行水平支杆,得到对称荷载作用下的半边结构,如图5.45(d)所示。

②在反对称荷载作用下,根据对称结构的内力、变形反对称的性质,刚架在对称轴上E点和F点可以有水平位移和转角,竖向位移为零;相应的内力情形为E点和F点的水平力、弯矩为零,竖向力X_1,X_2不等于零。因此,在对称轴上切开后,E点分别保留铰结点,加一竖直支

杆,得到在反对称荷载作用下的半边结构,如图 5.45(e)所示。注意,此时的 X_2 是静定的量,如链杆 CD 上无横向荷载作用时,在 F 点的竖向力 X_2 为零。

【例 5.12】 作出如图 5.46(a)所示结构的弯矩图。各杆抗弯刚度均为 EI。

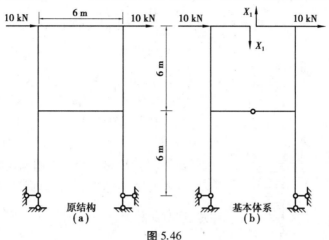

图 5.46

【解】 (1)选择基本体系如图 5.46(b)所示。这本是一个 4 次超静定,将上面的横梁沿对称面截开,下面横梁对称面改为铰结点。因是反对称问题,在对称轴上只有反对称的内力分量,故只有一个未知量。利用对称性分析,将 4 次超静定问题转化为 1 次超静定问题。

(2)分别作 $\overline{M}_1$ 图和 M_P 图,如图 5.47(a)、(b)所示。

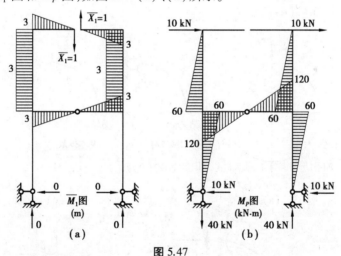

图 5.47

(3)计算系数和自由项,即

$$\delta_{11} = \frac{2}{EI}\left[\left(\frac{1}{2} \times 3 \times 3 \times \frac{2}{3} \times 3\right) \times 2 + 3 \times 6 \times 3\right]$$

$$= \frac{2}{EI}(18 + 54) = \frac{144}{EI}(\text{m}^3)$$

$$\Delta_{1P} = \frac{2}{EI}\left[\frac{1}{2} \times 6 \times 60 \times 3 + \frac{1}{2} \times 120 \times 3 \times \frac{2}{3} \times 3\right]$$

$$= \frac{2}{EI}(540 + 360) = \frac{1\ 800}{EI}(kN \cdot m^3)$$

（4）代入典型方程，得

$$X_1 = -\frac{\Delta_{1P}}{\delta_{11}} = -\frac{1\ 800}{144} = -12.5\ (kN)$$

（5）绘弯矩图。

利用：$M = \overline{M}_1 X_1 + M_P$ 得出各结点的弯矩值，然后用直线连线即可（图 5.48），弯矩图反对称。

【例 5.13】 圆环受力如图 5.49（a）所示，绘出弯矩图 EI=常数。

【解】 （1）这是一个 3 次超静定结构。因有两个对称轴，可取 1/4 结构来分析，计算简图如图 5.49（b）所示，注意，这时荷载为 $\frac{F}{2}$。

取基本体系如图 5.49（c）所示，将滑动支座改为单链杆，去掉了阻止转动的约束，代以相应的约束反力偶 X_1。

（2）求 $\overline{M}_1$，如图 5.49（d）所示。

单位多余力作用下的弯矩 $\overline{M}_1$ = 1（外侧受压为正）。

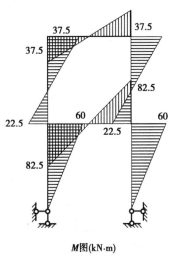

M 图(kN·m)

图 5.48

（3）求 M_P，如图 5.49（e）所示。

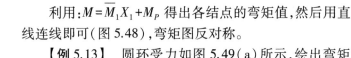

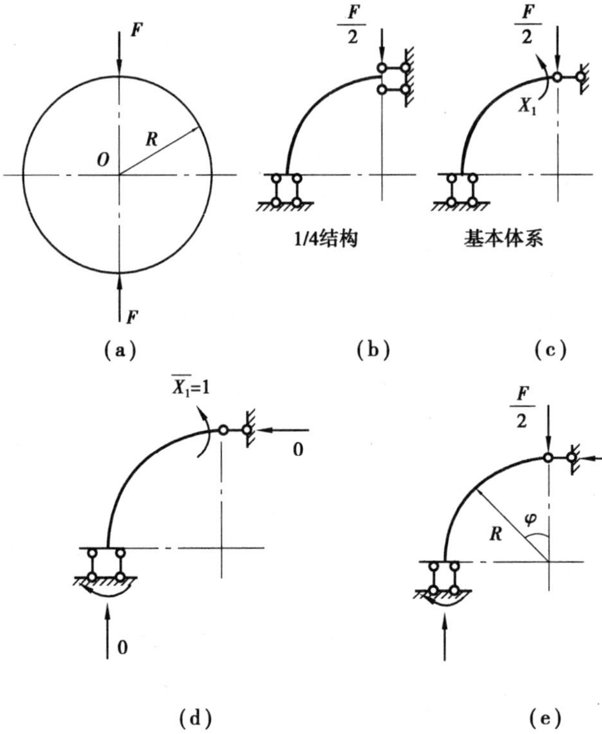

（a）	（b）	（c）

1/4 结构　　　基本体系

（d）	（e）

图 5.49

荷载作用下的弯矩

$$M_P = -\frac{F}{2}R\sin\varphi$$

（4）求系数和自由项，即

$$\delta_{11} = \int \frac{\overline{M}_1^2}{EI}\mathrm{d}s = \frac{1}{EI}\int_0^{\pi/2} R\mathrm{d}\varphi = \frac{\pi R}{2EI}$$

$$\Delta_{1P} = \int \frac{\overline{M}_1 M_P}{EI}\mathrm{d}s = -\frac{FR}{2EI}\int_0^{\pi/2} \sin\varphi \cdot R\mathrm{d}\varphi$$

$$= \frac{FR^2}{2EI}\left(\cos\frac{\pi}{2} - \cos 0\right) = -\frac{FR^2}{2EI}$$

（5）代入典型方程，即

$$\delta_{11}X_1 + \Delta_{1P} = 0$$

得

$$X_1 = -\frac{\Delta_{1P}}{\delta_{11}} = \frac{FR}{\pi}$$

（6）绘弯矩图。

由叠加公式，得

$$M = \overline{M}_1 X_1 + M_P = \frac{FR}{\pi} - \frac{FR}{2}\sin\varphi$$

$$= FR\left(\frac{1}{\pi} - \frac{\sin\varphi}{2}\right)$$

弯矩图如图 5.50 所示。

注意：弯矩图上下、左右对称，以及集中力作用处，弯矩图有尖点。

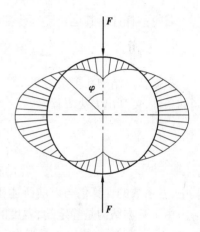

图 5.50

5.5　温度变化和支座移动时超静定结构的计算

超静定结构因多余联系的存在，故在温度改变、支座移动时，通常将使结构产生内力，这是超静定结构的特性之一。

用力法计算温度变化和支座移动的超静定结构时，根据前述的力法原理，也需要用位移条件来建立力法典型方程，确定多余未知力。位移条件是指基本结构在外在因素和多余未知力的共同作用下，在去掉多余联系处的位移应与原结构的实际位移相同。显然，这对荷载以外的其他因素，如温度变化、支座移动等也是适用的。下面分别介绍超静定结构温度变化和支座移动时的内力计算方法。

5.5.1　温度变化时超静定结构的内力计算

如图 5.51（a）所示为 3 次超静定结构，设各杆外侧温度升高 t_1，内侧温度升高 t_2，现在用力法计算其内力。

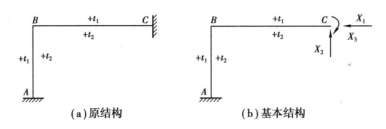

（a）原结构　　　　　　　　　（b）基本结构

图 5.51

去掉支座 C 处的 3 个多余联系，代以多余力 X_1, X_2, X_3，得基本结构如图 5.51（b）所示。设基本结构的 C 点，因温度改变，沿 X_1, X_2, X_3 方向所产生的位移分别为 $\Delta_{1t}, \Delta_{2t}, \Delta_{3t}$，故可计算为

$$\Delta_{it} = \sum (\pm) \int \overline{F}_{Ni} \alpha t \, ds + \sum (\pm) \int \frac{\overline{M}_i \alpha \Delta t}{h} ds \quad (i = 1, 2, 3) \tag{a}$$

若每一杆件沿其全长温度改变相同，且截面尺寸不变，则式（a）可改写为

$$\Delta_{it} = \sum (\pm) \alpha t, A_{\omega \overline{F}_{Ni}} + \sum (\pm) \alpha \frac{\Delta t}{h} A_{\omega \overline{M}_i} \tag{b}$$

根据基本结构在多余力 X_1, X_2, X_3 以及温度改变的共同作用下，C 点位移应与原结构相同的条件，可列出力法方程

$$\begin{cases} \delta_{11} X_1 + \delta_{12} X_2 + \delta_{13} X_3 + \Delta_{1t} = 0 \\ \delta_{21} X_1 + \delta_{22} X_2 + \delta_{23} X_3 + \Delta_{2t} = 0 \\ \delta_{31} X_1 + \delta_{32} X_2 + \delta_{33} X_3 + \Delta_{3t} = 0 \end{cases} \tag{c}$$

其中，各系数的计算仍与以前所述相同，自由项则按式（a）或式（b）计算。

由于基本结构是静定的，温度的改变并不使其产生内力。因此，由式（c）解出多余力 X_1，X_2, X_3 后，可计算原结构的弯矩为

$$M = X_1 \overline{M}_1 + X_2 \overline{M}_2 + X_3 \overline{M}_3 \tag{d}$$

再根据平衡条件即可求其剪力和轴力。

推广到一般情况，求解 n 个未知力的典型方程为

$$\sum_{j=1}^{n} \delta_{ij} X_j + \Delta_{it} = 0 \quad (i = 1, 2, \cdots, n)$$

其中，$\delta_{ij} X_j$ 为第 j 个多余未知力引起的沿第 i 个多余未知力方向的位移；若每一杆件沿其全长温度改变相同，且截面尺寸不变，温度引起的沿第 i 个多余未知力方向的位移为

$$\Delta_{it} = \sum \overline{F}_{Ni} \cdot \alpha \cdot t \cdot l + \sum \frac{\alpha \cdot \Delta t}{h} \int \overline{M}_i ds = \sum \alpha t, A_{\omega \overline{F}_{Ni}} + \sum \frac{\alpha \Delta t}{h} A_{\omega \overline{M}_i} \tag{e}$$

利用叠加公式

$$M = \sum_{i=1}^{n} \overline{M}_i X_i, F_N = \sum_{i=1}^{n} \overline{F}_{Ni} X_i$$

分别计算弯矩或轴力，其中，$\overline{M}_i, \overline{F}_{Ni}$ 是 $\overline{X}_i = 1$ 引起的弯矩和轴力。

【例 5.14】 试计算如图 5.52(a) 所示刚架的内力。设刚架各杆内侧温度升高 10 ℃，外侧温度无变化；各杆线膨胀系数为 α；EI 和截面高度 h 均为常数。

【解】　此刚架为 1 次超静定结构,取基本结构如图 5.52(b)所示。力法方程为

$$\delta_{11}X_1 + \Delta_{1t} = 0$$

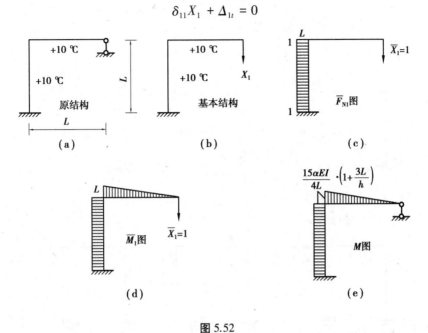

图 5.52

绘出 $\overline{F}_{N1}$ 和 $\overline{M}_1$ 图,分别如图 5.52(c)、(d)所示。求得系数和自由项为

$$\delta_{11} = \int \frac{\overline{M}_1^{\,2}}{EI}\mathrm{d}s = \frac{1}{EI}\left(L^2 \times L + \frac{L^2}{2} \times \frac{2}{3}L\right) = \frac{4L^3}{3EI}$$

$$\Delta_{1t} = \sum (\pm)\alpha t_0 A_{\omega \overline{F}_N} + \sum (\pm)\alpha \frac{\Delta t}{h} A_{\omega \overline{M}}$$

$$= -\alpha \times 5 \times L + \left[-\alpha \times \frac{10}{h}\left(L^2 + \frac{1}{2}L^2\right)\right]$$

$$= -5\alpha L\left(1 + \frac{3L}{h}\right)$$

代入力法方程,求得

$$X_1 = -\frac{\Delta_{1t}}{\delta_{11}} = \frac{15\alpha EI}{4L^2}\left(1 + \frac{3L}{h}\right)$$

根据 $M = X_1 \overline{M}_1$ 即可作出最后弯矩图,如图 5.52(e)所示。得出 M 图后,则不难据此求出相应的 F_S 图和 F_N 图,在此不再赘述。

由以上计算结果可以看出,超静定结构由温度变化引起的内力与各弯曲刚度 EI 的绝对值有关,这是与荷载作用下的情况有所不同的。

5.5.2　支座移动时超静定结构的内力计算

超静定结构在支座移动情况下的内力计算,原则上与前述情况温度变化的并无不同,唯一的区别在于力法方程中自由项的计算。

如图 5.53(a)所示为 3 次超静定刚架,设其支座 A 向右移动 C_1,向下移动 C_2,并按顺时针

方向转动了角度 θ。计算此刚架时,设取基本结构如图 5.53(b)、(c)所示,则力法方程为

$$\delta_{11}X_1 + \delta_{12}X_2 + \delta_{13}X_3 + \Delta_{1C} = 0$$
$$\delta_{21}X_1 + \delta_{22}X_2 + \delta_{23}X_3 + \Delta_{2C} = 0$$
$$\delta_{31}X_1 + \delta_{32}X_2 + \delta_{33}X_3 + \Delta_{3C} = 0$$

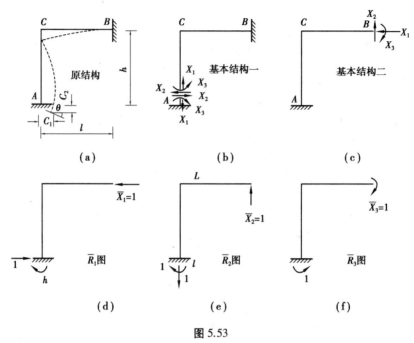

图 5.53

对于如图 5.53(c)所示的基本结构,方程中各系数的计算与前述荷载作用的情况完全相同。自由项 $\Delta_{ic}(i=1,2,3)$ 代表基本结构由支座 A 发生移动时在 B 端沿多余力 X_i 方向所产生的位移。按计算公式,得

$$\Delta_{ic} = -\sum \overline{R}_i c_i$$

分别令 $X_i = 1$ 作用于基本结构,求出反力 $\overline{R}_i$ 如图 5.53(d)、(e)、(f)所示。代入上式得

$$\Delta_{1c} = -(c_1 + h\theta)$$
$$\Delta_{2c} = -(c_2 + l\theta)$$
$$\Delta_{3c} = -(-\theta) = \theta$$

将系数和自由项代入力法方程,可解得 X_1, X_2, X_3。

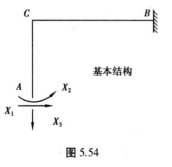

图 5.54

如果取如图 5.54 所示的基本结构,则力法方程为

$$\delta_{11}X_1 + \delta_{12}X_2 + \delta_{13}X_3 + \Delta_{1C} = C_1$$
$$\delta_{21}X_1 + \delta_{22}X_2 + \delta_{23}X_3 + \Delta_{2C} = -\theta$$
$$\delta_{31}X_1 + \delta_{32}X_2 + \delta_{33}X_3 + \Delta_{3C} = C_2$$

其中

$$\Delta_{1C} = 0$$
$$\Delta_{2C} = 0$$
$$\Delta_{3C} = 0$$

也就是说,此时的基本结构没有支座移动。

【例 5.15】　如图 5.55（a）所示为单跨超静定梁，设固定支座 A 处发生转角 φ，试求梁的支座反力和内力。

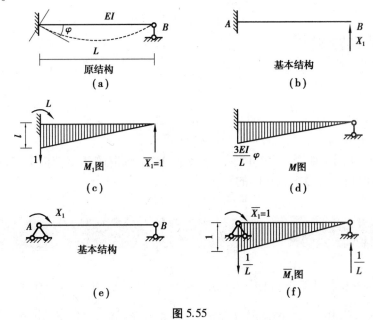

图 5.55

【解】　设取基本结构如图 5.55（b）所示的悬臂梁。根据原结构支座 B 处竖向位移等于零的条件，列出力法方程

$$\delta_{11}X_1 + \Delta_{1C} = 0$$

绘出 $\overline{M}_1$ 图，如图 5.55（c）所示（相应的反力 $\overline{R}_1$ 也标在图中），由此可求得

$$\delta_{11} = \frac{1}{EI}\left(\frac{1}{2} \times L \times L \times \frac{2}{3}L\right) = \frac{L^3}{3EI}$$

$$\Delta_{1C} = -\sum \overline{R}_i C_i = -(L \times \varphi) = -L\varphi$$

代入力法方程可求得

$$X_1 = \frac{\Delta_{1C}}{\delta_{11}} = \frac{3EI}{L^2}\varphi$$

所得结果为正值，表明多余力的作用方向与图 5.55（b）中所设的方向相同。

根据 $M = X_1\overline{M}_1$ 作出最后弯矩图如图 5.55（d）所示。梁的支座反力分别为

$$R_B = X_1 = \frac{3EI}{L^2}\varphi(\uparrow)$$

$$R_A = -R_B = -\frac{3EI}{L^2}\varphi(\downarrow)$$

$$M_A = \frac{3EI}{L}\varphi(\curvearrowright)$$

如果选取基本结构如图 5.55（e）所示的简支梁，则相应的力法方程就成为

$$\delta_{11}X_1 + \Delta_{1C} = \varphi$$

绘出 $\overline{M}_1$ 图并求出相应的反力 $\overline{R}$（图 5.55（f））。由此可求得

$$\delta_{11} = \frac{1}{EI}\left(\frac{1}{2} \times 1 \times L \times \frac{2}{3}\right) = \frac{L}{3EI}$$

$$\Delta_{1C} = -\sum \overline{R}_i C_i = 0$$

代入上述力法方程,即得

$$\frac{L}{3EI}X_1 = \varphi$$

故

$$X_1 = \frac{\varphi}{L/3EI} = \frac{3EI}{L}\varphi$$

据此作出的 M 图仍如图 5.55(d)所示。由此可知,选取的基本结构不同,相应的力法方程形式也不同,但最后内力图是相同的。

5.6 超静定结构的位移计算

在静定结构的位移计算中,根据虚功原理推导出计算位移的一般公式为

$$\Delta = \sum \int \frac{\overline{M}_K M_P}{EI}ds + \sum \int \frac{\overline{F}_{NK} F_{NP}}{EA}ds + \sum \int \frac{\overline{F}_{SK} F_{SP}}{GA}ds + \sum (\pm)\int \overline{F}_{NK}\alpha t \, ds +$$

$$\sum (\pm)\int \alpha \overline{M}_K \frac{\Delta t}{h}ds - \sum \overline{R}_K C_K$$

对于超静定结构,只要求出多余未知力,将多余未知力也当作荷载同时加在基本结构上,则该静定基本结构在已知荷载、温度变化、支座移动以及各多余力共同作用下的位移也就是原超静定结构的位移。这样,计算超静定结构的位移问题通过基本结构即转化成计算静定结构的位移问题,而上式仍可应用。此时,$\overline{M}_K$,$\overline{F}_{SK}$,$\overline{F}_{NK}$ 和 $\overline{R}_K$ 即是基本结构由虚拟状态的单位力 $F_{NP}=1$ 的作用所引起的内力和支座反力;将公式中的 M_P,F_{SP} 分别换为由原荷载和全部多余力产生的基本结构的内力 M,F_S 和 F_N;t,Δt,C_K 仍代表结构的温度、温度变化和支座移动。

由于超静定结构的内力并不因所取基本结构的不同而有所改变,因此,可将其内力看成是按任一基本结构而求得的。这样,在计算超静定结构的位移时,也就可将所设单位力 $F_{NP}=$ 1 施加于任一基本结构作为虚力状态。为了使计算简化,应当选取单位内力图比较简单的基本结构。

计算静定结构上任意点 K 内力引起的位移(多余未知力引起的位移)和温度引起位移的代数和。

对于刚架

$$\Delta_K = \sum \int \frac{\overline{M}_K M}{EI}ds + \Delta_{Kt} = \sum \int \frac{\overline{M}_K M}{EI}ds + \sum \overline{F}_{NK} \cdot \alpha \cdot t \cdot l + \sum \frac{\alpha \cdot \Delta t}{h}\int \overline{M}_K ds$$

对于桁架

$$\Delta_K = \sum \int \frac{\overline{F}_{NK} F_N}{EA}ds + \Delta_{Kt} = \sum \int \frac{\overline{F}_{NK} F_N}{EA}ds + \sum \overline{F}_{NK} \cdot \alpha \cdot t \cdot l$$

式中 $\overline{F}_{NK},\overline{M}_K$——$K$ 处单位力加在静定结构上时引起的轴力和弯矩;

F_{NP},M——超静定结构最终的轴力和弯矩。

下面举例说明超静定结构的位移计算。

【例5.16】 试求如图5.56(a)所示刚架 D 点的水平位移 Δ_{DH} 和横梁中点 F 的竖向移 Δ_{FV}。设 EI 为常数。

【解】 此刚架同例5.4。在计算内力时,选取去掉支座 B 处的多余联系而得到的悬臂刚架作为基本结构。最后弯矩图如图5.56(b)所示。

求 D 点的水平位移时,可选取如图5.56(c)所示的基本结构作为虚拟状态。在 D 点加水平单位力 $P=1$,得虚力状态的 $\overline{M}_1$ 图(图5.56(c))。应用图乘法求得

$$\Delta_{DH} = \frac{1}{2EI}\left[\frac{1}{2}\times 6\times 6\times\left(\frac{2}{3}\times 30.6 - \frac{1}{3}\times 23.4\right)\right] = \frac{113.4}{EI}(\text{kN}\cdot\text{m}^3)(\rightarrow)$$

计算结果为正值,表示位移方向与所设单位力的方向一致,即向右。

求横梁中点 F 的竖向位移时,为了使计算简化,可选取如图5.56(d)所示的基本结构作为虚拟状态。在 F 点加竖向单位力 $F_P=1$,得虚力状态的 M_1 图。

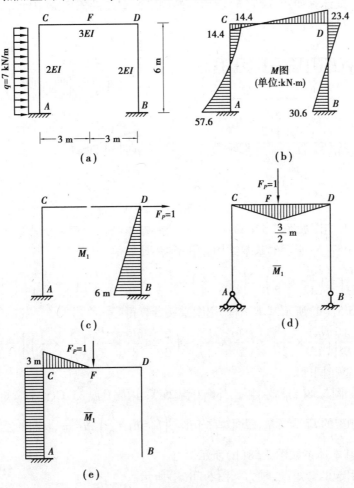

图 5.56

应用图乘法求得

$$\Delta_{FV} = \frac{1}{3EI}\left(\frac{1}{2} \times \frac{3}{2} \times 6 \times \frac{14.4 - 23.4}{2}\right) = -\frac{6.75}{EI}(\text{kN} \cdot \text{m}^3)(\uparrow)$$

所得结果为负值,表示 F 点的位移方向与所设单位力的方向相反,即向上。

若采用图 5.56(e)所示的基本结构作为虚拟状态,并作出相应的 $\overline{M}_1$ 图。

此时,应用图乘法计算,则得

$$\Delta_{FV} = \frac{1}{2EI}\left[\frac{1}{2} \times (57.6 - 14.4) \times 6 \times 3 - \frac{2}{3} \times \frac{1}{8} \times 7 \times 6^2 \times 6 \times 3\right] -$$

$$\frac{1}{3EI} \times \frac{1}{2} \times 3 \times \left(\frac{2}{3} \times 14.4 - \frac{1}{3} \times \frac{23.4 - 14.4}{2}\right)$$

$$= -\frac{6.75}{EI}(\text{kN} \cdot \text{m}^3)(\uparrow)$$

与上述计算结果完全相同。显然,选取如图 5.56(d)所示基本结构作为虚拟状态时,计算比较简单。

【例 5.17】 试计算如图 5.57(a)所示两端固定的单跨超静定梁中点 C 的竖向位移 Δ_{CV}。设 EI 为常数。

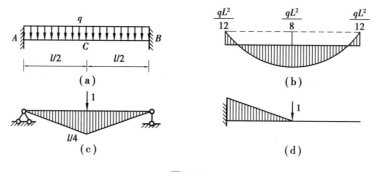

图 5.57

【解】 梁的弯矩图如图 5.57(b)所示。用两种基本结构计算并比较其结果。

(1)取如图 5.57(c)所示的基本结构,用图乘法计算得

$$\Delta_{CV} = \frac{1}{EI}\left[-\left(\frac{ql^2}{12} \times \frac{l}{2}\right) \times \left(\frac{1}{2} \times \frac{l}{4}\right) + \left(\frac{2}{3} \times \frac{ql^2}{8} \times \frac{l}{2}\right)\left(\frac{5}{8} \times \frac{l}{4}\right)\right] = \frac{ql^2}{384EI}$$

(2)取如图 5.57(d)所示基本结构,用图乘法计算得

$$\Delta_{CV} = \frac{1}{EI}\left[\left(\frac{ql^2}{12} \times \frac{l}{2}\right) \times \left(\frac{1}{2} \times \frac{l}{2}\right) - \left(\frac{2}{3} \times \frac{ql^2}{8} \times \frac{l}{2}\right)\left(\frac{3}{8} \times \frac{1}{2}\right)\right] = \frac{ql^2}{384EI}$$

可知其结果是相同的。

【例 5.18】 如图 5.58(a)所示刚架,外侧升温 25 ℃,内侧升温 35 ℃,绘制弯矩图并计算横梁中点的竖向位移。刚架的 EI 为常量,截面对称于形心$\left(h_1 = h_2 = \dfrac{h}{2}\right)$,$h = \dfrac{l}{10}$,材料的线膨胀系数为 α。

【解】 (1)基本体系如图 5.58(b)所示。

(2)单位力引起的弯矩图、轴力如图 5.58(c)所示。

(注意:高温侧受压,所以弯矩为负)

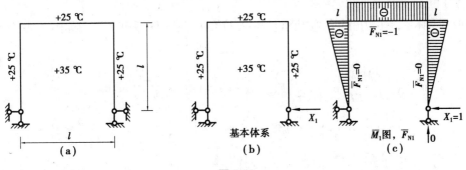

图 5.58

（3）计算系数和自由项为

$$\delta_{11} = \frac{1}{EI}\left(\frac{1}{2} \times l \times l \times \frac{2}{3}l\right) \times 2 + \frac{1}{EI}l \times l \times l = \frac{5l^3}{3EI}$$

$$\Delta_{1t} = \sum \overline{F}_{N1} \cdot \alpha \cdot t \cdot l + \sum \frac{\alpha \cdot \Delta t}{h}\int \overline{M}_1 ds$$

$$= (-1) \times \alpha \times \frac{25 + 35}{2} \times l + \frac{\alpha}{h}(35 - 25)\left(-\frac{1}{2}l^2 \times 2 - l^2\right)$$

$$= -230\alpha \cdot l$$

（4）求未知力。

将 δ_{11}，Δ_{1t} 代入典型方程，$\delta_{11}X_1 + \Delta_{1t} = 0$

$$得：X_1 = -\frac{\Delta_{1t}}{\delta_{11}} = \frac{230\alpha \cdot l}{\dfrac{5l^3}{3EI}} = 138\frac{\alpha EI}{l^2}$$

（5）绘弯矩图。

将 $\overline{M}_1$ 图放大 $138\dfrac{\alpha EI}{l^2}$ 倍，如图 5.59（a）所示。

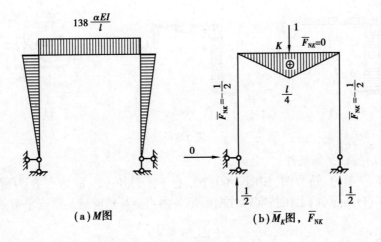

（a）M图   （b）$\overline{M}_K$图，$\overline{F}_{NK}$

图 5.59

(6)计算 K 点竖向位移。

另取基本体系,单位力引起的弯矩图(注意:受拉侧在高温一侧,为正)、轴力如图5.59(b)所示。由公式,得

$$\Delta_K = \sum \int \frac{\overline{M}_K M_P}{EI} ds + \sum \overline{F}_{NK} \cdot \alpha \cdot t \cdot l + \sum \frac{\alpha \cdot \Delta t}{h} \int \overline{M}_K ds$$

$$= -\frac{1}{EI}\left(\frac{1}{2} \times \frac{l}{4} \times l \times 138\frac{\alpha EI}{l} \right) + 2 \times \left(-\frac{1}{2} \times \alpha \times \frac{35+25}{2} \times l \right) +$$

$$\alpha \times \frac{35-25}{h} \times \left(\frac{1}{2} \times \frac{l}{4} \times l \right)$$

$$= -34.75\alpha \cdot l$$

5.7 超静定结构最后内力图的校核

内力图是结构设计的依据,故在求得内力图后,应该进行校核,以保证它的正确性。正确的内力图必须同时满足平衡条件和位移条件。因此,校核工作就是验算内力图是否满足这两个条件。现通过例题说明最后内力图的校核方法。

【例5.19】 试校核如图5.60(a)所示刚架的内力图。

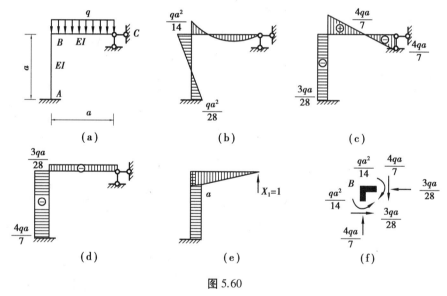

图 5.60

【解】 (1)校核平衡条件。

首先作弯矩、剪力、轴力图,如图5.60(b)、(c)、(d)所示。取结点 B 为研究对象(分离体),如图5.60(f)所示,内力图按实际方向画出各内力。显然能满足结点平衡条件为

$$\begin{cases} \sum F_x = 0 \\ \sum F_y = 0 \\ \sum M = 0 \end{cases}$$

（2）校核位移条件。

校核 C 支座的竖向位移。取一种基本结构作 $\overline{M}_1$ 如图 5.60（e）所示，用图乘法计算

$$\Delta_{CV} = \frac{1}{EI}\left[-\frac{1}{2} \times \frac{qa^2}{14} \times a \times \frac{2}{3}a + \frac{2}{3} \times \frac{ql^2}{8} \times a \times \frac{1}{2}a - \frac{1}{2}\left(\frac{qa^2}{14} - \frac{qa^2}{28} \right) \times a \times a \right] = 0$$

这个结果说明是满足位移条件。

下面以如图 5.61（a）所示刚架为例，讨论所谓"闭合刚架"位移校核。

刚架上的 B,C 结点是满足平衡条件的。下面根据刚架固定端支座 E 转角为零的条件，校核弯矩图。刚架的基本结构和 $\overline{M}_1$ 图如图 5.61（b）所示，E 截面的转角为

$$\theta_E = \sum \int \frac{\overline{M}_1 M}{EI} \mathrm{d}x$$

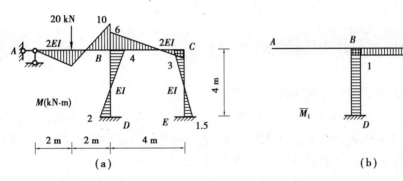

图 5.61

式中，$\overline{M}_1 = 1$。若满足截面的位移条件，必有

$$\sum \int \frac{M}{EI}\mathrm{d}x = 0$$

上式积分表示 $DBCE$ 部分 M/EI 图的面积为零（正、负面积抵消）。由此可得出结论：沿刚架任一无铰的封闭图形，其 M/EI 图的面积为零。

如图 5.61（a）所示的刚架，$DBCE$ 为无铰封闭形，其 M/EI 图的面积为

$$\sum \int \frac{M}{EI}\mathrm{d}x = \frac{1}{EI}\left(-\frac{2 \times 4}{2} + \frac{4 \times 4}{2} \right) + \frac{1}{2EI}\left(-\frac{6 \times 4}{2} + \frac{3 \times 4}{2} \right) +$$

$$\frac{1}{EI}\left(-\frac{1.5 \times 4}{2} + \frac{3 \times 4}{2} \right)$$

$$= \frac{4}{EI} \neq 0$$

可知，如图 5.61（a）所示，M 图是错误的。

【例 5.20】 校核图 5.62 所示刚架的 M 图。

【解】 刚结点 B,C 满足平衡条件，下面按位移条件校核。$EBCF$ 为无铰封闭形（闭合刚架），则

$$\sum \int \frac{M}{EI}\mathrm{d}x = \frac{1}{6EI}\left[\frac{1}{2}(40.5 + 52.71) \times 6 \right] + \frac{1}{1.5EI} \times \frac{1}{2} \times 15.43 \times 3 + \frac{1}{1.5EI} \times \frac{1}{2} \times 5.68 \times 6 -$$

$$\frac{1}{6EI} \times \frac{2}{3} \times 90 \times 6 - \frac{1}{1.5EI} \times \frac{1}{2} \times 2.84 \times 6 - \frac{1}{1.5EI}\left(\frac{1}{2} \times 7.71 \times 3 \right) \approx 0$$

满足位移条件。

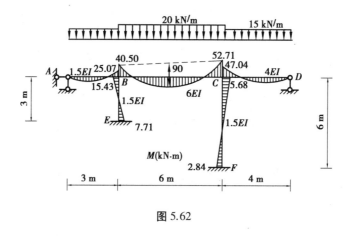

图 5.62

5.8 超静定结构的特性

超静定结构具有以下一些重要特性：

①静定结构的内力只用静力平衡条件即可确定,其值与结构的材料性质以及杆件截面尺寸无关。超静定结构的内力单由静力平衡条件不能全部确定,还需要同时考虑位移条件。因此,超静定结构的内力与结构的材料性质以及杆件截面尺寸有关。

②在静定结构中,除了荷载作用以外,其他因素,如支座移动、温度变化、制造误差等,都不会引起内力。在超静定结构中,任何上述因素作用,通常会都引起内力。这是因上述因素都将引起结构变形,而此种变形由于受到结构的多余联系的限制,因此往往使结构中产生内力。

③静定结构在任一联系遭到破坏后,即丧失几何不变性,因而就不能再承受荷载。而超静定结构由于具有多余联系,在多余联系遭到破坏后,仍然维持其几何不变性,因此还具有一定的承载能力。

④局部荷载作用对超静定结构比对静定结构影响的范围大。如图 5.63(a)所示的连续梁,当中跨受荷载作用时,两边跨也将产生内力,发生变形,如图 5.63(c)所示。但如图 5.63(b)所示的多跨静定梁则不同,当中跨受荷载作用时,两边跨只随着转动,如图 5.63(d)所示,但不产生内力。因此,从结构的内力分布情况看,超静定结构比静定结构要均匀些。

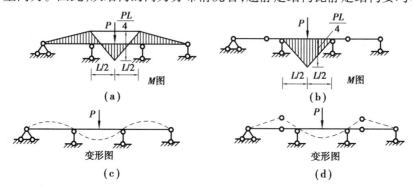

图 5.63

思考题

1.图示结构用力法求解时,能否选切断杆件2,4后的体系作为基本结构。

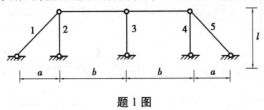

题1图

2.图(a)示梁在温度变化时的 M 图形状如图(b)示,正确吗?

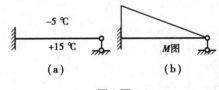

题2图

3.超静定结构在荷载作用下的反力和内力,只与各杆件刚度的相对数值有关吗?

4.在温度变化、支座移动因素作用下,静定与超静定结构是否都有内力?

5.图示结构, $EI=$ 常数,在给定荷载作用下,计算 F_{SAB}。

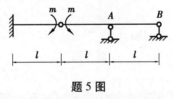

题5图

6.图(a)结构中支座转动 θ,力法基本结构如图(b)所示,如何计算力法方程中 Δ_{1C}?

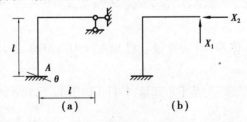

题6图

7.图(a)示的结构,取图(b)为力法基本体系,写出其力法方程。

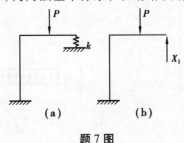

题7图

8.确定下列结构的超静定次数。

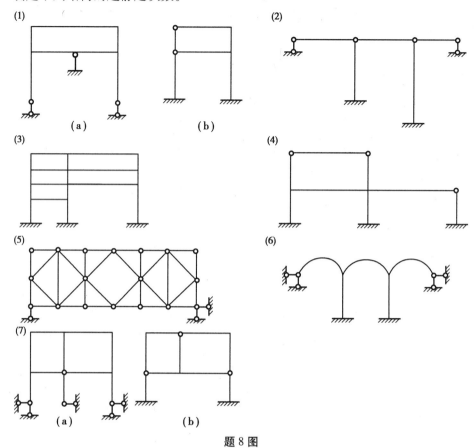

题 8 图

习　题

5.1　图示为力法基本体系,EI 为常数。已知 $\delta_{11} = 4l/(3EI)$,$\Delta_{1P} = -ql^4/(8EI)$。试作原结构 M 图。

5.2　图示力法基本体系,X_1 为基本未知量,各杆 EI 相同。已知 $\delta_{11} = 2l/EI$,$\Delta_{1P} = -5ql^3/(6EI)$。试作原结构 M 图。

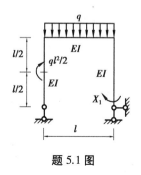

题 5.1 图

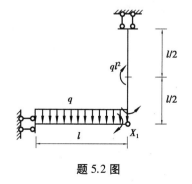

题 5.2 图

5.3 已知图示基本体系对应的力法方程系数和自由项如下：$\delta_{11}=\delta_{22}=l^3/(2EI)$，$\delta_{12}=\delta_{21}=0$，$\Delta_{1P}=-5ql^4/(48EI)$，$\Delta_{2P}=ql^4/(48EI)$，作最后 M 图。

5.4 用力法计算并作图示结构 M 图（$EI=$常数）。

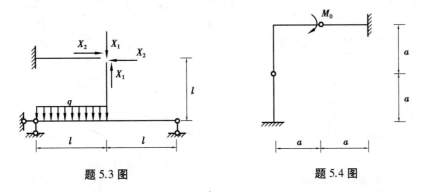

题 5.3 图　　　　　　　题 5.4 图

5.5 用力法作图示排架的 M 图。已知 $A=0.2\ \mathrm{m}^2$，$I=0.05\ \mathrm{m}^4$，弹性模量为 E_0。

5.6 用力法作图示结构的 M 图。

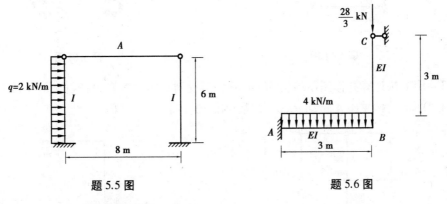

题 5.5 图　　　　　　　题 5.6 图

5.7 用力法计算并作图示结构的 M 图。

5.8 用力法计算图示结构并作弯矩图。

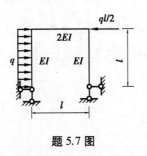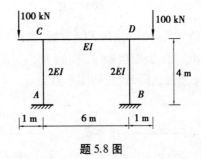

题 5.7 图　　　　　　　题 5.8 图

5.9 已知 $EI=$常数，用力法计算并作图示对称结构的 M 图。

5.10 用力法计算并作图示结构的 M 图（$EI=$常数）。

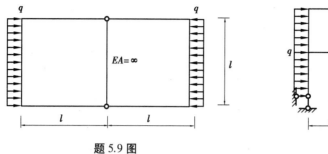

题 5.9 图   题 5.10 图

5.11 用力法求图示桁架杆 AC 的轴力,各杆 EA 相同。

5.12 用力法求图示桁架杆 BC 的轴力,各杆 EA 相同。

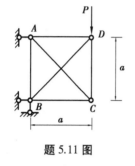

题 5.11 图   题 5.12 图

5.13 用力法计算并作图示结构 M 图,其中各受弯杆 EI = 常数,各链杆 EA = EI/(4l²)。

5.14 图示结构支座 A 转动 θ,EI = 常数,用力法计算并作 M 图。

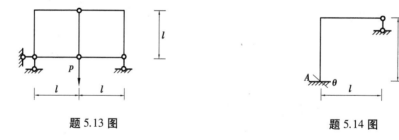

题 5.13 图   题 5.14 图

5.15 图(a)示结构 EI = 常数,取图(b)为力法基本结构列出典型方程,并求 Δ_{1c} 和 Δ_{2c}。

5.16 用力法作图示结构的 M 图。EI = 常数,截面高度 h 均为 0.1 m,t = 20 ℃,+t 为温度升高,−t 为温度降低,线膨胀系数为 α。

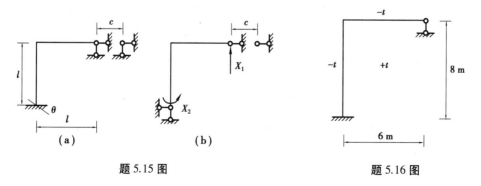

题 5.15 图   题 5.16 图

5.17 用力法计算图示结构因温度改变引起的 M 图。杆件截面为矩形,高为 h,线膨胀系数为 α。

5.18 求图示单跨梁截面 C 的竖向位移 Δ_{CV}。

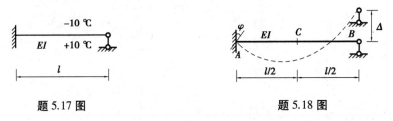

题 5.17 图　　　　　　　　题 5.18 图

5.19 图示等截面梁 AB,当支座 A 转动 θ_A,求梁的中点挠度 f_C。

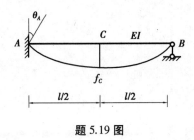

题 5.19 图

6 位移法

上一章学习了力法,力法和位移法是计算超静定结构的两个基本方法,力法发展较早,位移法稍晚一些。力法把结构的多余力作为基本未知量,将超静定结构转变为静定结构,按照位移协调条件建立力法方程求解;而这一章位移法则是以结构的某些位移作为未知量,先设法求出它们,再根据它们求出结构的内力和其他位移。由位移法的基本原理可衍生出其他几种在工程实际中应用十分普遍的计算方法,如力矩分配法和迭代法等。因此,学习本章内容不仅是为了掌握位移法的基本原理,还为以后学习其他的计算方法打下良好的基础。此外,应用微机计算所用的直接刚度法也是由位移法而来的,故本章的内容也是学习电算应用的一个基础。

本章讨论位移法的原理和应用位移法计算刚架,取刚架的结点位移作为基本未知量,由结点的平衡条件建立位移法方程。位移法方程有两种表现形式:直接写平衡方程的形式(便于了解和计算);基本体系典型方程的形式(利于与力法及后面的计算机计算为基础的矩阵位移法相对比)。

6.1 位移法的基本概念

6.1.1 位移法的简例

为了具体地了解位移法的基本思路,首先看一个简单的桁架的例子。如图 6.1(a)所示拉压刚度 EA 相同的 5 根杆铰接于 B 点,在竖向荷载 F_P 作用下求各杆的内力。

第一步:从结构中取出一个杆件进行分析(图 6.1(b)),如已知杆端 B 沿杆轴向的位移为

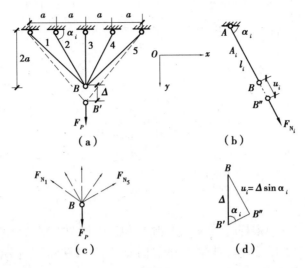

图 6.1

u_i(即杆件的伸长)则杆端力 F_{Ni} 为

$$F_{Ni} = \frac{EA_i}{l_i} u_i \tag{6.1}$$

式中　E——弹性模量;

　　　A——杆件截面面积;

　　　l_i——杆件长度;

　　　$\dfrac{EA_i}{l_i}$——使杆端产生单位位移时所需施加的杆端力,称为刚度系数。

上式的物理意义是:表明杆件的杆端力 F_{Ni} 与杆端位移 u_i 之间的关系,称为杆件的刚度方程。

第二步:把各杆件综合成结构。如图 6.1(d)杆件的轴向位移和基本未知量 B 点竖向位移 Δ 有几何关系

$$u_i = \Delta \sin \alpha_i \tag{a}$$

B 点的平衡条件为 $\sum F_y = 0$,如图 6.1(c)得

$$\sum_{i=1}^{5} F_{Ni} \sin \alpha_i = F_P \tag{b}$$

由式(6.1)和式(a)代入式(b)得

$$\sum_{i=1}^{5} \frac{EA_i}{l_i} \sin^2 \alpha_i \Delta = F_P \tag{c}$$

式(c)就是位移法的基本方程,它表明结构的位移 Δ 与荷载 F_P 之间的关系。由式(c)可得

$$\Delta = \frac{F_P}{\sum_{i=1}^{5} \dfrac{EA_i}{l_i} \sin^2 \alpha_i} \tag{d}$$

完成了位移法中的关键一步。为求各杆轴力可将求得的 Δ 代入式(a)得

$$u_i = \frac{F_P}{\sum\limits_{i=1}^{5} \dfrac{EA_i}{l_i} \sin^2 \alpha_i} \sin \alpha_i$$

再代入(6.1)得

$$F_{Ni} = \frac{\dfrac{EA_i}{l_i} \sin \alpha_i}{\sum\limits_{i=1}^{5} \dfrac{EA_i}{l_i} \sin^2 \alpha_i} F_P \tag{e}$$

6.1.2　位移法的思路

在图 6.1 中如果只是两根杆时结构是静定的(相当于用两根不共线的链杆固定一个结点的方式)。当杆数大于 2 时,结构是超静定的。因此,用位移法计算时,计算方法并不因结构是静定结构还是超静定结构而有所不同。

由以上简例可以归纳出位移法的要点如下:

①位移法的基本未知量是结构的结点位移(图 6.1 中的 B 点的位移 Δ)。

②位移法的基本方程是平衡方程(B 点的 y 方向力的投影平衡方程式 $\sum F_y = 0$)。

③建立基本方程的过程分为以下两步:

a.将结构拆成杆件,进行杆件分析得出杆件的刚度方程。

b.再把杆件综合成结构,进行整体分析得出基本方程。

④根据位移法方程解出基本未知量并由此计算各杆的内力。

位移法就是将结构先拆开再组合的计算过程。杆件分析是结构分析的基础,杆件的刚度方程是位移法的基本方程的基础。因此位移法也称为刚度法。位移法与力法的区别在于:

①主要区别是基本未知量不同:力法是取结构中的**多余未知力**作为基本未知量;位移法是以**结点位移**(线位移和角位移)作为基本未知量。

②建立的基本方程不同:力法是由变形协调条件建立**位移**方程;位移法是由平衡条件建立的**平衡**方程。

力法的基本未知量的数目等于超静定次数,而位移法的基本未知量与超静定次数无关。如图 6.2 所示的结构,力法计算有 9 个基本未知量;位移法计算只有 1 个基本未知量。

以上结合链杆系的情况对位移法的基本思路做了简短的说明。现在再结合刚架的情况作进一步介绍。在刚架的分析中,通常只考虑弯曲变形,忽略剪切和拉压变形。

下面结合简单实例说明位移法的基本思路。

如图 6.3(a)所示的刚架,在荷载的作用下发生变形,杆件 AB,BC 的端面在结点 B 处有相同的转角 θ,称为结点 B 的角位移。将整个刚架分解为 AB,BC 杆件,则 AB 杆件相当于两端固定的单跨梁,固定端 B 发生一转角 θ(图 6.3(b)),BC 杆相当于一端固定另一端铰支的单跨梁,受荷载作用,同时在 B 端发生角位移 θ(图 6.3(c))。如果能求出角位移 θ,则能计算出杆件的内力,问题的关键是求结点的角位移。

用位移法计算刚架,结点的位移是处于关键地位的未知量,基本思路是拆开再搭,将刚架拆成杆件进行求解;再将杆件合成为刚架,利用平衡条件求出位移。位移法的基本计算将在今后具体分析。

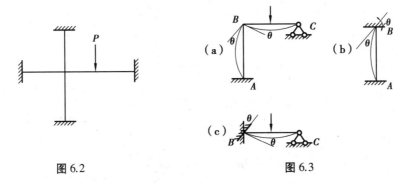

图 6.2   图 6.3

6.2 等截面直杆的转角位移方程

6.2.1 由杆端位移求杆端弯矩

图 6.4(a)为两端固定的等截面杆件,截面抗弯刚度 EI 为常数。杆件上作用有荷载,两端支座有位移,端面 A 和 B 的角位移分别是 θ_A 和 θ_B,两端垂直于杆轴的相对线位移为 Δ,Δ 称为相对侧移,如图 6.4(b)所示。至于 A,B 两端的轴向相对位移只会引起杆端轴力,现在求杆端弯矩 M_{AB},M_{BA}。

位移后杆两端连线与位移前的轴线所夹的锐角,称为弦转角,如图 6.4(b)所示。在位移法中位移的正负号规定为:**结点转角,弦转角和杆端弯矩一律以顺时针为正**。图 6.4(c)中,M_{AB},M_{BA} 都是正号,这一点与以前不同。

可用力法导出杆端弯矩的一般公式为

$$\left.\begin{array}{l} M_{AB} = 4i\theta_A + 2i\theta_B - 6i\dfrac{\Delta}{l} + M_{AB}^F \\[2mm] M_{BA} = 2i\theta_A + 4i\theta_B - 6i\dfrac{\Delta}{l} + M_{BA}^F \end{array}\right\} \tag{6.2}$$

式中,$i = \dfrac{EI}{l}$ 称为杆件的弯曲**线刚度**;$\beta_{AB} = \dfrac{\Delta}{l}$ 称为杆件的**弦转角**;M_{AB}^F 和 M_{BA}^F 为**固端弯矩**。

下面对式(6.2)作简单的推导,取图 6.4(d)示基本结构,将杆端弯矩视为已知载荷,求仅在此杆端弯矩作用下的位移。

分别作荷载弯矩图与单位力作用弯矩图,如图 6.4(e)、(h)、(i)所示。为方便图乘,将图中荷载图(e)分解为图 6.4(f),其和图 6.4(h)图乘;以及图 6.4(g),其和图 6.4(i)图乘。

$$\theta_A = \frac{1}{EI}\left[\left(\frac{1}{2} \times l \times M_{AB}\right) \times \frac{2}{3} - \left(\frac{1}{2} \times l \times M_{BA}\right) \times \frac{1}{3}\right] = \frac{l}{EI}\left(\frac{1}{3}M_{AB} - \frac{1}{6}M_{BA}\right)$$

$$\theta_B = \frac{1}{EI}\left[-\left(\frac{1}{2} \times l \times M_{AB}\right) \times \frac{1}{3} + \left(\frac{1}{2} \times l \times M_{BA}\right) \times \frac{2}{3}\right] = \frac{l}{EI}\left(-\frac{1}{6}M_{AB} + \frac{1}{3}M_{BA}\right)$$

当简支梁两端有相对竖向位移 Δ 时(图 6.4(j)),杆端转角为

$$\theta_A = \theta_B = \frac{\Delta}{l}$$

综合则

$$\left.\begin{array}{l} \theta_A = \dfrac{1}{3i}M_{AB} - \dfrac{1}{6i}M_{BA} + \dfrac{\Delta}{l} \\[3mm] \theta_B = -\dfrac{1}{6i}M_{AB} + \dfrac{1}{3i}M_{BA} + \dfrac{\Delta}{l} \end{array}\right\}$$

解联立方程组得到

$$\left.\begin{array}{l} M_{AB} = 4i\theta_A + 2i\theta_B - 6i\dfrac{\Delta}{l} \\[3mm] M_{BA} = 2i\theta_A + 4i\theta_B - 6i\dfrac{\Delta}{l} \end{array}\right\} \tag{a}$$

杆端弯矩求出后,可根据平衡方程计算出杆端剪力。

以简支梁为出发点,如图 6.4(k)所示。当仅有杆端剪力时,根据对 A 点或 B 点的力矩平衡方程可得

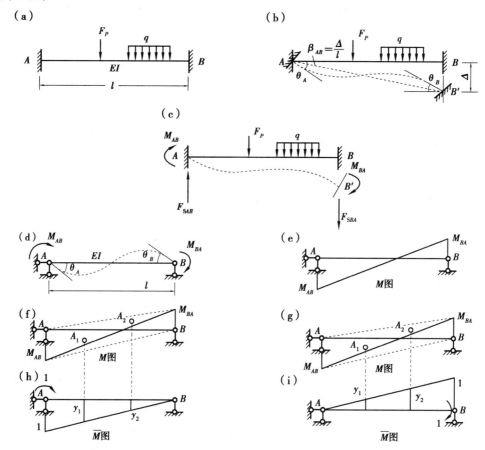

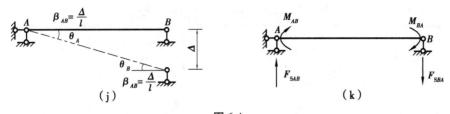

图 6.4

$$F_{SAB} = F_{SBA} = -\frac{1}{l}(M_{AB} + M_{BA}) \tag{b}$$

将式(a)代入式(b)可得

$$F_{SAB} = F_{SBA} = -\frac{1}{l}(M_{AB} + M_{BA}) = -\frac{6i}{l}\theta_A - \frac{6i}{l}\theta_B + \frac{12i}{l^2}\Delta$$

式(a)中,杆端弯矩 3 项分别为每一个位移单独引起弯矩,公式中的系数 $4i,2i,-6i/l$ 分别为 $\theta_A = 1,\theta_B = 1$ 和 $\Delta = 1$ 且单独作用时 A 端的弯矩。同理,杆端剪力表达式中的系数也有相同的含义。在杆的线刚度一定时,它们只与杆端约束形式有关,称为杆的**形常数**。其他约束情况下的形常数也可类似导出,不同约束情况下的形常数见表 6.1。下面将讨论由荷载引起的固端弯矩。

表 6.1　单跨超静定梁形常数

单跨超静定梁简图	M_{AB}	M_{BA}	$F_{SAB} = F_{SBA}$
A $\theta=1$ B	$4i$	$2i$	$-\dfrac{6i}{l}$
A B 1	$-\dfrac{6i}{l}$	$-\dfrac{6i}{l}$	$\dfrac{12i}{l^2}$
A $\theta=1$ B	$3i$	0	$-\dfrac{3i}{l}$
A B 1	$-\dfrac{3i}{l}$	0	$\dfrac{3i}{l^2}$
A $\theta=1$ B 1	i	$-i$	0

6.2.2　由荷载求固端弯矩

常见的 3 种梁:两端固定;一端固定、另一端简支;一端固定另一端滑动支承,可用力法求解出荷载作用下或温度变化时两固定端的约束力。超静定结构由非支座位移引起的弯矩和剪力又称**固端弯矩和剪力**,或称为载常数用 $M_{AB}^F, M_{BA}^F, F_{SAB}^F, F_{SBA}^F$ 表示,推导过程从略。因为它们是只与荷载形式有关的常数,故称载常数,要特别注意其正负号。表 6.2 给出常见荷载作用下的固端弯矩和剪力。

表 6.2 等截面直杆的固端弯矩和剪力

	编号	简 图	固端弯矩(顺时针为正)	固端剪力
两端固定	1		$M_{AB}^{F} = -\dfrac{ql^2}{12}$ $M_{BA}^{F} = \dfrac{ql^2}{12}$	$F_{SAB}^{F} = \dfrac{ql}{2}$ $F_{SBA}^{F} = -\dfrac{ql}{2}$
	2		$M_{AB}^{F} = -\dfrac{ql^2}{30}$ $M_{BA}^{F} = \dfrac{ql^2}{20}$	$F_{SAB}^{F} = \dfrac{3ql}{20}$ $F_{SBA}^{F} = -\dfrac{7ql}{20}$
	3		$M_{AB}^{F} = -\dfrac{F_P ab^2}{l^2}$ $M_{BA}^{F} = +\dfrac{F_P a^2 b}{l^2}$	$F_{SAB}^{F} = \dfrac{F_P b^2}{l^2}\left(1+\dfrac{2a}{l}\right)$ $F_{SBA}^{F} = -\dfrac{F_P a^2}{l^2}\left(1+\dfrac{2b}{l}\right)$
	4		$M_{AB}^{F} = -\dfrac{F_P l}{8}$ $M_{BA}^{F} = \dfrac{F_P l}{8}$	$F_{SAB}^{F} = \dfrac{F_P}{2}$ $F_{SBA}^{F} = -\dfrac{F_P}{2}$
	5		$M_{AB}^{F} = \dfrac{EI\alpha\Delta t}{h}$ $M_{BA}^{F} = -\dfrac{EI\alpha\Delta t}{h}$	$F_{SAB}^{F} = 0$ $F_{SBA}^{F} = 0$
一端固定另一端铰支	6		$M_{AB}^{F} = -\dfrac{ql^2}{8}$	$F_{SAB}^{F} = \dfrac{5}{8}ql$ $F_{SBA}^{F} = -\dfrac{3}{8}ql$
	7		$M_{AB}^{F} = -\dfrac{ql^2}{15}$	$F_{SAB}^{F} = \dfrac{2}{5}ql$ $F_{SBA}^{F} = -\dfrac{1}{10}ql$
	8		$M_{AB}^{F} = -\dfrac{7ql^2}{120}$	$F_{SAB}^{F} = \dfrac{9}{40}ql$ $F_{SBA}^{F} = -\dfrac{11}{40}ql$
	9		$M_{AB}^{F} = -\dfrac{F_P b(l^2-b^2)}{2l^2}$	$F_{SAB}^{F} = \dfrac{F_P b(3l^2-b^2)}{2l^3}$ $F_{SBA}^{F} = -\dfrac{F_P a^2(3l-a)}{2l^3}$

续表

	编号	简 图	固端弯矩(顺时针为正)	固端剪力
一端固定另一端铰支	10	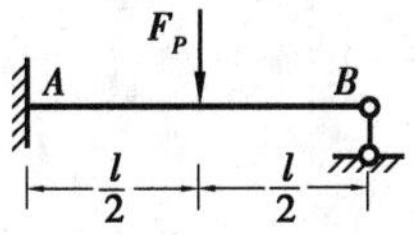	$M_{AB}^{F} = -\dfrac{3F_P l}{16}$	$F_{SAB}^{F} = \dfrac{11}{16}F_P$ $F_{SBA}^{F} = -\dfrac{5}{16}F_P$
	11	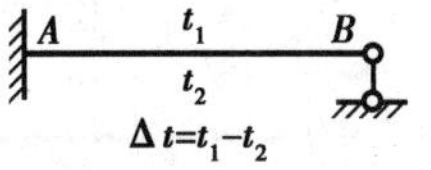	$M_{AB}^{F} = \dfrac{3EI\alpha\Delta t}{2h}$	$F_{SAB}^{F} = F_{SBA}^{F}$ $= -\dfrac{3EI\alpha\Delta t}{2hl}$
一端固定另一端滑动支承	12	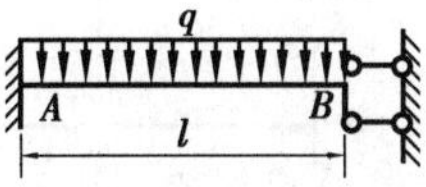	$M_{AB}^{F} = -\dfrac{ql^2}{3}$ $M_{BA}^{F} = -\dfrac{ql^2}{6}$	$F_{SAB}^{F} = ql$ $F_{SBA}^{F} = 0$
	13	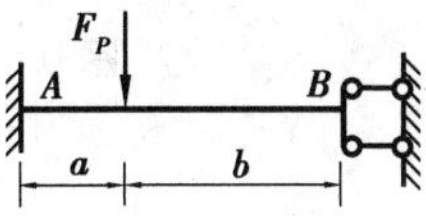	$M_{AB}^{F} = -\dfrac{F_P a}{2l}(2l-a)$ $M_{BA}^{F} = -\dfrac{F_P a^2}{2l}$	$F_{SAB}^{F} = F_P$ $F_{SBA}^{F} = 0$
	14	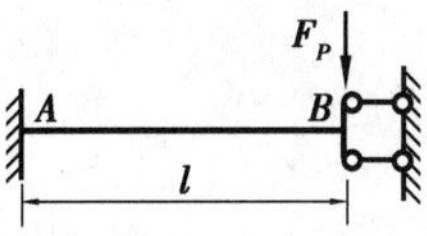	$M_{AB}^{F} = M_{BA}^{F} = -\dfrac{F_P l}{2}$	$F_{SAB}^{F} = F_P$ $F_{SA}^{L} = F_P$ $F_{SB}^{R} = 0$
	15	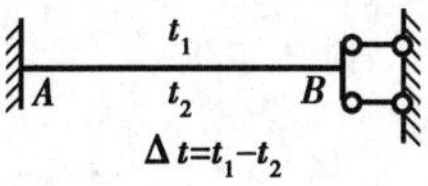	$M_{AB}^{F} = \dfrac{EI\alpha\Delta t}{h}$ $M_{BA}^{F} = -\dfrac{EI\alpha\Delta t}{h}$	$F_{SAB}^{F} = 0$ $F_{SBA}^{F} = 0$

6.2.3 转角位移方程

最后利用叠加原理得到杆端弯矩的一般式(6.2)和杆端剪力为

$$F_{SAB} = -6i\frac{\theta_A}{l} - 6i\frac{\theta_B}{l} + 12i\frac{\Delta}{l^2} + F_{SAB}^{F}$$

$$F_{SBA} = -6i\frac{\theta_A}{l} - 6i\frac{\theta_B}{l} + 12i\frac{\Delta}{l^2} + F_{SBA}^{F} \tag{6.3}$$

式(6.2)和式(6.3)也称等两端固定的,等截面直杆的转角-位移方程。同理,可推导出一端固定、一端铰支及一端固定,一端滑动支承的单跨超静定梁的转角-位移方程。

1)一端固定另一端铰支的等截面直杆

如图6.5(a)所示为一端固定另一端铰支的等截面直杆。设该杆 A 端发生顺时针转角 θ_A,并且 AB 两端发生横向相对线位移 Δ。

(1)用力法导出杆端位移引起的杆端弯矩

①选取基本结构,如图6.5(b)所示。

②力法方程,即

$$\delta_{11}X_1 + \Delta_{1C} = -\Delta$$

其中,Δ_{1C} 为静定结构由支座 A 转动引起的位移,如图 6.5(d)所示。

③求系数和自由项,绘单位力作用下的弯矩图(见图 6.5(c)),即

$$\delta_{11} = \frac{1}{EI}\left[\frac{1}{2} \times l \times l \times \frac{2}{3}l\right] = \frac{l^3}{3EI}$$

$$\Delta_{1C} = -l\theta_A$$

④解方程求未知量,即

$$X_1 = \frac{3EI}{l^3}(l\theta_A - \Delta)$$

⑤求杆端弯矩,即

$$M_{AB} = X_1 \cdot l = \frac{3EI}{l^2}(l\theta_A - \Delta) = 3i\theta_A - 3i\frac{\Delta}{l}$$

(2)用力法求出由荷载引起的固端弯矩 M_{AB}^F

根据叠加原理可得杆端弯矩的一般公式为

$$M_{AB} = 3i\theta_A - 3i\frac{\Delta}{l} + M_{AB}^F$$

相应的杆端剪力为

$$F_{SAB} = -3i\frac{\theta_A}{l} + 3i\frac{\Delta}{l^2} + F_{SAB}^F$$

$$F_{SBA} = -3i\frac{\theta_A}{l} + 3i\frac{\Delta}{l^2} + F_{SBA}^F$$

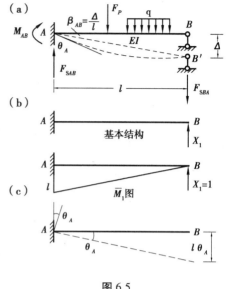

图 6.5

2)一端固定另一端滑动支承的等截面直杆

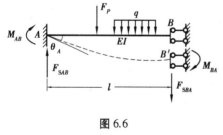

图 6.6

如图 6.6 所示为一端固定另一端滑动支承的等截面直杆。

设该杆 A 端发生顺时针转角 θ_A。同样用力法可导出杆端弯矩的一般公式为

$$\left.\begin{array}{l} M_{AB} = i\theta_A + M_{AB}^F \\ M_{BA} = -i\theta_A + M_{BA}^F \end{array}\right\}$$

6.3 转角位移方程的应用

6.3.1 无侧移刚架的计算

无侧移刚架是刚架的各结点(不包括支座)只有角位移而没有线位移。下面通过连续梁

的计算来介绍位移法的实际过程及无侧移刚架的计算。

如图6.7(a)所示为一连续梁,试分析内力。

①基本未知量只有结点 B 的角位移 θ_B。

②查表列出各杆的固端弯矩为

$$M_{AB}^F = -\frac{F_P l}{8} = -15(\text{kN})$$

$$M_{BA}^F = \frac{F_P l}{8} = 15(\text{kN})$$

$$M_{BC}^F = -\frac{q l^2}{8} = -9(\text{kN})$$

③各杆的杆端弯矩为

$$M_{AB} = 2i\theta_B - 15$$
$$M_{BA} = 4i\theta_B + 15$$
$$M_{BC} = 3i\theta_B - 9$$

④建立位移法基本方程,结点 B 为隔离体(图 6.7(b)),列平衡方程,并求解

$$\sum M_B = 0, M_{BA} + M_{BC} = 0$$

即

$$7i\theta_B + 6 = 0$$

$$\theta_B = -\frac{6}{7i}$$

⑤计算各杆杆端弯矩,即

$$M_{AB} = -16.72(\text{kN} \cdot \text{m})$$
$$M_{BA} = 11.57(\text{kN} \cdot \text{m})$$
$$M_{BC} = -11.57(\text{kN} \cdot \text{m})$$

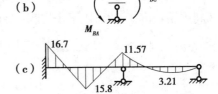

图 6.7

最后画出弯矩图,如图6.7(c)所示。画图时,注意弯矩画在受拉一侧。

一般情况,每一个刚结点有一个结点转角基本未知量;与此相应,在每一个刚结点处又可写一个基本方程,即力矩平衡方程。

利用位移法计算如图6.8(a)所示刚架的内力。

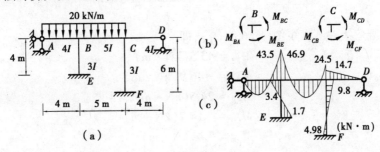

图 6.8

①基本未知量。

共有两个刚结点,因而有两个基本未知量:θ_B 和 θ_C。

②用转角位移方程表达杆端弯矩。

固端弯矩为

$$M_{BA}^{F} = \frac{ql^2}{8} = 40(kN \cdot m)$$

$$M_{BC}^{F} = -\frac{ql^2}{12} = -41.7(kN \cdot m)$$

$$M_{CB}^{F} = 41.7(kN \cdot m)$$

各杆线刚度的计算,即

$$i_{BA} = \frac{4EI}{4} = i, i_{BC} = \frac{5EI}{5} = i, i_{CD} = \frac{4EI}{4} = i$$

$$i_{BE} = \frac{3EI}{4} = \frac{3}{4}i, i_{CF} = \frac{3EI}{6} = \frac{1}{2}i$$

列各杆的杆端弯矩为

$$M_{BA} = 3i_{BA}\theta_B + M_{BA}^{F} = 3i\theta_B + 40$$
$$M_{BC} = 4i_{BC}\theta_B + 2i_{BC}\theta_C + M_{BC}^{F} = 4i\theta_B + 2i\theta_C - 41.7$$
$$M_{CB} = 2i_{BC}\theta_B + 4i_{BC}\theta_C + M_{CB}^{F} = 2i\theta_B + 4i\theta_C + 41.7$$
$$M_{CD} = 3i_{CD}\theta_C = 3i\theta_C$$
$$M_{BE} = 4i_{BE}\theta_B = 3i\theta_B, M_{EB} = 1.5i\theta_B$$
$$M_{CF} = 4i_{CF}\theta_C = 2i\theta_C, M_{FC} = i\theta_C$$

③利用结点 B,C 的力矩平衡方程(图6.8(b)),则

$$\sum M_B = 0, M_{BA} + M_{BC} + M_{BE} = 0$$

即

$$10i\theta_B + 2i\theta_C - 1.7 = 0$$

$$\sum M_C = 0, M_{CB} + M_{CD} + M_{CF} = 0$$

即

$$2i\theta_B + 9i\theta_C + 41.7 = 0$$

④求基本未知量为

$$\theta_B = \frac{1.15}{i}$$

$$\theta_C = -\frac{4.89}{i}$$

⑤计算杆端弯矩并画弯矩图(图6.8(c)),即

$$M_{BA} = 43.5(kN \cdot m)$$
$$M_{BC} = -46.9(kN \cdot m)$$
$$M_{CB} = 24.5(kN \cdot m)$$
$$M_{CD} = -14.7(kN \cdot m)$$
$$M_{BE} = 3.4(kN \cdot m)$$
$$M_{EB} = 1.7(kN \cdot m)$$
$$M_{CF} = -9.78(kN \cdot m)$$
$$M_{FC} = -4.89(kN \cdot m)$$

6.3.2 有侧移刚架的计算

有侧移刚架基本未知量除刚结点的转角外,还有结点的线位移。正确地确定位移法基本未知量——刚结点的角位移、独立的结点线位移,是位移法求解至关重要的第一步。

各刚结点的转角位移都是独立的,结点线位移之间可能并不完全独立,如何判断出独立结点线位移的数目呢?为了减少基本未知量的个数,使计算得到简化,常作以下假设:

①忽略由轴力引起的轴向变形。

②结点位移都很小。

③直杆变形后,曲线两端的连线长度等于原直线长度。

如图 6.9(a)、(b)所示的两个刚架,在荷载作用下发生变形(角位移没有标出),结点处都有水平位移——结点线位移。

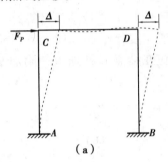 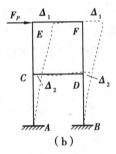

（a） （b）

图 6.9

根据假设,图 6.9(a)中结点 C 和 D 的水平位移相等,因此,只有一个结点线位移。同理,图 6.9(b)中结点 E 和 F 的水平位移相等,结点 C 和 D 的水平位移相等,有两个结点线位移。

一个刚结点有一个角位移;一层刚架有一个独立结点线位移——独立结点线位移的数目等于刚架的层数。

图 6.9(a)的结构共有 3 个基本未知量:2 个角位移、1 个独立结点线位移;图 6.9(b)共有 6 个基本未知量:4 个角位移、2 个独立结点线位移。

独立结点线位移还可采用铰化体系法进行判断,即将所有的刚结点(包括固定支座)都改为铰结点,则体系的自由度数就是原结构的独立结点线位移的个数。

注意:

①"铰化体系法"不适用于具有支杆平行于杆轴的可动铰支座或滑动支座的刚架,也不适用于含有自由端杆件的情况。

②$W>0$ 时,W 的数目即为独立的结点线位移数目;$W=0$ 时,若体系几何不变,则无结点线位移,若体系几何可变(瞬变),可通过增加链杆数使其几何不变,所需增加的链杆数就是原结构独立的结点线位移数目。

除此之外,还可采用附加链杆法,在结点处增加附加支座链杆以阻止全部可能发生的线位移,所需的最少链杆数即为独立的结点线位移数目。

如图 6.10(a)所示的结构,在结点 F 加一个附加支杆。这时,结点 F 不能移动。F,B 两点不移动,结点 E 也就不移动了。E,A 两点不移动,结点 D 也就不移动了。可见,不管横梁是水平的,还是倾斜的只要加一个支杆,一排结点 F、E、D 就都不移动了。

图6.11(a)化为铰接体系(未画出)不难看出,需加入两根附加支杆才能使其形成几何不变体系,可见其有两个独立结点线位移。也可通过直接加支座链杆约束,如图6.11(a)所示的结构,在 B,D 处各加一个支座连杆,结点 B,D,C 就都不能移动了,可见其独立结点线位移数目为两个。

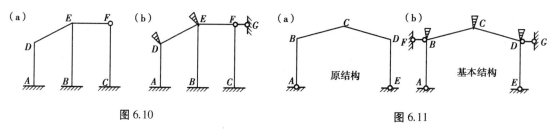

图6.10   图6.11

图6.12(a)的结构为一阶形梁,因两段刚度不同,若用位移法计算,应将变截面处取为一个结点。铰接体系如图6.12(b)所示,容易看出要使结点 C 能上下移动,需加入一附加支杆(图6.12(c))。当然,要阻止结点转动,还应在结点 C 处加入一附加刚臂,图6.12(d)所示。

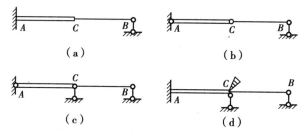

图6.12

一般来说,在位移法的基本未知量中,每一个转角有一个相应的结点力矩平衡方程,每一个独立结点线位移有一个相应的力平衡方程,平衡方程的个数与基本未知量的个数相等,正好全部求解基本未知量。

需要说明的是,如果结构中有内力静定杆,如图6.13中的 DC 杆,则不需加附加约束使其成为单跨超静定梁,其内力可完全由静力平衡方程确定。如果有带链式杆的结构,则要区分是否考虑链式杆的轴向变形。如图6.14(a)所示的结构,当不计链式杆的轴向变形时,结点无线位移;如果考虑轴向变形,则有一个线位移,如图6.14(b)所示。对于受弯曲杆,则其两端距离不能看成不变,因此,对于如图6.15所示的结构,其独立结点线位移的数目是2,而不是0。

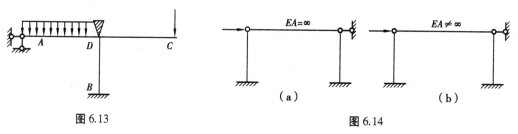

图6.13   图6.14

图 6.15   图 6.16

【例 6.1】 计算如图 6.16 所示结构 C 点的竖向位移。

【解】 (1)确定基本未知量为 C 点的角位移 φ_C 和竖向线位移 Δ_C。

(2)求各杆杆端弯矩表达式,即

$$M_{CA} = 8i\varphi_C - \frac{12i}{l}\Delta_C + \frac{1}{12}ql^2$$

$$F_{SCA} = -\frac{12i}{l}\varphi_C + \frac{24i}{l^2}\Delta_C - \frac{1}{2}ql$$

$$M_{AC} = 4\varphi_C - \frac{12i}{l}\Delta_C - \frac{1}{12}ql^2$$

$$M_{CB} = 4i\varphi_C + \frac{6i}{l}\Delta_C - \frac{1}{12}ql^2$$

$$F_{SCB} = -\frac{6i}{l}\varphi_C - \frac{12i}{l^2}\Delta_C + \frac{1}{2}ql$$

$$M_{BC} = 2\varphi_C - \frac{6i}{l}\Delta_C + \frac{1}{12}ql^2$$

(3)建立位移法方程为

$$\sum M_C = 0, M_{CA} + M_{CB} = 0$$

$$12i\varphi_C - \frac{6i}{l}\Delta_C = 0$$

$$\sum F_y = 0, F_{SCA} - F_{SCB} = 0$$

$$-\frac{6i}{l}\varphi_C + \frac{36i}{l^2}\Delta_C - ql = 0$$

(4)解方程求 φ_C 和 Δ_C 为

$$\varphi_C = \frac{ql^3}{66EI}, \Delta_C = \frac{ql^4}{33EI}$$

【例 6.2】 用直接平衡法求如图 6.17(a)所示刚架的弯矩图。

【解】 (1)图示刚架有刚结点 C 的转角和结点 C,D 的水平线位移两个基本未知量,为与下节典型方程中未知量表示一致,设这两个位移分别为 Z_1 和 Z_2。设 Z_1 顺时针方向转动,Z_2 向右移动。

(2)求各杆杆端弯矩的表达式为

$$M_{CA} = 4Z_1 - Z_2 + 3$$

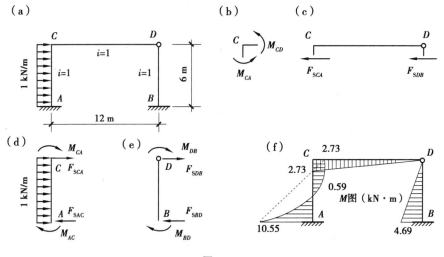

图 6.17

$$M_{AC} = 2Z_1 - Z_2 - 3$$

$$M_{CD} = 3Z_1$$

$$M_{BD} = -0.5Z_2$$

（3）建立位移法方程。

有侧移刚架的位移法方程，有下述两种：

a. 与结点转角 Z_1 对应的基本方程为结点 C 的力矩平衡方程，即

$$\sum M_C = 0, M_{CA} + M_{CD} = 0$$

$$7Z_1 - Z_2 + 3 = 0$$

b. 与结点线位移 Z_2 对应的基本方程为横梁 CD 的截面平衡方程，即

$$\sum F_x = 0, F_{SCA} + F_{SDB} = 0$$

取立柱 CA 为隔离体（图 6.17（d）），则 $\sum M_A = 0$，

$$F_{SCA} = -\frac{6Z_1 - 2Z_2}{6} - \frac{1}{2}ql^2 = -Z_1 + \frac{1}{3}Z_2 - 3$$

同样，取立柱 DB 为隔离体（图 6.17（e）），则 $\sum M_B = 0, F_{SDB} = -\frac{-0.5Z_2}{6} = \frac{1}{12}Z_2$

代入截面平衡方程得

$$-Z_1 + \frac{5}{12}Z_2 - 3 = 0$$

（4）联立方程求未知量为

$$Z_1 = 0.91, Z_2 = 9.37$$

（5）求杆端弯矩绘制弯矩图。

将 Z_1, Z_2 的值回代杆端弯矩表达式，求杆端弯矩，作弯矩图。

6.4　位移法的基本体系与典型方程

6.4.1　位移法典型方程的建立

前面讨论了基于转角位移方程的位移法基本运算,下面从基本体系的角度说明其物理意义。

在有侧移的刚架一节中讨论了如图 6.18(a)所示的刚架,下面以此为例介绍位移法的基本体系,目的是可以进行相互对照。

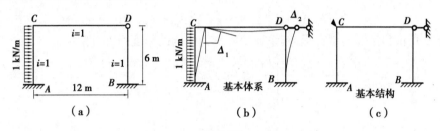

图 6.18

为了统一,将未知量都用 Δ 表示,以便于与力法中的基本未知量 X 相对照。

结构在荷载作用下变形,有结点 C 的转角 Δ_1 和结点 D 的水平线位移 Δ_2 两个基本未知量(图 6.18(b)),在刚结点 C 增加刚臂约束控制结点 C 的转角,在结点 D 加水平支杆控制结点 D 的水平位移。与此同时,结点 C 不能转动,结点 D 不能移动,这个超静定结构称为位移法的基本结构(图 6.18(c))。

现在利用基本体系来建立基本方程。

①控制附加约束,使结点位移 Δ_1 和 Δ_2 全部为零,结构处于锁住状态。每一杆均为没有支座位移的单跨超静定梁,施加荷载,可由载常数表求出结构的内力,同时在附加约束中产生反力 F_{1P} 和 F_{2P}。这些约束力在原结构中是没有的。

②再控制附加约束,使控制点发生位移。如果位移与原结构相同,则附加约束反力完全消失,附加约束不起作用,基本体系与原结构完全相同。

由此得出基本体系转化为原结构的条件:基本结构在给定荷载以及结点位移 Δ_1 和 Δ_2 共同作用下,附加约束反力应等于零,即

$$F_1 = 0, F_2 = 0$$

设荷载单独作用下,附加约束相应的反力 F_{1P} 和 F_{2P}(图 6.19(a));单位位移 $\Delta_1=1$ 单独作用,相应的约束力 k_{11} 和 k_{21}(图 6.19(b));单位位移 $\Delta_2=1$ 单独作用相应的约束力 k_{12} 和 k_{22}(图 6.19(c))。

叠加以上结果,即可得到位移法的基本方程

$$F_1 = k_{11}\Delta_1 + k_{12}\Delta_2 + F_{1P} = 0$$
$$F_2 = k_{21}\Delta_1 + k_{22}\Delta_2 + F_{2P} = 0$$

其物理意义是基本体系应处于放松状态,附加约束力应全部为零。

当有 n 个约束时,方程的一般情形为

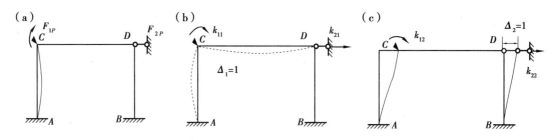

图 6.19

$$k_{11}\Delta_1 + k_{12}\Delta_2 + \cdots + k_{1n}\Delta_n + F_{1P} = 0$$
$$k_{21}\Delta_1 + k_{22}\Delta_2 + \cdots + k_{2n}\Delta_n + F_{2P} = 0$$
$$\vdots$$
$$k_{n1}\Delta_1 + k_{n2}\Delta_2 + \cdots + k_{nn}\Delta_n + F_{nP} = 0$$

以上就是位移法的典型方程,其系数矩阵称为结构的刚度矩阵,即

$$\begin{bmatrix} k_{11} & k_{12} & \cdots & k_{1n} \\ k_{21} & k_{22} & \cdots & k_{2n} \\ \vdots & \vdots & & \vdots \\ k_{n1} & k_{n2} & \cdots & k_{nn} \end{bmatrix}$$

通过反力互等定律得出

$$k_{ij} = k_{ji}$$

可知,结构的刚度矩阵为对称矩阵。

通过以上分析,可总结出位移求解的一般步骤如下:

①基本结构在荷载作用下的计算。

利用载常数表和叠加法,作基本结构在荷载作用下的弯矩图(图 6.20(a)),利用结点 C 和横梁的平衡条件(图 6.20(b)、(c)),求出

$$F_{1P} = 3(\text{kN} \cdot \text{m}), F_{2P} = -3(\text{kN})$$

图 6.20

②基本结构在单位转角 $\Delta_1 = 1$ 作用下的计算。

当基本结构在结点 C 发生转角 $\Delta_1 = 1$ 时,利用形常数表作弯矩图 $\overline{M}_1$(图 6.21(a)),利用结点 C 和横梁的平衡条件(图 6.21(b)、(c)),求出

$$k_{11} = 7i, k_{21} = -i$$

③基本结构在单位水平位移 $\Delta_2 = 1$ 作用下的计算。

当基本结构在结点 C, D 发生线位移 $\Delta_2 = 1$ 时,作弯矩图 $\overline{M}_2$(图 6.22(a)),利用结点 C 和横梁的平衡条件(图 6.22(b)、(c)),求出

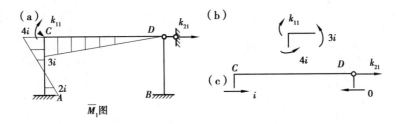

图 6.21

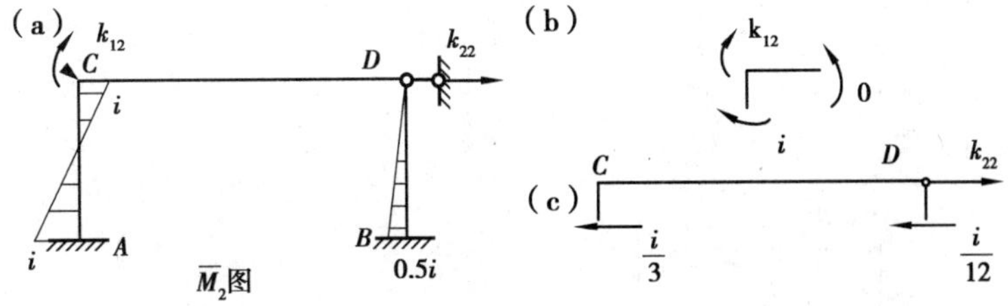

图 6.22

$$k_{12} = -i \ , k_{22} = 5i/12$$

④列位移法基本方程,并求解出结点位移为

$$\begin{cases} 7i\Delta_1 - i\Delta_2 + 3 = 0 \\ -i\Delta_1 + \dfrac{5}{12}i\Delta_2 - 3 = 0 \end{cases}$$

$$\Delta_1 = 0.91 \frac{1}{i}, \Delta_2 = 9.37 \frac{1}{i}$$

利用叠加原理

$$M = M_1 \Delta_1 + M_2 \Delta_2 + M_P$$

作出弯矩图,此处略。

将基本位移未知量分别用 $Z_1, Z_2, \cdots, Z_n$ 表示,单位位移 $\overline{Z}_j = 1$ 引起的第 i 个约束的约束力以 $r_{ij}(i,j=1,\cdots,n)$ 表示,荷载引起的第 i 个约束的约束反力为 R_{iP},原结构没有附加约束,所有附加约束的约束力应为零,则位移法的典型方程可写为规范形式,即

$$r_{11}Z_1 + r_{12}Z_2 + \cdots + r_{1n}Z_n + R_{1P} = 0$$
$$r_{21}Z_1 + r_{22}Z_2 + \cdots + r_{2n}Z_n + R_{2P} = 0$$
$$\vdots$$
$$r_{n1}Z_1 + r_{n2}Z_2 + \cdots + r_{nn}Z_n + R_{nP} = 0$$

下面将以规范的方式,写出位移法求解的典型方程,分析如图 6.23(a)所示的结构。

①确定基本未知量为 B 结点角位移 Z_1,在 B 点增加附加刚臂,限制结点转动,建立基本结构,如图 6.23(b)所示。

②增加附加刚臂后,B 点角位移为零,基本结构可看成两个单跨超静定梁的组合体,如图 6.23(c)所示。最终可由载常数表,先求出基本结构单独在荷载作用下的杆端内力,利用结点 B 的力矩平衡(图 6.24(a)、(b)),两杆在 B 端弯矩之和,即为附加刚臂上的约束反力偶 R_{1P}。

③放松附加刚臂,使 B 结点产生角位移 Z_1,如图 6.23(d)所示。由形常数表求出基本结构单独在 $\overline{Z}_1 = 1$ 作用下的杆端弯矩,作出弯矩图,两杆在 B 端弯矩之和反号,即为附加刚臂上

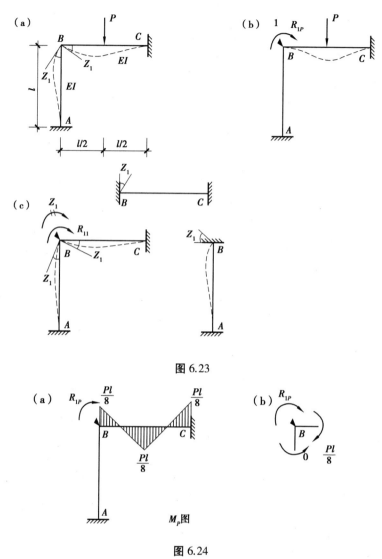

图 6.23

图 6.24

的约束反力偶 r_{11}，如图 6.25(a)、(b)所示。

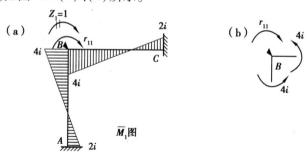

图 6.25

④叠加以上两步，使结点平衡，即得位移法方程为

$$r_{11}Z_1 + R_{1P} = 0$$

⑤解方程求出基本未知量，并求出各杆内力，绘制内力图，此处略。

6.4.2　位移法计算连续梁和无侧移刚架

连续梁和无侧移刚架的特点是荷载作用下,只有结点的转角位移,一般无结点线位移。因此,只利用附加刚臂的力矩为零就可以建立平衡方程。

【例6.3】　计算如图6.26(a)所示的刚架,并绘内力图。

【解】　(1)确定基本结构,如图6.26(b)所示。

(2)分别作基本结构在荷载作用下的弯矩图(图6.26(c)),单位位移下的弯矩图,如图6.26(d)、(e)所示。

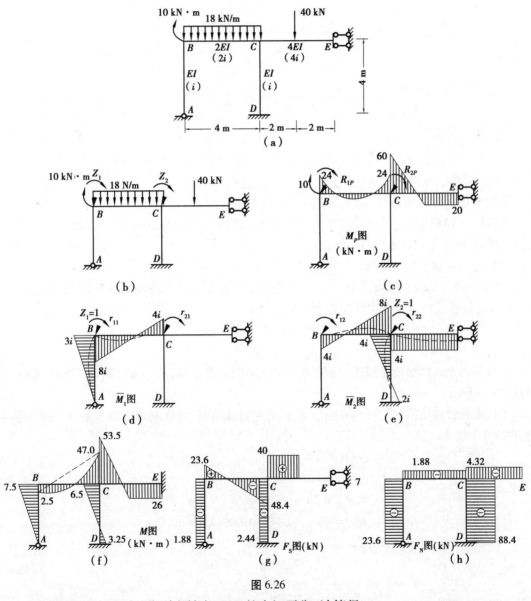

图6.26

(3)在图6.26(c)中,分别由结点 B,D 的力矩平衡,计算得

$$R_{1P} = -24 - 10 = -34(\text{kN} \cdot \text{m})$$

$$R_{2P} = + 24 - 60 = - 36(\text{kN} \cdot \text{m})$$

在图 6.26(d)、(e)中,分别由结点 B,D 的力矩平衡,计算得

$$r_{11} = 3i + 8i = 11i, r_{21} = 4i$$

$$r_{22} = 8i + 4i + 4i = 16i, r_{12} = 4i$$

(4)叠加,利用原结构附加刚臂上力矩为零,建立位移法的典型方程为

$$r_{11}Z_1 + r_{12}Z_2 + R_{1P} = 0$$

$$r_{21}Z_1 + r_{22}Z_2 + R_{2P} = 0$$

(5)解方程组,求未知量,即

$$11iZ_1 + 4iZ_2 - 34 = 0$$

$$4iZ_1 + 16iZ_2 - 36 = 0$$

$$Z_1 = \frac{5}{2i}(\text{kN} \cdot \text{m})$$

$$Z_2 = \frac{13}{8i}(\text{kN} \cdot \text{m})$$

(6)作内力图。

利用 $M = \overline{M}_1 Z_1 + \overline{M}_2 Z_2 + \overline{M}_P$ 计算出各杆端弯矩,绘弯矩图(图 6.26(f)),利用各杆平衡求出杆端剪力和轴力,绘剪力和轴力图,如图 6.26(g)、(h)所示。

【例 6.4】 求如图 6.27(a)所示连续梁的弯矩图。

【解】 (1)确定基本未知量,建立基本结构。结构有两个刚结点 B 和 C,无结点线位移。其位移法基本结构如图 6.27(b)所示。

(2)建立位移法典型方程。

基本结构受荷载及结点转角 Z_1, Z_2 共同作用,根据基本结构附加刚臂上的反力矩等于零这一条件,按叠加法可建立位移法典型方程为

$$r_{11}Z_1 + r_{12}Z_2 + R_{1P} = 0$$

$$r_{21}Z_1 + r_{22}Z_2 + R_{2P} = 0$$

(3)分别作基本结构在单位位移作用下的弯矩图(图 6.27(c)、(d))荷载下的弯矩图,如图6.27(e)所示。

(4)求系数和自由项。分别在结点 B,C 处左右端截断两杆,利用力矩平衡计算附加刚臂上的约束力偶为

$$r_{11} = 4i + 6i = 10i, r_{12} = r_{21} = 3i$$

$$r_{22} = 6i + 3i = 9i$$

$$R_{1P} = 20 - 80 = - 60(\text{kN} \cdot \text{m})$$

$$R_{2P} = 80 - 60.94 = 19.06(\text{kN} \cdot \text{m})$$

(5)代入方程求未知量,即

$$Z_1 = \frac{7.37}{i}, Z_2 = - \frac{4.57}{i}$$

(6)绘制弯矩图。

利用 $M = \overline{M}_1 Z_1 + \overline{M}_2 Z_2 + M_P$,计算各杆端弯矩,绘弯矩图,如图 6.27(f)所示。

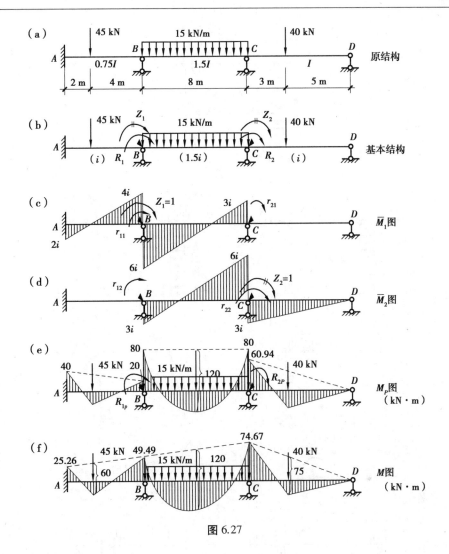

图 6.27

6.4.3 位移法计算有侧移刚架

位移法计算有侧移刚架思路和步骤和计算无侧移刚架类似,只是由于侧移,结点产生线位移。因此,基本结构中必须附加链杆,约束结点线位移,故平衡方程中除了附加刚臂上的力矩为零,还应截取包含附加链杆在内的梁段,利用附加链杆约束力为零建立平衡方程。

【例 6.5】 计算如图 6.28(a)所示的刚架,并绘弯矩图。

【解】 (1)基本未知量为结点 D 的转角和水平线位移。确定基本结构,如图 6.28(b)所示。

(2)分别作基本结构在荷载作用下的弯矩图(图 6.28(c)),单位位移下的弯矩图,如图 6.28(d)、(e)所示。

(3)在图 6.28(c)、(d)、(e)中,分别由结点 D 的力矩平衡(图 6.28(f)、(g)、(h)计算得

$$R_{1P} = -30 \text{ kN} \cdot \text{m}, r_{11} = 3i + 4i = 7i, r_{12} = \frac{-3i}{2}$$

在图 6.28(c)、(e)中,利用表 6.1、表 6.2,并由横梁水平力平衡(图 6.28(i)、(j))计算得

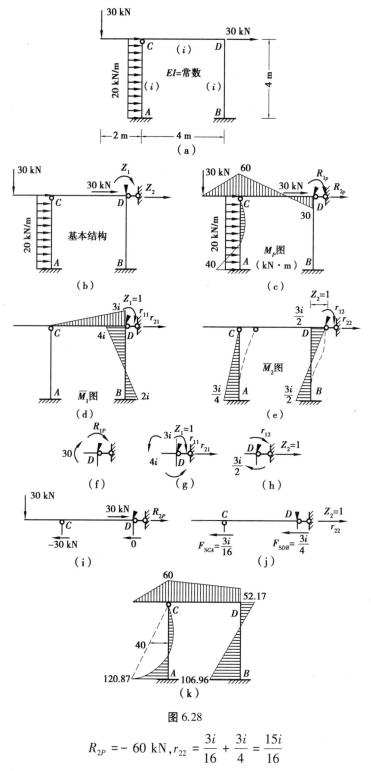

图 6.28

$$R_{2P} = -60 \text{ kN}, r_{22} = \frac{3i}{16} + \frac{3i}{4} = \frac{15i}{16}$$

（4）叠加,利用原结构附加刚臂上力矩为零和附加链杆中的力为零,建立位移法的典型方程为

$$r_{11}Z_1 + r_{12}Z_2 + R_{1P} = 0$$

$$r_{21}Z_1 + r_{22}Z_2 + R_{2P} = 0$$

（5）解方程组，求未知量，即

$$7iZ_1 - \frac{3i}{2}Z_2 - 30 = 0$$

$$-\frac{3i}{2}Z_1 + \frac{15i}{16}Z_2 - 60 = 0$$

解得

$$Z_1 = \frac{630}{23i}$$

$$Z_2 = \frac{2\,480}{23i}$$

（6）作内力图。

利用 $M = \overline{M}_1 Z_1 + \overline{M}_2 Z_2 + \overline{M}_P$ 计算出各杆端弯矩，绘弯矩图，如图 6.28（k）所示。

【例 6.6】　用位移法计算如图 6.29（a）所示的刚架，并绘 M 图。

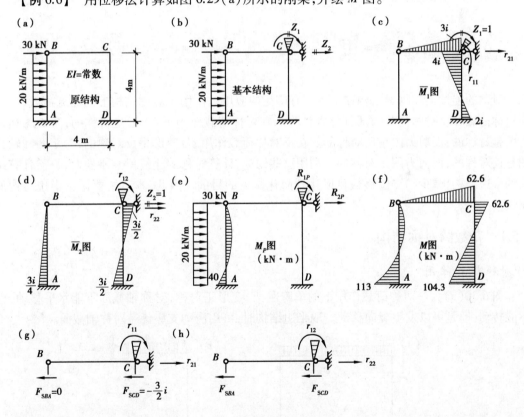

图 6.29

【解】　（1）在较为熟练后，求解步骤简化。此刚架具有一个独立转角 Z_1 和一个独立线位移 Z_2。在结点 C 加入一个附加刚臂和附加支杆，便得到图 6.29（b）所示的基本结构。

（2）建立位移法方程为

$$r_{11}Z_1 + r_{12}Z_2 + R_{1P} = 0$$

$$r_{21}Z_1 + r_{22}Z_2 + R_{2P} = 0$$

（3）分别绘基本结构在单位位移和荷载作用下的弯矩图,如图6.29（c）、（d）、（e）所示。

（4）利用刚结点 C 的力矩平衡和 BC 杆水平力平衡（图6.29（c）、（g）、（h）、（e））,并利用表6.1、表6.2,求各系数和自由项,即

$$r_{11} = 4i + 3i = 7i$$

$$r_{12} = r_{21} = -1.5i$$

$$r_{22} = \frac{12i}{4^2} + \frac{3i}{4^2} = \frac{15i}{16}$$

$$R_{1P} = 0$$

$$R_{2P} = -\frac{3}{8}ql - 30 = -60(\text{kN})$$

（5）求未知量为

$$Z_1 = \frac{20.87}{i}, Z_2 = \frac{97.39}{i}$$

（6）绘制弯矩图,如图6.29（f）所示。

6.5 对称性的利用

对称的连续梁和刚架结构在工程中有广泛的应用。作用于对称结构上的任意荷载,可分为对称荷载和反对称荷载两部分分别计算。在对称荷载作用下:变形是对称的;弯矩图和轴力图是对称的;而剪力图是反对称的。在反对称荷载作用下:变形是反对称的;弯矩图和轴力图是反对称的;而剪力图是对称的。利用这些结论,计算对称的连续梁和刚架时,只需计算结构的半边结构,减少结点位移数目以达到简化减少的目的。因此,本节主要讨论半边结构的取法。

6.5.1 奇数跨对称结构

1）对称荷载作用

图6.30（a）为一对称荷载作用下的单跨刚架,变形正对称,对称轴截面不能水平移动,也不能转动,但是可以发生竖向移动。取半边结构时,可用滑动支座代替对称轴截面。

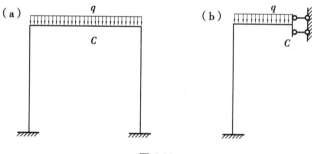

图 6.30

对称轴截面上一般有弯矩和轴力,但没有剪力。

2）反对称荷载作用

图 6.31（a）为一反对称荷载作用下的单跨刚架,变形反对称,对称轴截面在左半部分荷载作用下向下移动,在右半部分荷载作用下向上移动,但因结构是一个整体,在对称轴截面处不会上下错开,故对称轴截面在竖直方向不会移动,但是会发生水平移动和转动,故可用链杆支座代替,如图 6.31（c）所示。对称轴截面上无弯矩和轴力,但一般有剪力,在对称截面切开后仅考虑荷载引起的弯矩图如图 6.31（b）所示。

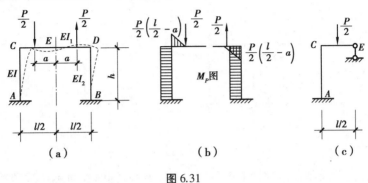

图 6.31

6.5.2　偶数跨对称结构

1）对称荷载作用

图 6.32（a）为一对称荷载作用下的双跨刚架,变形正对称,对称轴截面无水平位移和角位移,又因忽略竖柱的轴向变形,故对称轴截面也不会产生竖向线位移,可用固定端代替,如图 6.32（b）所示。

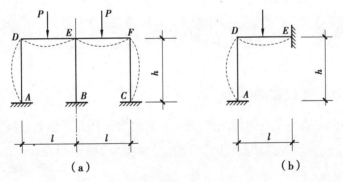

图 6.32

中柱无弯曲变形,故不会产生弯矩和剪力,但有轴力。对称轴截面对梁端来说一般存在弯矩、轴力和剪力,对柱端截面来说只有轴力。

2）反对称荷载作用

图 6.33（a）为一反对称荷载作用下的双跨刚架,变形反对称,中柱在左侧荷载作用下受压,在右侧荷载作用下受拉,二者等值反向（图 6.33（b）、（c））,故总轴力等于零,对称轴截面不会产生竖向位移,但是会发生水平移动和转动,是由中柱的弯曲变形引起的。

中柱由左侧荷载和右侧荷载作用产生的弯曲变形的方向和作用效果相同,故中柱有弯曲变形并产生弯矩和剪力,取半边结构时可取原结构对称轴竖柱抗弯刚度的一半来计算,如图

6.33(d)所示。

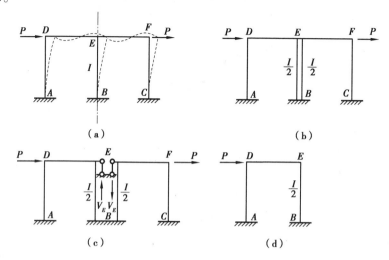

图 6.33

偶数跨结构的简化是在对称轴上取不同的支座约束,同时在对称荷载和反对称荷载作用下的结构也不相同。要注意区别。

位移法是以刚结点的转角和独立结点线位移为基本未知量,其未知量的数目与超静定的次数无关。因此,对于超静定次数较高而结点位移数目较少的结构用位移法比较方便。

在位移法中,是以平衡方程为基本方程进行求解基本未知量。对一个刚结点有一个转角未知量,对应有一个刚结点力矩平衡方程。对每一个独立的结点线位移,可以有一个力平衡方程。因此,未知数与方程数是彼此相同的。

6.6　有侧移的斜柱刚架的计算

6.6.1　具有复杂牵连位移的刚架

所谓牵连位移,是指由某些附加条件,使结点位移之间相互不独立,或者说它们之间存在着一定的牵连关系。如图 6.34(a)、(b)所示的结点 C,D 的位移。

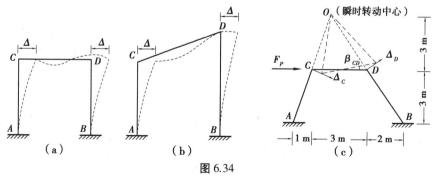

图 6.34

复杂牵连位移是指相互不独立的结点位移之间并非简单地相等,它们之间的关系可用数学式表达。牵连关系可发生在线位移之间,也可发生在线位移与角位移之间。

如图 6.34(c)所示的刚架,若忽略轴向变形,C、D 两结点的线位移是相互不独立的,C 点位移垂直于 AC,D 点位移垂直于 BD,因此 CD 杆绕瞬时转动中心 O 转动。则

$$\frac{\Delta_C}{\Delta_D} = \frac{OC}{OD}$$

即

$$\beta_{CD} = \frac{\Delta_C}{OC} = \frac{\Delta_D}{OD}$$

牵连位移的发生都是因为结构中有无限刚性体这一附加条件存在的缘故。

计算有复杂牵连位移的刚架时,在分析原理上与计算一般刚架并无区别。需要注意的:一是应找出牵连位移关系;二是对于带有斜杆的刚架,在建立位移方程时,一般需用到隔离体绕其瞬时中心的力矩平衡条件。

【例 6.7】 写出如图 6.35(a)所示刚架的位移法方程。

【解】 (1)牵连位移。

B 结点有角位移和线位移,C 结点有线位移。忽略杆件的轴向变形时,两个线位移之间相互不独立,该刚架有两个基本位移未知量。取结点 B 的转角 Z_1 和 B、C 的水平线位移 Z_2 为基本未知量,两线位移之间关系如图 6.35(b)所示。设 AB 之间的相对侧移 $\Delta_{AB}=1$,弦转角:$\beta_{BC}=\beta_{CD}=\dfrac{1}{3a}$,有

$$\Delta_{BC} = -\frac{4}{3}, \Delta_{CD} = \frac{5}{3}$$

(2)确定基本结构,如图 6.35(c)所示。

(3)写出位移法典型方程为

$$\left.\begin{array}{l} r_{11}Z_1 + r_{12}Z_2 + R_{1P} = 0 \\ r_{21}Z_1 + r_{22}Z_2 + R_{2P} = 0 \end{array}\right\}$$

(4)求系数和自由项。为此分别画出基本结构在单位位移和荷载作用下的弯矩图,如图 6.35(d)、(e)、(f)所示。根据图 6.35(d)、(e)结点 B,D 的力矩平衡,可计算出方程中的部分系数,如图 6.35(g)、(h)所示。根据图 6.35(f),可计算出 R_{1P},如图 6.35(i)所示。

有图 6.35(h)取隔离体(图 6.35(j))

$$\sum M_O = 0$$

$$\frac{15i}{2a} + \frac{25i}{2a} + \frac{4i}{a^2} \times 10a - \frac{20i}{a} - \frac{15i}{4a^2} \times a - r_{22} \times 3a = 0$$

可得 $r_{22} = \dfrac{145i}{12a^2}$

取隔离体(图 6.35(k))

$$\sum M_O = 0$$

$$q \times 4a \times 2a - 2qa^2 - R_{2P} \times 3a = 0$$

可得 $R_{2P} = 2qa$

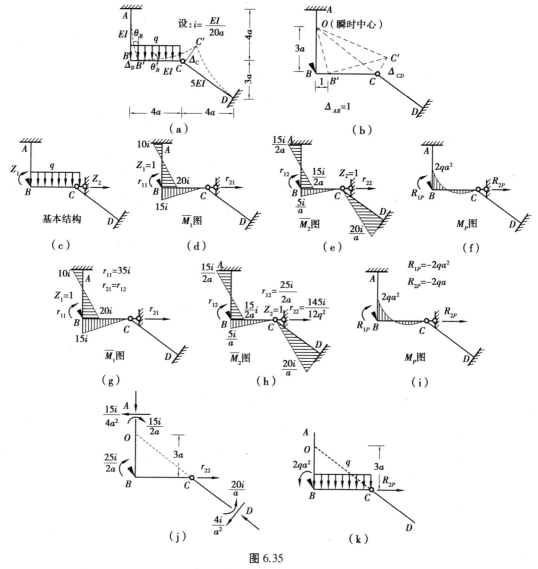

图 6.35

(5)求位移法方程。

将系数和自由项代入典型方程,得

$$35iZ_1 + \frac{25i}{2a}Z_2 - 2qa^2 = 0 \Big\}$$
$$\frac{25i}{2a}Z_1 + \frac{145i}{12a^2}Z_2 + 2qa = 0 \Big\}$$

6.6.2 具有剪力静定杆的刚架

如图 6.36(a)所示的刚架,因为横梁 DE 和 BC 的水平位移对计算杆端力来说是不必要的。关键位移为结点 D,B 的角位移。基本结构如图 6.36(b)所示。当 D 结点发生单位角位移 $Z_1 = 1$ 时,因横梁在水平方向可自由滑动,柱子中无剪力存在,故其受力状态相当于一端固定一端为滑动支座的杆件。基本结构在荷载和单位位移作用下的弯矩图如图 6.36(c)、(d)、 （e）所示。

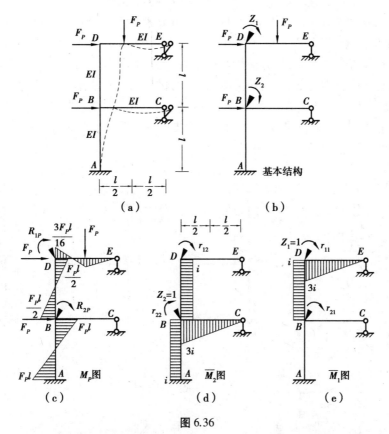

图 6.36

【例 6.8】 计算如图 6.37（a）所示的刚架，绘制弯矩图。设各杆的线刚度 i 相同。

【解】 （1）位移基本未知量（2 个角位移）。

（2）确定基本结构，如图 6.37（b）所示。

（3）位移法典型方程。

$$\left.\begin{array}{l} r_{11}Z_1 + r_{12}Z_2 + R_{1P} = 0 \\ r_{21}Z_1 + r_{22}Z_2 + R_{2P} = 0 \end{array}\right\}$$

（4）求系数和自由项。分别绘单位位移和荷载弯矩图，如图 6.37（c）、（d）、（e）所示。

$$r_{11} = 4i$$

$$r_{21} = -i$$

$$r_{22} = 5i$$

$$r_{12} = -i, R_{1P} = \frac{ql^2}{6}, R_{2P} = \frac{3ql^2}{4}$$

代入方程组解得

$$Z_1 = -\frac{ql^2}{12i}$$

$$Z_2 = -\frac{ql^2}{6i}$$

给结构弯矩图，如图 6.37（f）所示。

【例 6.9】 利用对称性求如图 6.38(a)所示刚架的弯矩图。

【解】 (1)将如图 6.38(a)所示的对称结构可分为如图 6.38(b)和图 6.38(c)所示的正对称和反对称荷载两组荷载左右的叠加。

(2)在正对称荷载作用下,只有横梁产生轴力,无其他内力。

(3)在反对称荷载作用下,可简化为图 6.38(d)的半边结构求解。

在半边结构中,每一层竖柱均可看成下端固定、上端滑动的剪力静定杆,如图 6.38(e)、(f)所示。而柱顶承受以上各层传来的剪力等于以上各层所有水平荷载之和。横梁则看成一端固定、一端铰支的梁。

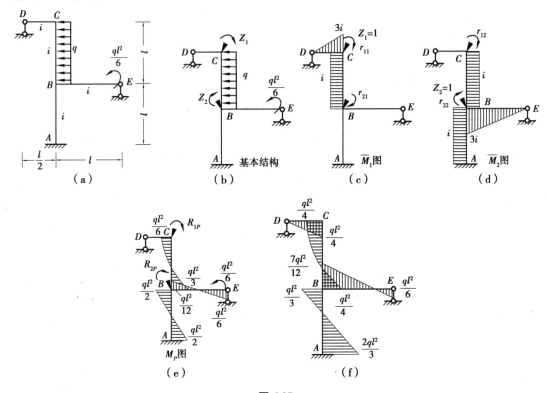

图 6.37

(4)由直接平衡法求半边结构。

确定基本未知量是 B、C 两点的结点角位移 Z_1 和 Z_2,列各杆端的弯矩表达式,即

$$M_{BA} = iZ_1 - \frac{1}{2}Pl = 5Z_1 - 540$$

$$M_{AB} = -iZ_1 - \frac{1}{2}Pl = -5Z_1 - 540$$

$$M_{BC} = 3.5Z_1 - 3.5Z_2 - 165$$

$$M_{BE} = 3 \times 54Z_1 = 162Z_1$$

$$M_{CB} = 3.5Z_2 - 3.5Z_1 - 165$$

$$M_{CD} = 3 \times 54Z_2 = 162Z_2$$

$$\sum M_B = 0, M_{BA} + M_{BC} + M_{BE} = 0$$

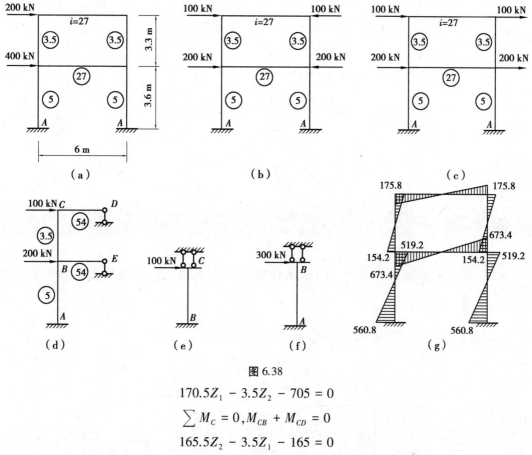

图 6.38

$$170.5Z_1 - 3.5Z_2 - 705 = 0$$

$$\sum M_C = 0, M_{CB} + M_{CD} = 0$$

$$165.5Z_2 - 3.5Z_1 - 165 = 0$$

联立求解得 $Z_1 = 4.157, Z_2 = 1.085$，代入求杆端弯矩绘制弯矩图，如图 6.38(g)所示。

思考题

1.位移法中的基本未知量是什么？如何确定其数目？

2.什么是等截面直杆的刚度方程？

3.如何写等截面直杆的转角位移方程？杆端弯矩的正负号如何确定？

4.在什么条件下独立的结点的线位移的数目等于铰接体系自由度的数目？

5.判断图示结构用位移法计算时基本未知量的数目。

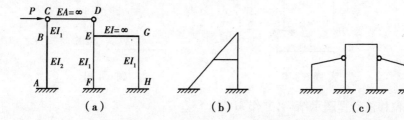

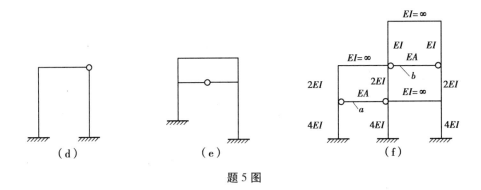

题 5 图

习　题

6.1　求对应的荷载集度 q。图示结构横梁刚度无限大。已知柱顶的水平位移为 $\dfrac{512}{3EI}(\rightarrow)$。

6.2　用位移法计算图示结构,并作 M 图(EI =常数)。

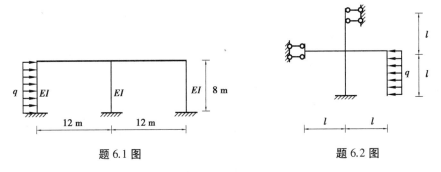

| 题 6.1 图 | 题 6.2 图 |

6.3　用位移法计算图示结构,求出未知量(各杆 EI 相同)。

6.4　用位移法计算图示结构,并作 M 图。

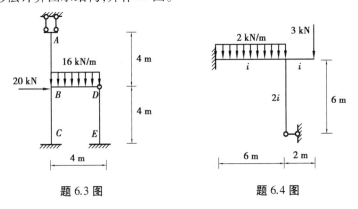

| 题 6.3 图 | 题 6.4 图 |

6.5　用位移法计算图示结构,并作 M 图。

6.6　用位移法计算图示结构,并作 M 图(各杆 EI =常数, q =20 kN/m)。

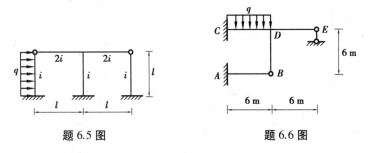

题 6.5 图 　　　　　　　　　　　题 6.6 图

6.7　用位移法计算图示结构,并作 M 图(EI=常数)。

6.8　用位移法计算图示结构,并作 M 图(E=常数)。

6.9　用位移法计算图示结构,并作 M 图(EI=常数)。

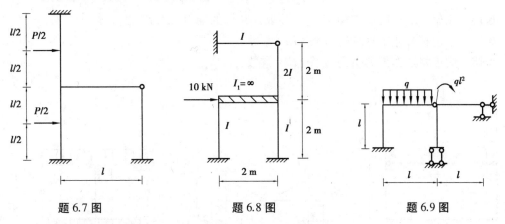

题 6.7 图 　　　　　题 6.8 图 　　　　　题 6.9 图

6.10　用位移法计算图示结构,并作 M 图(EI=常数)。

6.11　用位移法计算图示结构,并作 M 图(l=4 m)。

6.12　用位移法计算图示结构,并作 M 图。

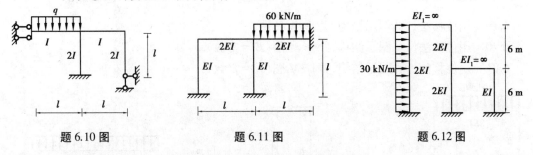

题 6.10 图 　　　　　题 6.11 图 　　　　　题 6.12 图

6.13　用位移法计算图示刚架,并作 M 图。已知各横梁 EI_1=∞,各柱 EI=常数。

6.14　用位移法计算图示结构,并作 M 图(EI=常数)。

6.15　用位移法计算图示结构,并作 M 图(设各杆的 EI 相同)。

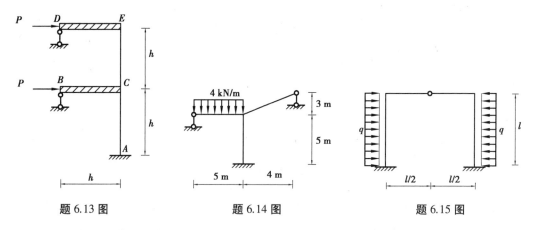

题 6.13 图　　　　　　题 6.14 图　　　　　　题 6.15 图

6.16　用位移法作图示结构 M 图。并求 AB 杆的轴力（$EI=$常数）。

6.17　用位移法作图示结构 M 图（$EI=$常数）。

6.18　用位移法作图示结构 M 图（$EI=$常数）。

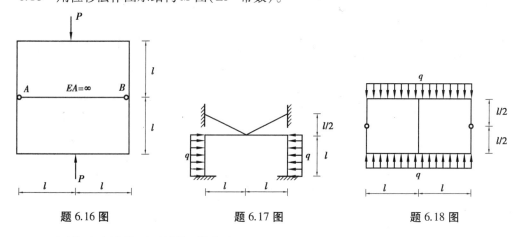

题 6.16 图　　　　　　题 6.17 图　　　　　　题 6.18 图

6.19　用位移法计算图示结构,并作出 M 图。

6.20　用位移法计算图示结构,并作 M 图（$EI=$常数）。

6.21　用位移法计算图示结构,并作 M 图（$EI=$常数）。

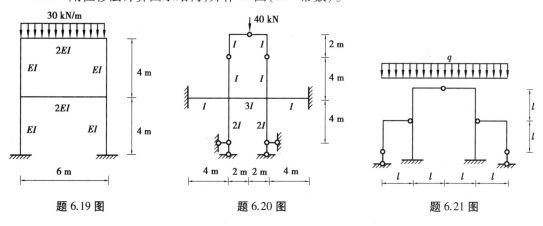

题 6.19 图　　　　　　题 6.20 图　　　　　　题 6.21 图

6.22　用位移法计算图示对称刚架,并作 M 图（各杆 $EI=$常数）。

6.23 用位移法计算图示结构,并作 M 图(EI=常数)。

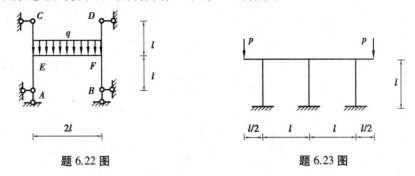

题 6.22 图　　　　　　　　　題 6.23 图

6.24 用位移法计算图示结构,并作 M 图(EI=常数)。

6.25 用位移法计算图示结构,并作 M 图(EI=常数)。

6.26 用位移法计算图示结构,并作 M 图。设各柱相对线刚度为2,其余各杆为1。

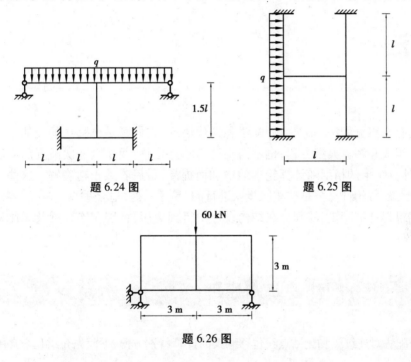

题 6.24 图　　　　　　　　題 6.25 图

题 6.26 图

7

渐近法

渐近法有力矩分配法、无剪力分配法和迭代法等,它们都是位移法的变体。其共同的特点是避免了组成和解算典型方程,也不需要计算结点位移,而是以逐次渐近的方法来计算杆端弯矩,其计算结果的精度随计算轮次的增加而提高,最后收敛于精确解。这些方法的物理概念生动、形象,每轮计算都是按相同步骤进行的,易于掌握,适合手算,并可不经过计算结点位移而直接求得杆端弯矩。因此,在结构设计中得到应用,特别在连续梁及无侧移刚架中应用十分广泛。

7.1 力矩分配法的基本原理

力矩分配法对连续梁和无结点线位移刚架的计算特别方便,下面先介绍几个常用的名词。

7.1.1 转动刚度

转动刚度 S 也称劲度系数,表示杆端对转动的抵抗能力,在数值上等于使杆端产生单位转角时需要施加的力矩。如图 7.1(a) 所示的单跨梁,A 端为铰支,B 端为固定端,当 A 端产生单位转角 $\varphi_A = 1$ 时,需要施加的力矩为 $4i$,即转动刚度 $S_{AB} = 4i$。若把 A 端也改为固定端(图7.1(d)),当 A 支座发生单位转角 $\varphi_A = 1$ 时,引起 A 端的杆端弯矩仍为 $4i$。图 7.1(b)、(c)是远端分别为铰支和定向支承时的转动刚度。由此可见,转动刚度 S_{AB} 的数值不但与杆件的线刚度 i 有关,而且与 B 端的支承情况有关。图 7.1 给出了远端为不同支承时转动刚度 S_{AB} 的值。在 S_{AB} 中,A 端是施力端,称为近端,B 端称为远端。S_{AB} 是指施力端 A 在没有线位移的条件下的转动刚度,因此上下图中上一行与下一行对应的转动刚度相等。远端的杆端弯矩也标在相应的图上。

转动刚度与远端支承情况有关：

远端固定	$S=4i$	(7.1)
远端铰支	$S=3i$	(7.2)
远端滑动	$S=i$	(7.3)
远端自由	$S=0$	(7.4)

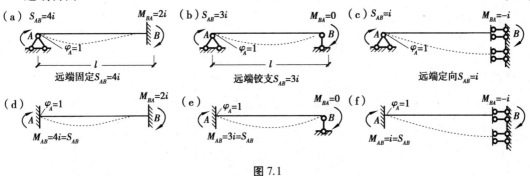

图 7.1

7.1.2 传递系数 C

由图 7.1 可知，当近端发生单位转角 $\varphi_A=1$ 时，远端也产生杆端弯矩 M_{BA}，远端杆端弯矩 M_{BA} 与近端杆端弯矩 M_{AB} 之比称为**传递系数**，用 C_{AB} 表示，即 $C_{AB}=\dfrac{M_{BA}}{M_{AB}}$。对于等截面杆件，传递系数 C 与远端的支承情况有关，具体数值如下：

远端固定	$C=1/2$	(7.5)
远端铰接	$C=0$	(7.6)
远端定向	$C=-1$	(7.7)

由近端 A 向远端 B 传递的弯矩

$$M_{BA}^C = C_{AB}M_{AB} \qquad (7.8)$$

M_{BA}^C 也称**传递弯矩**，用 M^C 表示。

7.1.3 分配系数 μ

如图 7.2 所示的刚架，A 为刚结点，B,C,D 端分别为固定、定向及铰支。设在 A 结点作用一集中力偶 M，刚架产生图中虚线所示变形，汇交于 A 结点的各杆端产生的转角均为 φ_A，则各杆杆端弯矩由转动刚度定义可知

$$M_{AB} = S_{AB}\varphi_A = 4i_{AB}\varphi_A$$
$$M_{AC} = S_{AC}\varphi_A = i_{AC}\varphi_A \qquad (a)$$
$$M_{AD} = S_{AD}\varphi_A = 3i_{AD}\varphi_A$$

取结点 A 为隔离体（图 7.2(b)），由平衡方程 $\sum M_A=0$ 可得

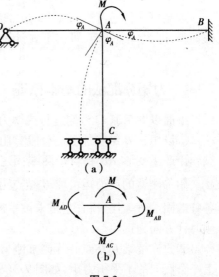

图 7.2

$$M - M_{AB} - M_{AC} - M_{AD} = 0$$

$$M = M_{AB} + M_{AC} + M_{AD} \tag{b}$$

$$= (S_{AB} + S_{AC} + S_{AD}) \varphi_A$$

$$\varphi_A = M/(S_{AB} + S_{AC} + S_{AD}) = M/\sum_A S \tag{c}$$

式中 $\displaystyle\sum_A S$——汇交于 A 结点各杆端转动刚度的总和。

将式(b)代入式(a),得

$$
M_{AB} = \frac{S_{AB}}{\displaystyle\sum_A S} M = \mu_{AB} M \\[2em]
M_{AC} = \frac{S_{AC}}{\displaystyle\sum_A S} M = \mu_{AC} M \\[2em]
M_{AD} = \frac{S_{AD}}{\displaystyle\sum_A S} M = \mu_{AD} M
\left.\begin{array}{c}\\[6em]\end{array}\right\} \tag{d}
$$

式中的 μ_{AB},μ_{AC},μ_{AD} 称为**分配系数**,有

$$\mu_{Aj} = \frac{S_{Aj}}{\displaystyle\sum_A S} \tag{7.9}$$

分配系数 μ_{Aj} 的意义相当于把结点 A 力矩 M 按各杆转动刚度的大小比例分配给连接于 A 点各杆的近端。结点力矩乘以分配系数所得的近端弯矩称为**分配弯矩**,用 M^μ 表示。其中,**汇交于 A 结点各杆端分配系数之和为 1**,即

$$\sum_j \mu_{Aj} = 1 \tag{7.10}$$

对于本例,有 $\mu_{Aj} = \mu_{AB} + \mu_{AC} + \mu_{AD} = 1$。

远端杆端传递弯矩 $M_{BA}^C = C_{AB}\mu_{AB}M$,$M_{CA}^C = C_{AC}\mu_{AC}M$,$M_{DA}^C = C_{AD}\mu_{AD}M$,是由分配弯矩乘传递系数而得,即为传递弯矩,可按下式计算

$$M_{jA}^C = \mu_{Aj} CM \tag{7.11}$$

7.1.4 力矩分配法的基本原理

下面以图 7.3(a)为例进行说明力矩分配法的原理。

①设想在 B 结点加上一个刚臂阻止 B 结点转动如图 7.3(b)所示。此时,只有 AB 跨受荷载作用产生变形,AB 相当于两端固定的单跨超静定梁,相应的杆端弯矩即为固端弯矩 M_{AB}^F,M_{BA}^F,附加刚臂的反力矩可取 B 结点为隔离体而得:$\sum M_B = 0$,$M_B = M_{BA}^F$,M_B 是汇交于 B 结点各杆端固端弯矩代数和,它是未被平衡的各杆固端弯矩的和,故称 B 结点上的**不平衡力矩**,以顺时针方向为正。

②原连续梁 B 结点并无附加刚臂,取消刚臂的作用让 B 结点转动,就相当于在 B 结点加上一个反向的不平衡力矩,如图 7.3(c)所示。这时,汇交于 B 结点的各杆端产生的分配弯矩 $M_{BA}^\mu = \mu_{BA}(-M_B)$,$M_{BC}^\mu = \mu_{BC}(-M_B)$,向远端杆端传递的弯矩 $M_{AB}^C = C_{BA} \times \mu_{BA}(-M_B)$,它是由各近端的分配弯矩乘以传递系数得到的。

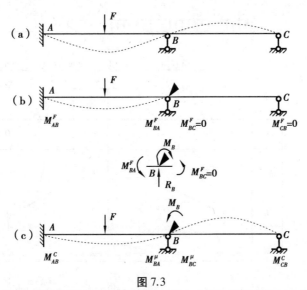

图 7.3

③将图 7.3(b)、(c)两种情况叠加,就得到如图 9.3(a)所示连续梁的受力及变形。如杆端弯矩 $M_{BA} = M_{BA}^F + M_{BA}^\mu$, $M_{AB} = M_{AB}^F + M_{AB}^C$ 等。

以上就是力矩分配法的基本思路,概括来说:首先在 B 结点加上附加刚臂阻止 B 结点转动,把连续梁看成两个单跨梁,求出各杆的固端弯矩 M^F,此时刚臂承受不平衡力矩 M_B(各杆固端弯矩的代数和);然后去掉附加刚臂,即相当于在 B 结点作用一个反向的不平衡力矩 $(-M_B)$,求出各杆端的分配弯矩 M^μ 及传递弯矩 M^C,叠加各杆端弯矩即得原连续梁各杆端的最后弯矩。连续梁的 M,F_s 图及支座反力则不难求出。通过下面例题,给出力矩分配法解题的步骤与过程。

【例 7.1】 用力矩分配法计算如图 7.4(a)所示连续梁的 M 图(EI=常数)。

【解】 (1)计算分配系数 μ。设 $i = EI/24$,则

$$i_{AB} = EI/8 = 3i \quad i_{BC} = EI/6 = 4i$$

$$\mu_{BA} = 4(3i)/[4(3i) + 3(4i)] = 1/2, \mu_{BC} = 3(4i)/[4(3i) + 3(4i)] = 1/2$$

将分配系数写在 B 结点下方的方框内。

(2)计算各杆端的固端弯矩 M^F(查表 6.2)。

$$M_{AB}^F = -\frac{ql^2}{12} = -\frac{12 \times 8^2}{12} = -64(\text{kN} \cdot \text{m})$$

$$M_{BA}^F = +\frac{ql^2}{12} = -\frac{12 \times 8^2}{12} = +64(\text{kN} \cdot \text{m})$$

$$M_{BC}^F = -\frac{3Fl}{16} = -\frac{3 \times 80 \times 6}{16} = -90(\text{kN} \cdot \text{m})$$

$$M_{CB}^F = 0$$

写在各杆端下方 M^F 一行。

(3)B 结点的不平衡力矩为:$M_B = 64\ \text{kN} \cdot \text{m} - 90\ \text{kN} \cdot \text{m} = -26\ \text{kN} \cdot \text{m}$,将其反号进行分配,得各杆端的分配弯矩 M^μ,即

$$M_{BA}^\mu = 1/2 \times 26 = 13(\text{kN} \cdot \text{m})$$

$$M_{BC}^\mu = 1/2 \times 26 = 13(\text{kN} \cdot \text{m})$$

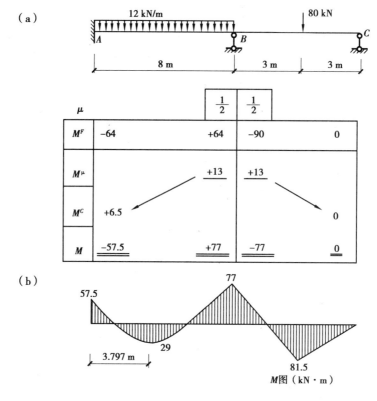

图 7.4

写在 B 结点下方 M^μ 一行,并画一横线表示 B 结点已放松获得平衡。

(4)各杆远端的传递弯矩 M^C 的计算,即

$$M^C_{AB} = 1/2 \times 13 = + 6.5 (\text{kN} \cdot \text{m})$$

$$M^C_{CB} = 0$$

写在对应的杆端下方 M^C 一行,并用箭头表示弯矩的传递方向。

(5)最后杆端弯矩的计算,即

$$M_{AB} = M^F_{AB} + M^C_{AB} = - 64 + 6.5 = - 57.5 (\text{kN} \cdot \text{m})$$

$$M_{BA} = M^F_{BA} + M^\mu_{BA} = 64 + 13 = + 77 (\text{kN} \cdot \text{m})$$

$$M_{BC} = M^F_{BC} + M^\mu_{BC} = - 90 + 13 = - 77 (\text{kN} \cdot \text{m})$$

$$M_{CB} = 0$$

将其写在各杆端下方 M 一行,并用双横线表示计算的最后结果。由于在计算分配弯矩时,已使结点保持平衡。因此,在最后 M 图校核中,利用 $\sum M_B = 0$ 只能校核分配过程有无错误,而对分配系数 μ、固端弯矩 M^F 计算是否有误则必须考虑变形条件的校核。最后弯矩图如图 7.4(b)所示。

为了计算更加简单起见,分配弯矩 M^μ 及传递弯矩 M^C 的具体算式可不必另写,而直接在图 7.4 表格上进行即可。

【例 7.2】 计算如图 7.5(a)所示刚架的 M 图。

【解】 (1)计算分配系数 μ。

设 $i = EI/4, i_{AB} = EI/4 = i, i_{AC} = EI/4 = i, i_{AD} = 2EI/4 = 2i$,则

$$\mu_{AB} = 4i/[4i + 3i + 1 \times (2i)] = 4/9$$

$$\mu_{AC} = 3i/[4i + 3i + 1 \times (2i)] = 3/9$$

$$\mu_{AD} = 1 \times (2i)/[4i + 3i + 1 \times (2i)] = 2/9$$

（2）计算固端弯矩 M^F，则

$$M_{BA}^F = -\frac{ql^2}{12} = -\frac{30 \times 4^2}{12} = -40(\text{kN} \cdot \text{m})$$

$$M_{AB}^F = +\frac{ql^2}{12} = -\frac{30 \times 4^2}{12} = +40(\text{kN} \cdot \text{m})$$

$$M_{AD}^F = -\frac{3Fl}{8} = -\frac{3 \times 50 \times 4}{8} = -75(\text{kN} \cdot \text{m})$$

$$M_{DA}^F = -\frac{Fl}{8} = -\frac{50 \times 4}{8} = -25(\text{kN} \cdot \text{m})$$

$$M_{AC}^F = M_{CA}^F = 0$$

（3）分配、传递均在图7.5（b）上进行。

（4）绘 M 图，如图7.5（c）所示。A 结点满足 $\sum M_A = 55.55 \text{ kN} \cdot \text{m} + 11.67 \text{ kN} \cdot \text{m} - 67.22 \text{ kN} \cdot \text{m} = 0$。

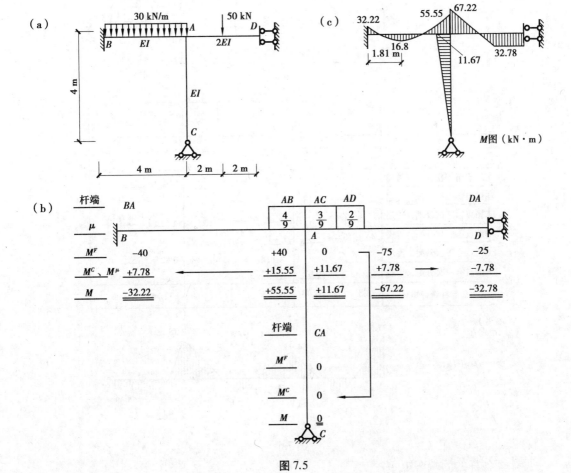

图7.5

7.2   用力矩分配法计算连续梁和无侧移刚架

上节以只有一个结点转角说明了力矩分配法的基本原理,所得结果为精确值。对于有多个结点转角但无结点线位移(如两跨以上连续梁、无侧移刚架),只需依次对各结点使用上节方法便可求解。

下面以如图7.6(a)所示的三跨连续梁来说明用逐次渐近的方法计算杆端弯矩的过程。

首先将 B,C 两结点同时固定,计算分配系数 μ:因各跨 l 及 EI 均为常数,故线刚度均为 $i = \dfrac{EI}{8}$,则 $i_{AB} = i_{BC} = i_{CD} = i$。分配系数如下:

B 结点:

$$\mu_{BA} = 4i/(4i + 4i) = 1/2, \mu_{BC} = 4i/(4i + 4i) = 1/2$$

C 结点:

$$\mu_{CB} = 4i/(4i + 3i) = 4/7, \mu_{CD} = 3i/(4i + 3i) = 3/7$$

(a)

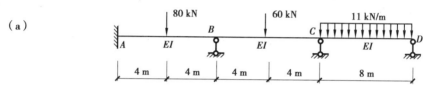

μ		$\dfrac{1}{2}$	$\dfrac{1}{2}$		$\dfrac{4}{7}$	$\dfrac{3}{7}$	
M^F	−80	+80	−60		+60	−88	0
C结点第一次分配、传递			+8 ←		+16	+12 →	0
B结点第一次分配、传递	−7 ←	−14	−14	→	−7		
C结点第二次分配、传递			+2 ←		+4	+3	0
B结点第二次分配、传递	−0.5 ←	−1	−1	→	−0.5		
C结点第三次分配、传递			+0.14 ←		+0.28	+0.22 →	0
B结点第三次分配、传递		−0.07	−0.07				
最后杆端弯矩M	−87.5	+64.93	−64.93		+72.78	−72.78	0

(b)

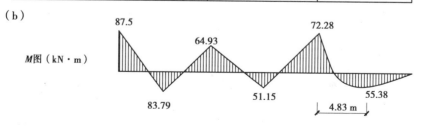

M图(kN·m)

图 7.6

再计算各杆的固端弯矩 M^F:

$$M_{AB}^F = -\frac{Fl}{8} = -\frac{80 \times 8}{8} = -80(\text{kN} \cdot \text{m}); \quad M_{BA}^F = +\frac{Fl}{8} = +\frac{80 \times 8}{8} = +80(\text{kN} \cdot \text{m})$$

$$M_{BC}^F = -\frac{Fl}{8} = -\frac{60 \times 8}{8} = -60(\text{kN} \cdot \text{m}); \quad M_{CB}^F = +\frac{Fl}{8} = +\frac{60 \times 8}{8} = +60(\text{kN} \cdot \text{m})$$

$$M_{CD}^F = -\frac{ql^2}{8} = -\frac{11 \times 8^2}{8} = -88(\text{kN} \cdot \text{m}); \quad M_{DC}^F = 0$$

将以上数据填到图 7.6 相应栏中，此时 B，C 结点均有不平衡力矩，为消除这两个不平衡力矩，位移法中是令 B，C 同时产生和原结构相同的转角，即同时放松 B，C 结点让它们一次转到实际的平衡位置，在计算中就是意味着解联立方程。而在力矩分配法中，为了避免解联立方程，只能将各结点轮流放松，用逐次渐近的方法使 B，C 结点达到平衡位置。

第一步放松 C 结点。C 结点的不平衡力矩 $M_C = 60 \text{ kN} \cdot \text{m} - 88 \text{ kN} \cdot \text{m} = -28 \text{ kN} \cdot \text{m}$，将其反号分配，即

$$M_{CD}^\mu = 28 \times 3/7 = +12(\text{kN} \cdot \text{m}), M_{CB}^\mu = 28 \times 3/7 = +16(\text{kN} \cdot \text{m})$$

将它们填入图中对应位置，C 结点暂时获得平衡，在分配弯矩下面画一横线表示平衡（C 结点虽然转动了一个角度，但还未到最后位置），将 C 结点暂时再固定。分配弯矩应向各自的远端进行传递，传递弯矩为

$$M_{DC}^C = 0, M_{BC}^C = 1/2 \times 16 = +8(\text{kN} \cdot \text{m})$$

填入图中相应位置。

再看 B 结点，它的不平衡力矩应为原固端弯矩再加上由结点 C 传递过来的传递弯矩之和，即

$$M_B = 80 - 60 + 8 = +28(\text{kN} \cdot \text{m})$$

放松 B 结点，即将上述不平衡力矩反号进行分配，则

$$M_{AB}^\mu = 1/2 \times (-28) = -14(\text{kN} \cdot \text{m}), M_{BC}^\mu = 1/2 \times (-28) = -14(\text{kN} \cdot \text{m})$$

并同时向远端传递，则

$$M_{AB}^C = 1/2 \times (-14) = -7(\text{kN} \cdot \text{m}), M_{CB}^C = 1/2 \times (-14) = -7(\text{kN} \cdot \text{m})$$

将上述各数据填入图 7.6 中相应位置，B 结点此时也暂告平衡，仍在分配弯矩数值下面画一横线。将 B 结点暂时固定（B 结点此时也未转到最后位置）。C，B 两结点各放松一次称为第一轮计算。

第二步再放松 C 结点。C 结点因传递弯矩 $M_{CB}^C = -7 \text{ kN} \cdot \text{m}$ 又产生了不平衡力矩，故放松 C 结点，即在 C 结点加上一个反向的不平衡力矩进行分配、传递，暂时再将 C 结点固定。此时，B 结点因 $M_{BC}^C = +2 \text{ kN} \cdot \text{m}$ 也产生了不平衡力矩，故再放松 B 结点进行分配、传递。

……

如此反复，将各结点轮流进行放松、固定，不断进行分配、传递，直到传递弯矩的数值小到按计算精度要求可以不计时，即可停止计算（最后应停止在分配弯矩这一步，而不再向远端传递）。最后弯矩图如图 7.6(b) 所示。

因分配系数 μ 及传递系数 C 均不大于 1，故在上述计算中，随计算轮次的增加，数值越来越小。为使计算收敛得更快，一般首先从不平衡力矩（绝对值）数值最大的结点开始分配、传递。当结点多于 2 个时，可同时放松不相邻的各结点，也同样可加快收敛的速度。

【例 7.3】 用力矩分配法计算如图 7.7(a) 所示连续梁的 M 图。

【解】 本题的特点是 DE 为悬臂部分;B 结点有一集中力偶 $m=6$ kN·m。如何处理,现分述如下:

右端悬臂部分 DE 内力为静定,可由静力平衡条件求出,若将其切去以截面的弯矩和剪力作为外力施加于结点 D 上,则 D 结点便可作为铰支端进行处理,如图 7.7(b)所示。

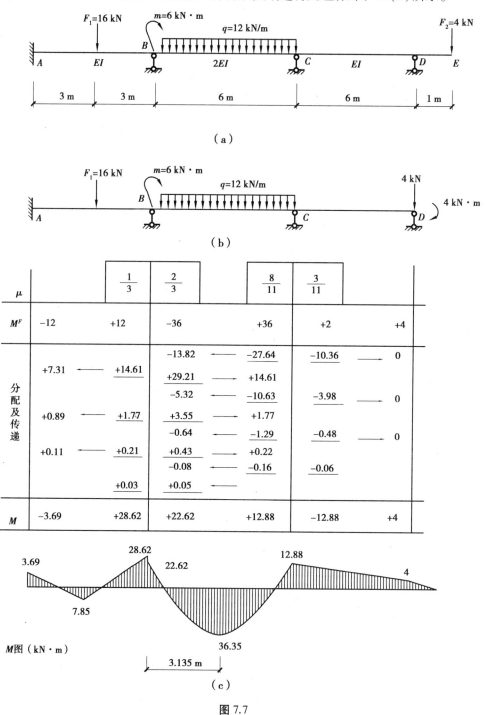

图 7.7

（1）计算分配系数 μ：设 $i = \dfrac{EI}{6}$，则 $i_{AB} = i_{CD} = i$，$i_{BC} = 2i$。

B 结点：

$$\mu_{BA} = 4i/[4i + 4(2i)] = 1/3,\mu_{BC} = 4(2i)/[4i + 4(2i)]$$

C 结点：

$$\mu_{CB} = 4(2i)/[4(2i) + 3i] = 8/11,\mu_{CD} = 3i/[4(2i) + 3i]$$

（2）固端弯矩 M^F，即

$$M_{BC}^F = -12 \times 6^2/12 = -36(\text{kN} \cdot \text{m}),M_{CB}^F = +12 \times 6^2/12 = +36(\text{kN} \cdot \text{m})$$

$$M_{CD}^F = +1/2 \times 4 = +2(\text{kN} \cdot \text{m}),M_{DC}^F = +4(\text{kN} \cdot \text{m}),$$

$$M_{AB}^F = -16 \times 6/8 = -12(\text{kN} \cdot \text{m}),M_{BA}^F = 16 \times 6/8 = 12(\text{kN} \cdot \text{m})$$

（3）进行分配、传递。

锁紧结点 B，放松结点 C。结点 C 的不平衡力矩 $M_C = 36 + 2 = 38$，将其反号分配并分别按传递系数传到 B 端与 D 端。

锁紧结点 C，放松结点 B，结点 B 有集中力偶 m 作用，在计算 B 结点的不平衡力矩时，除了固端弯矩 $M_{BA}^F = +12\ \text{kN} \cdot \text{m}$，$M_{BC}^F = -36\ \text{kN} \cdot \text{m}$ 及传递弯矩 $M_{BC}^C = -13.82\ \text{kN} \cdot \text{m}$ 外，还应加上结点荷载-集中力偶 m（m 是作用在结点上的荷载，其方向应以逆时针方向为正），即

$$M_B = +12 - 36 - 13.82 - 6 = -43.82(\text{kN} \cdot \text{m})$$

将上述不平衡力矩反号进行分配。

分配、传递的过程为 $C \rightarrow B \rightarrow C \rightarrow B \rightarrow C \rightarrow B \rightarrow C \rightarrow B$。

（4）最后 M 图，如图 7.7（c）所示。

【例 7.4】　用力矩分配法作如图 7.8（a）所示刚架的 M 图（$EI =$ 常数）。

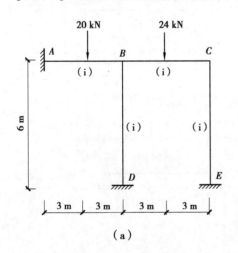
（a）

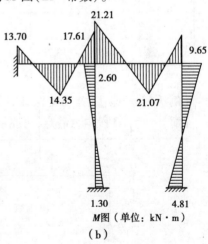
M图（单位：$\text{kN} \cdot \text{m}$）
（b）

图 7.8

【解】　用力矩分配法计算刚架的杆端弯矩时，对于简单的刚架，可直接在计算简图上进行，但当结构杆件较多时，采用表格的形式比较方便。表格的格式有多种，现推荐下面的格式供读者参考。

（1）计算分配系数 μ。

B 结点：

$$\mu_{BA} = 4i/(4i + 4i + 4i) = 1/3，同理，\mu_{BD} = 1/3，\mu_{BC} = 1/3$$

C 结点：

$$\mu_{CB} = 4i/(4i + 4i) = 1/2，同理，\mu_{CE} = 1/2$$

（2）计算 M^F，即

$$M^F_{AB} = -20 \times 6/8 = -15(kN \cdot m)，M^F_{BA} = +20 \times 6/8 = +15(kN \cdot m)$$

$$M^F_{BC} = -24 \times 6/8 = -18(kN \cdot m)，M^F_{CB} = +24 \times 6/8 = +18(kN \cdot m)$$

$$M^F_{BD} = M^F_{DB} = 0，M^F_{CE} = M^F_{EC} = 0$$

（3）分配传递过程 $C \rightarrow B \rightarrow C \rightarrow B \rightarrow C$，见表7.1。

（4）最后 M 图，如图7.8(b)所示。

表7.1 杆端弯矩的计算

单位:kN·m

结 点	D	A	B			C		E
杆 端	DB	DB	BA	BD	BC	CB	CE	EC
μ	（固定端）	（固定端）	$\dfrac{1}{3}$	$\dfrac{1}{3}$	$\dfrac{1}{3}$	$\dfrac{1}{2}$	$\dfrac{1}{2}$	（固定端）
M^F	0	−15	+15	0	−18	+18	0	0
分配及传递					−4.5	−9	−9	−4.5
	+12.5	+12.5	+2.5	+2.5	+2.5	+1.25		
					−0.31	−0.63	−0.62	−0.31
	+0.05	+0.05	+0.11	+0.10	+0.10	+0.05		
						−0.02	−0.03	
	+1.30	−13.70	+17.61	+2.60	−20.21	+9.65	−9.65	−4.81

【例7.5】 试用力矩分配法计算如图7.9(a)所示的结构，并作 M 图。

【解】 因 CD 段内力静定，将原结构化为图7.9(b)。

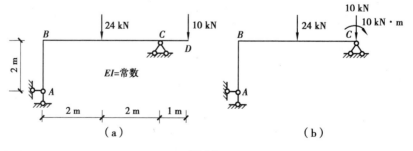

图7.9

（1）计算分配系数。

杆端转动刚度

$$S_{BA} = \frac{3EI}{2}，S_{BC} = \frac{3EI}{4}$$

分配系数

$$\mu_{BA} = \frac{2}{3}, \mu_{BC} = \frac{1}{3}$$

（2）计算固端弯矩，即

$$M_{BC}^F = -\frac{3 \times 24 \times 4}{16} + \frac{10}{2} = -13(\text{kN} \cdot \text{m}), M_{CB}^F = 10(\text{kN} \cdot \text{m})$$

（3）分配传递过程见表7.2。

表 7.2

	AB	BA	BC	CB
分配系数		2/3	1/3	
固端弯矩			−13	10
分配和传递	0	8.67	4.33	0
杆端弯矩		8.67	−8.67	10

画弯矩图，如图7.10所示。

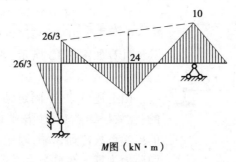

M图（kN·m）

图 7.10

本节介绍的力矩分配法只适用于无结点结线位移且各结点均为刚结点的结构。

7.3　无剪力分配法

无剪力分配法适合计算某些特定条件下的有侧移刚架，即刚架是由两类杆件组成：无侧移杆，两杆端无相对线位移；剪力静定杆。其计算步骤如下：

1）固定结点

只加刚臂阻止结点的转动，而不加链杆阻止结点的移动，如图7.11(a)所示的刚架。计算时，在结点B上附加刚臂，如图7.11(b)所示。这样，柱AB的上端虽不能转动，但仍可自由地水平滑动，故相当于下端固定、上端滑动的梁，如图7.11(c)所示。对于横梁BC，因其水平移动并不影响本身内力，对剪力静定杆来说，相当于一端固定、一端滑动的梁，计算固端弯矩为

$$M_{AB}^F = -\frac{ql^2}{3}, M_{BA}^F = -\frac{ql^2}{6} \tag{7.12}$$

结点B的不平衡力矩暂时由刚臂承受。此时，柱AB的剪力仍然是静定的，其两端剪力为

$$F_{SBA} = 0, F_{SAB} = ql$$

即全部水平荷载由柱的下端剪力所平衡。

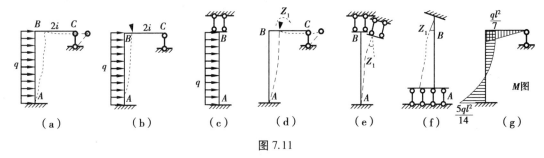

图 7.11

2)放松结点

为了消除刚臂上的不平衡力矩,现在来放松结点,进行力矩的分配和传递。此时,结点 B 不仅转动 Z_1 角,同时也发生水平位移,如图 7.11(d)所示。柱 AB 为下端固定上端滑动,当上端转动时如图(e),柱的剪力为零,因而处于纯弯曲受力状态,这实际上与上端固定下端滑动而上端转动同样角度时的受力和变形状态完全相同,如图(f)。故可知其劲度系数为 i,而传递系数为 -1。于是,结点 B 的分配系数为

$$\mu_{BA} = \frac{i}{i + 3 \times 2i} = \frac{1}{7}, \mu_{BA} = \frac{3 \times 2i}{i + 3 \times 2i} = \frac{6}{7} \tag{7.13}$$

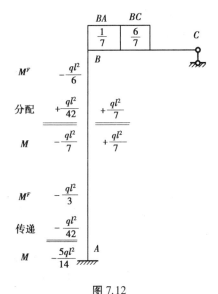

图 7.12

其他计算如图 7.12 所示,无须详述。M 图如图 7.11(g)所示。

由上述可知,在固定结点时柱 AB 的剪力是静定的;在放松结点时,柱 B 端得到的分配弯矩将乘以 -1 的传递系数传到 A 端,因此,弯矩沿 AB 杆全长为常数而剪力为零。在整个力矩的分配和传递过程中,柱中原有剪力将保持不变而不增加新的剪力,故这种方法称为无剪力力矩分配法,简称无剪力分配法。

以上计算方法可推广到多层刚架的情况。如图 7.13 所示的刚架,各横梁均为无侧移杆,各竖柱则均为剪力静定杆。固定结点时均只加刚臂阻止各结点转动。不论有多少层,每一层的柱子均可视为上端滑动下端固定的梁。计算固端弯矩时,除了柱身承受本层荷载外,柱顶还承受剪力,其值等于柱顶以上各层所以水平荷载的代数和。计算时,各柱的劲度系数应取各自的线刚度 i,而传递系数为 -1(指等截面杆)。

【例 7.6】 试用无剪力分配法计算如图 7.13 所示的刚架。

【解】 计算分配系数时,注意各柱端的劲度系数应等于其柱的线刚度。各柱的固端弯矩,对于 AC 柱为

$$M_{AC}^F = -\frac{10 \times 4}{8} = -5(\text{kN} \cdot \text{m}), M_{CA}^F = -\frac{2 \times 10 \times 6}{8} = -15(\text{kN} \cdot \text{m})$$

对于 CE 柱,除受本层荷载外,还受有柱顶剪力 10 kN,故有

$$M_{CE}^F = -\frac{10 \times 4}{8} - \frac{10 \times 4}{2} = -25(\text{kN} \cdot \text{m})$$

$$M_{EC}^F = -\frac{2 \times 10 \times 6}{8} - \frac{10 \times 4}{2} = -35(\text{kN} \cdot \text{m})$$

对于 EG 柱,除受本层荷载外,还受有柱顶剪力 20 kN,故有

$$M_{EG}^F = -\frac{10 \times 4}{8} - \frac{20 \times 4}{2} = -45(\text{kN} \cdot \text{m})$$

$$M_{GE}^F = -\frac{2 \times 10 \times 6}{8} - \frac{20 \times 4}{2} = -55(\text{kN} \cdot \text{m})$$

其余计算如图 7.13(b)所示,M 图如图 7.13(c)所示。

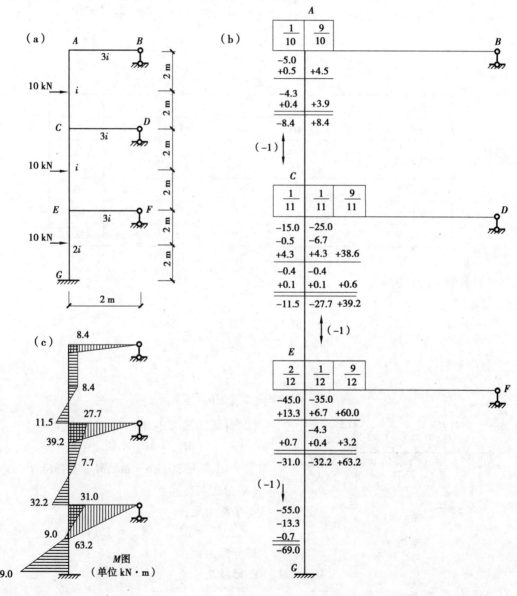

图 7.13

【**例7.7**】 用力矩分配法作如图7.14(a)所示结构的弯矩图。

【**解**】 图7.14(a)为有侧移结构,因结构对称,故作用对称荷载,B点水平位移为零,即该结构侧移为零,可利用力矩分配法进行计算,但有两个转角未知数。本题利用对称性取等代结构(图7.14(b)),只有一个转角未知数,一次分配与传递就可得到精确解答。原结构在B,G点作用的对称水平力,只在$BDFG$杆产生轴力,对其他杆件无影响。

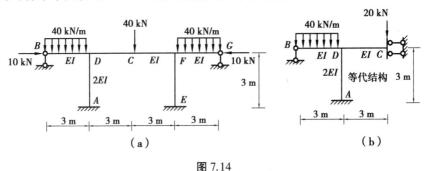

图 7.14

表 7.3

结点	A	B	D			C
杆端	AD	BD	DA	DB	DC	CD
分配系数			$\dfrac{2}{3}$	$\dfrac{1}{4}$	$\dfrac{1}{12}$	
固端弯矩	0	0	0	45	−30	−30
分配传递	−5	0	−10	−3.75	−1.25	1.25
杆端弯矩	−5	0	−10	41.25	−31.25	−28.75

(1)计算分配系数。

转动刚度:

$$S_{DA} = \frac{8EI}{3}, S_{DB} = \frac{3EI}{3}, S_{DC} = \frac{EI}{3}$$

分配系数:

$$\mu_{DA} = \frac{2}{3} \quad \mu_{DB} = \frac{1}{4} \quad \mu_{DC} = \frac{1}{12}$$

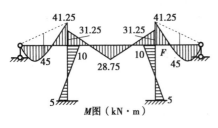

图 7.15

(2)计算固端弯矩,即
$$M_{AD}^{F} = M_{DA}^{F} = M_{BD}^{F} = 0$$
$$M_{DC}^{F} = M_{CD}^{F} = -30(\text{kN} \cdot \text{m}), M_{DB}^{F} = 45(\text{kN} \cdot \text{m})$$

(3)分配与传递。

不平衡力矩:
$$M_{D} = M_{DB}^{F} + M_{DC}^{F} = 15(\text{kN} \cdot \text{m})$$

被分配力矩:
$$M = -M_{D} = -15(\text{kN} \cdot \text{m})$$

分配传递,求杆端弯矩,见表7.3。

由区段叠加法作等代结构的最终弯矩图,另一半结构由对称性得到,如图 7.15 所示。

思考题

1.力矩分配法中的分配系数、传递系数与外部因素(荷载、温度变化等)是否有关?

2.若图示各杆件线刚度 i 相同,则各杆 A 端的转动刚度 S 分别为多少?

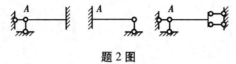

题 2 图

3.图示结构 EI = 常数,用力矩分配法计算时分配系数 μ_{A4} 为多少?

4.图示结构用力矩分配法计算时,分配系数 $\mu_{AB}=1/2,\mu_{AD}=1/8$ 是否正确?

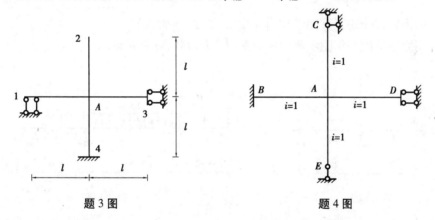

题 3 图   题 4 图

5.用力矩分配法计算图示结构,各杆 l 相同,EI = 常数。其分配系数 $\mu_{BA}=0.8$,$\mu_{BC}=0.2$,$\mu_{BD}=0$ 是否正确?

6.在力矩分配法中反复进行力矩分配及传递,结点不平衡力矩越来越小,主要是因为分配系数及传递系数< 1。

7.若用力矩分配法计算图示刚架,则结点 A 的不平衡力矩为多少?

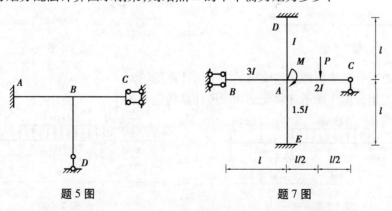

题 5 图   题 7 图

习 题

7.1　用力矩分配法作图示结构的 M 图。已知 $M_0 = 15$ kN·m，$\mu_{BA} = 3/7$，$\mu_{BC} = 4/7$，$P = 24$ kN。

7.2　用力矩分配法计算连续梁并求支座 B 的反力。

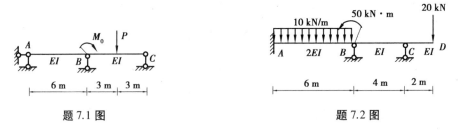

题 7.1 图　　　　　　　　　　　题 7.2 图

7.3　用力矩分配法计算图示结构并作 M 图（EI = 常数）。

7.4　用力矩分配法作图示梁的弯矩图（EI 为常数，计算两轮）。

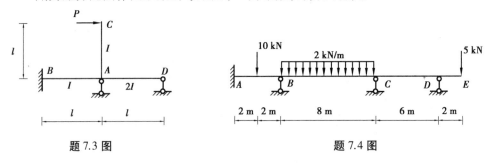

题 7.3 图　　　　　　　　　　　题 7.4 图

7.5　用力矩分配法作图示梁的弯矩图（EI 为常数，计算两轮）。

7.6　计算图示结构的力矩分配系数和固端弯矩。

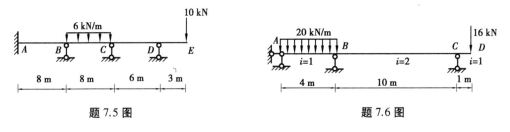

题 7.5 图　　　　　　　　　　　题 7.6 图

7.7　用力矩分配法作图示连续梁的 M 图（计算两轮）。

7.8　用力矩分配作图示连续梁的 M 图（计算两轮）。

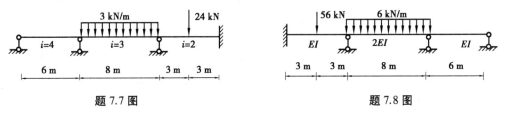

题 7.7 图　　　　　　　　　　　题 7.8 图

7.9　用力矩分配法作图示结构 M 图。

7.10 求图示结构的力矩分配系数和固端弯矩($EI=$常数)。

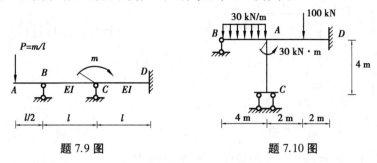

题 7.9 图   题 7.10 图

7.11 已知 $q=20$ kN/m, $\mu_{AB}=0.32$, $\mu_{AC}=0.28$, $\mu_{AD}=0.25$, $\mu_{AE}=0.15$。用力矩分配法作图示结构的 M 图。

7.12 已知 $q=20$ kN/m, $M_0=100$ kN·m, $\mu_{AB}=0.4$, $\mu_{AC}=0.35$, $\mu_{AD}=0.25$。用力矩分配法作图示结构的 M 图。

7.13 已知图示结构的力矩分配系数 $\mu_{A1}=8/13$, $\mu_{A2}=2/13$, $\mu_{A3}=3/13$, 作 M 图。

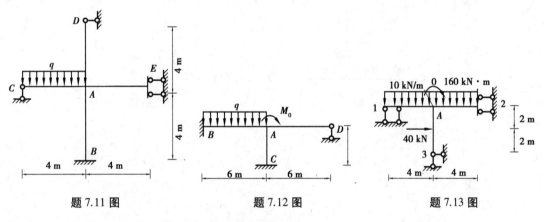

题 7.11 图   题 7.12 图   题 7.13 图

7.14 求图示结构的力矩分配系数和固端弯矩。

7.15 求图示结构的力矩分配系数和固端弯矩($EI=$常数)。

7.16 用力矩分配法作图示结构 M 图。已知 $P=10$ kN, $q=2.5$ kN/m,各杆 EI 相同,杆长均为 4 m。

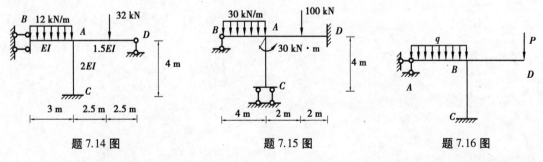

题 7.14 图   题 7.15 图   题 7.16 图

7.17 用力矩分配法作图示结构的 M 图。已知 $P=10$ kN, $q=2$ kN/m,横梁抗弯刚度为 $2EI$,柱抗弯刚度为 EI。

7.18 用力矩分配法计算图示结构,并作 M 图。

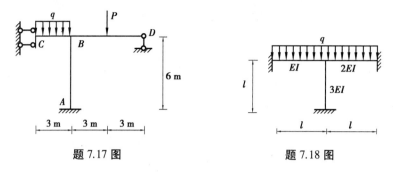

题 7.17 图   题 7.18 图

7.19 用力矩分配法计算并作图示结构 M 图(EI=常数)。

7.20 求图示结构的力矩分配系数和固端弯矩。已知 $q=20$ kN/m,各杆 EI 相同。

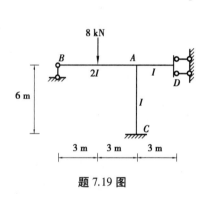 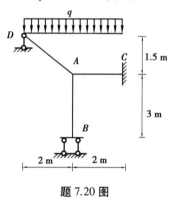

题 7.19 图   题 7.20 图

8

影响线及其应用

8.1 概　述

前面各章所讨论的都是各种结构在恒载作用下的静力计算。恒载的作用位置是不变的，它所引起的结构上任一量值（如支座反力，某一截面的内力、挠度等）也是不变的，只需作出所

需量值的分布图（简称量布图，如弯矩图等），便可得知该量值沿结构分布的情况。然而，一般工程结构除了承受恒载外，还将受到活载的作用。例如，吊车梁要承受吊车荷载（图 8.1），桥梁要承受汽车、火车荷载等。在进行结构设计时，需要算出结构在恒载和活载共同作用下各量

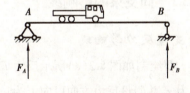

图 8.1

值的最大值。这样，就需要研究活载作用下结构各量值的变化规律，以便找出它们的最大值。

严格来说，活载是一种动力荷载。但为了简化计算，在工程设计中常把它作为一种位置在变化的静力荷载来处理，而对其动力效应则用一个相应的动荷系数来表示。这样，结构在活载作用下的计算，从原理上讲与静力计算无异，只是荷载位置不是固定的。

在移动荷载作用下，结构的反力、内力及位移都将随荷载位置的移动而变化，它们都是荷载位置的函数。结构设计中，必须求出各量值（如某一反力、某一截面内力或某点位移）的最大值。因此，寻求产生与该量值最大值对应的荷载位置，即**最不利荷载位置**，并进而求出该量值的最大值，就是移动荷载作用下结构计算中必须解决的问题。

工程结构中所遇到的荷载通常都是由一系列间距不变的竖向荷载组成的。其类型很多，

不可能对它们逐一加以研究。为了使问题简化,可从各类移动荷载中抽象出一个共同具有的

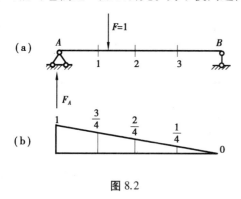

图 8.2

最基本、最简单的单位集中荷载 $F=1$,首先研究这个单位集中荷载 $F=1$ 在结构上移动时对某一量值的影响,然后再利用叠加原理确定各类移动荷载对该量值的影响。为了更直观地描述上述问题,可把某量值随荷载 $F=1$ 的位置移动而变化的规律(即函数关系)用图形表示出来,这种图形称为该量值的影响线。如图8.2所示为支座 A 的反力的影响线。

由此可得影响线的定义如下:**当一个指向不变的单位集中荷载(通常其方向是竖直向下的)沿结构移动时,表示某一指定量值变化规律的图形,称为该量值的影响线。**

若某量值的影响线绘出后,即可借助于叠加原理及函数极值的概念,将该量值在实际移动荷载作用下的最大值求出。下面首先讨论影响线的绘制。

8.2 用静力法作单跨静定梁的影响线

绘制影响线有两种方法,即静力法和机动法。静力法是以移动荷载的作用位置 x 为变量,然后根据平衡条件求出所求量值与荷载位置 x 之间的函数关系式,即影响线方程。再由方程作出图形即为影响线。

8.2.1 简支梁的影响线

1)支座反力影响线

要绘制如图 8.3(a)所示反力 F_A 的影响线,可设 A 为坐标原点,荷载 $F=1$ 距 A 支座的距离为 x,并假设反力方向以向上为正。

由平衡方程 $\sum M_B = 0$,得

$$F_A \times l - 1 \times (l - x) = 0$$

$$F_A = \frac{l - x}{l} \qquad (0 \leqslant x \leqslant l)$$

上式称为反力 F_A 的影响线方程,它是 x 的一次式,即 F_A 的影响线是一段直线。为此,可定出以下两点:

当 $x=0$ 时

$$F_A = 1$$

当 $x=1$ 时

$$F_A = 0$$

即可绘出反力 F_A 的影响线,如图8.3(b)所示。

　　绘影响线图形时,通常规定量值为正时,画在基线的上方;反之,画在下方。同时,要求在图中注明正、负号。根据影响线的定义, F_A 影响线中的任一纵距 y_K 即代表当荷载 $F = 1$ 移动至梁上 K 处时反力 F_A 的大小。

　　绘制 F_B 的影响线时,利用平衡方程 $\sum M_A = 0$,可得

$$F_B \times l - 1 \times x = 0$$

$$F_B = \frac{x}{l} \qquad (0 \leqslant x \leqslant l)$$

它也是 x 的一次式,故 F_B 的影响线也是一条直线,如图8.3(c)所示。

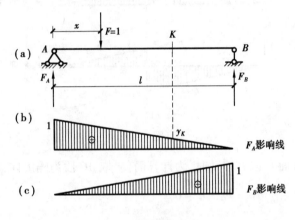

图 8.3

　　由上述可知,反力影响线的特点:跨度之间为一直线,最大纵距在该支座上,其值为1;最小纵距在另一支座上,其值为0。

　　作影响线时,由于单位荷载 $F = 1$ 为量纲是1的量,因此,反力影响线的纵距也是量纲是1的量。以后利用影响线研究实际荷载对某一量值的影响线时,应乘上荷载的相应单位。

2)弯矩影响线

　　设要绘制任一截面 C(图8.4(a))的弯矩影响线。仍以 A 点为坐标原点,荷载 $F = 1$ 距 A 点的距离为 x。当 $F = 1$ 在截面 C 以左的梁段 AC 上移动时($0 \leqslant x \leqslant a$),为计算简便起见,可取 CB 段为隔离体,并规定使梁的下侧纤维受拉的弯矩为正,由平衡方程 $\sum M_C = 0$, 得

$$M_C - F_B \cdot b = 0$$

$$M_C = F_B \cdot b = \frac{x}{l} \cdot b \qquad (0 \leqslant x \leqslant a)$$

可知, M_C 影响线在 AC 之间为一直线,并且

当 $x = 0$ 时

$$M_C = 0$$

当 $x=a$ 时

$$M_C = \frac{ab}{l}$$

据此,可绘出 $F=1$ 在 AC 之间移动时 M_C 的影响线,如图 8.4(b)所示。

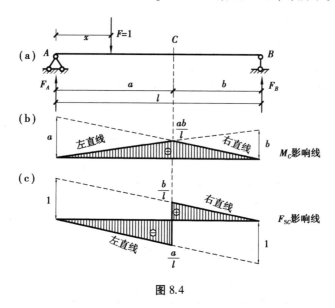

图 8.4

当荷载 $F=1$ 在截面 C 以右移动时,为计算简便,取 AC 段为隔离体,由 $\sum M_C = 0$,得

$$M_C - F_A \cdot a = 0$$

$$M_C = F_A \cdot a = \frac{l-x}{l} \cdot a \qquad (a \leqslant x \leqslant l)$$

上式表明,M_C 的影响线在截面 C 以右部分也是一直线。

当 $x=a$ 时

$$M_C = \frac{ab}{l}$$

当 $x=l$ 时

$$M_C = 0$$

即可绘出当 $F=1$ 在截面 C 以右移动时 M_C 的影响线。M_C 影响线如图 8.4(b)所示。M_C 的影响线由两段直线组成,呈一三角形,两直线的交点即三角形的顶点就在截面 C 处,其纵距为 $\frac{ab}{l}$。通常称截面 C 以左的直线为左直线,截面 C 以右的直线为右直线。

由上述弯矩影响线方程可知,左直线可由反力 F_B 的影响线乘以常数 b 所取 AC 段而得到;而右直线可由反力 F_A 的影响线乘以常数 a 并取 CB 段而得到。这种利用已知量值的影响线来作其他未知量值影响线的方法,常会带来很大的方便,以后经常用到。弯矩影响线的纵距的量纲是长度的量纲。

3）剪力影响线

设要绘制截面 C（图 8.4(a)）的剪力影响线。当 $F=1$ 在 AC 段移动时（$0 \leqslant x < a$），可取 CB 部分为隔离体，由 $\sum F_y = 0$，得

$$F_{SC} + F_B = 0$$
$$F_{SC} = -F_B$$

由此可知，在 AC 段内，F_{SC} 的影响线与反力 F_B 的影响线相同，但正负号相反。因此，可先把 F_B 影响线画在基线下面，再取其中的 AC 部分。C 点的纵距由比例关系可知为 $-a/l$。该段称为 F_{SC} 影响线的左直线，如图 8.4(c) 所示。当 $F=1$ 在 CB 段移动时（$a < x \leqslant l$），可取 AC 段为隔离体，由 $\sum F_y = 0$，得

$$F_A - F_{SC} = 0$$
$$F_{SC} = F_A$$

此式即为 F_{SC} 影响线的右直线方程，它与 F_A 影响线完全相同。画图时，可先作出 F_A 影响线，而后取其 CB 段，如图 8.4(c) 所示。C 点的纵距由比例关系知为 b/l。显然，F_{SC} 影响线由两段互相平行的直线组成，其纵距在 C 处有突变（由 $-a/l$ 变为 b/l），突变值为 1。当 $F=1$ 恰好作用在 C 点时，F_{SC} 的值是不确定的。剪力影响线的纵距为量纲 1 的量。

8.2.2　伸臂梁的影响线

1）支座反力影响线

如图 8.5(a) 所示的伸臂梁，取 A 支座为坐标原点，x 以向右为正。由平衡条件，可求得反力 F_A 和 F_B 的影响线方程为

$$\left. \begin{array}{l} F_A = \dfrac{l-x}{l} \\[3mm] F_B = \dfrac{x}{l} \end{array} \right\} \qquad (-l_1 \leqslant x \leqslant l + l_2)$$

当 $F=1$ 在 A 点以左时，x 为负值，故以上两方程在全梁范围内均适用。因方程与相应简支梁的反力影响线方程完全相同，故只需将简支梁反力影响线向两伸臂部分延长，即可得到伸臂梁的反力影响线，如图 8.5(b)、(c) 所示。

2）跨内截面内力影响线

为求两支座间任一截面 C 的弯矩和剪力影响线，首先应写出影响线方程。当 $F=1$ 在截面 C 以左移动时，取截面 C 以右部分为隔离体。由平衡条件得

$$M_C = F_B \cdot b, \qquad F_{SC} = -F_B$$

当 $F=1$ 在截面 C 以右部分移动时，取截面 C 以左部分为隔离体，由平衡条件得

$$M_C = F_A \cdot a, \qquad F_{SC} = F_A$$

由此可知，M_C 和 F_{SC} 的影响线方程和简支梁相应截面的相同。因而与作反力影响线一样，只需将相应简支梁截面 C 的弯矩和剪力影响线的左右两直线向两伸臂部分延长，即可得到伸臂梁的 M_C 和 F_{SC} 影响线，如图 8.5(d)、(e) 所示。

3）伸臂截面的内力影响线

为了求伸臂部分任一截面 K（图 8.6(a)）的内力影响线，为计算方便，可取 K 点为坐标原

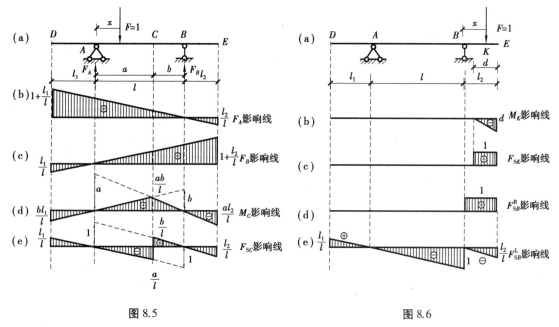

图 8.5   图 8.6

点，x 仍以向右为正。当 $F=1$ 在 K 点以左移动时，取截面 K 的右边为隔离体，由平衡方程得

$$M_K = 0$$

$$F_{SK} = 0$$

当 $F=1$ 在 K 点右边移动时，仍取截面 K 的右边为隔离体，得

$$M_K = -x \qquad (0 \leqslant x \leqslant d)$$

$$F_{SK} = +1$$

由此可作出 M_K 和 F_{SK} 的影响线，如图 8.6(b)、(c)所示。

绘支座两侧截面的剪力影响线时，应分清是属于跨内截面还是伸臂部分截面。例如，支座 B 的左侧截面剪力 F_{SB}^L 的影响线，可由跨内截面 C 的 F_{SC} 影响线（图 8.5(e)）使截面 C 趋近于支座 B 的左侧而得到，如图 8.6(e)所示。而支座 B 右侧截面的剪力 F_{SB}^R 的影响线可由 F_{SK} 的影响线使截面 F 趋近于 B 支座右侧而得到，如图 8.6(d)所示。

最后需要指出，对于静定结构，因其反力和内力影响线方程均为 x 的一次式，故影响线都是由直线所组成的。

4)影响线与内力图的比较

影响线与内力图是截然不同的，初学者容易将两者混淆。尽管两者均表示某种函数关系的图形，但各自的自变量和因变量是不同的。现以简支梁弯矩影响线和弯矩图为例进行比较。

图 8.7(a)表示简支梁的弯矩 M_C 影响线，图 8.7(b)表示荷载 F 作用在 C 点时的弯矩图。两图形状相似，但各纵距代表的含义却截然不同。例如，D 点的纵距，在 M_C 影响线中，y_D 代表 $F=1$ 移动至 D 点时引起的截面 C 的弯矩的大小。而弯矩图中，y_D 代表固定荷载 F 作用在 C 点时产生的截面 D 的弯矩值 M_D。其他内力图与内力影响线的区别也与上相同。

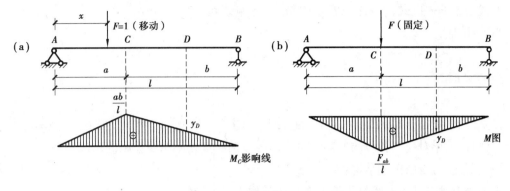

图 8.7

8.3 间接荷载作用下的影响线

在桥梁及房屋建筑中的某些主梁计算时,常假定纵梁简支在横梁上,横梁再简支在主梁上,荷载直接作用在纵梁上,通过横梁传给主梁,如图 8.8(a)所示。主梁只在放横梁处(结点处)受到集中力作用。对主梁而言,这种荷载称为间接荷载(或称结点荷载)。

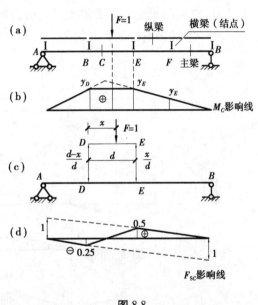

图 8.8

下面讨论在间接荷载作用下,主梁各种量值影响线的作法。现以主梁上截面 C 的弯矩影响线为例进行说明。

首先,当荷载 $F=1$ 移动到各结点处,如 A,D,E,F,B 处时,则与荷载直接作用在主梁上的情况完全相同。因此,荷载直接作用在主梁上时 M_C 影响线(图 8.8(b))中各结点处的纵距 y_A,y_D,y_E,y_F,y_B 也是主梁在间接荷载作用下各结点处 M_C 影响线的纵距。

其次,当荷载 $F=1$ 在任意两相邻结点 D,E 之间的纵梁上移动时,主梁将只在 D,E 两点处分别受到结点荷载 $\dfrac{d-x}{d}$ 及 $\dfrac{x}{d}$ 的作用,如图 8.8(c)所示。由影响线的定义及叠加原理可知,在上述两结点荷载共同作用下 M_C 值应为

$$y = \frac{d-x}{d}y_D - \frac{x}{d}y_E$$

这便是 $F=1$ 在纵梁 DE 段时,主梁 DE 段的影响线方程。

上式是 x 的一次式,表明在 DE 段内 M_C 的影响线是一直线,且由

当 $x=0$ 时

$$y = y_D$$

当 $x=d$ 时

$$y = y_E$$

可知,此直线是连接纵距 y_D 及 y_E 的直线,如图 8.8(b)所示。同理,当 $F=1$ 在其他各纵梁上移动时,主梁对应的各段的影响线也应是各段两结点处影响线纵距的连线。

综上所述,可得出以下结论:

①主梁上结点处影响线量值等于直接荷载作用下的量值。

②两结点之间影响线呈直线变化。

由此,可总结出绘制间接荷载下主梁某量值影响线的方法:

①首先作出直接荷载作用下所求量值的影响线,确定各结点处的纵距。

②在每一根梁段范围内,将各结点处纵距联成直线,即为该量值的影响线。

按上述方法,不难绘出主梁截面 C 的剪力影响线,如图 8.8(d)所示。如图 8.9 所示为间接荷载作用下主梁影响线的另一例子。

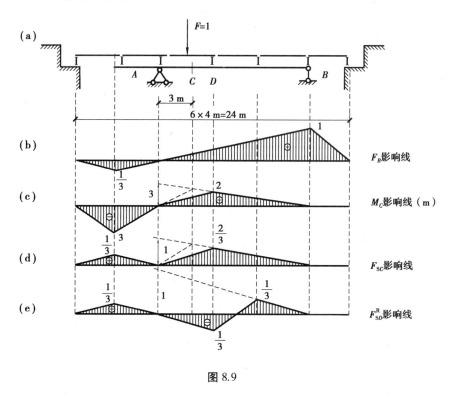

图 8.9

8.4 用机动法作单跨静定梁的影响线

机动法作影响线是以虚位移原理为依据的,它把求内力或支座反力影响线的静力问题转化为作位移图的几何问题。下面先以绘制如图 8.10(a)所示简支梁的反力 F_A 影响线为例,说明用机动法作影响线的概念和步骤。

为求反力 F_A,应将与其相应的联系去掉,代之以正向的反力 F_A,如图 8.10(b)所示。此时,原结构变成为具有一个自由度的几何可变体系。然后给体系沿 F_A 正向以微小虚位移,即 AB 梁绕 B 支座作微小转动,并以 δ_A 和 δ_P 分别表示在 F_A 和 F 的作用点沿其作用方向上的虚位移。梁在 F_A、F、F_B 共同作用下处于平衡状态。根据虚位移原理,它们所做的虚功总和应等于零。虚功方程为

$$F_A \cdot \delta_A + F \cdot \delta_P = 0$$

作影响线时,因 $F = 1$,故得

$$F_A = -\delta_P / \delta_A$$

式中 δ_A——反力 F_A 的作用点沿其方向上的位移,在给定的虚位移下它是常数;

δ_P——在荷载 $F = 1$ 作用点沿其方向上的位移,由于 $F = 1$ 是在梁上移动的,因此 δ_P 就是沿着荷载移动的各点的竖向虚位移图。

可见,F_A 的影响线与位移图 δ_P 成正比,将位移图 δ_P 的纵距除以 δ_A 并反号,就得到 F_A 的影响线。为方便起见,可令 $\delta_A = 1$,则上式成为 $F_A = -\delta_P$,也即此时的虚位移图即代表 F_A 的影响线,只是符号相反。但是,虚位移 δ_P 应是与力 $F = 1$ 方向一致为正,即以向下为正。因而可知,当 δ_P 向下时,F_A 为负;当 δ_P 向上时,F_A 为正。这与影响线的纵距正值者画在基线上方恰好一致,从而可得 F_A 的影响线,如图 8.10(c)所示。

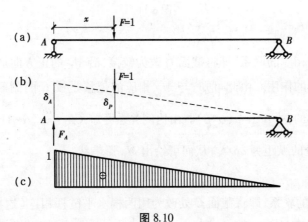

图 8.10

由 A 支座反力 F_A 影响线的绘制过程,可总结出机动法作影响线的步骤如下:

①欲作某一量值 S 的影响线,应撤去与 S 相应的联系,代之以正向的未知约束力 S。

②使体系沿 S 的正方向发生单位虚位移($\delta = 1$),从而可得出荷载作用点的竖向位移图

（δ_P 图），此位移图即是 S 的影响线。

③注明影响线的正负号：在横坐标以上的图形为正，反之为负。机动法的优点是不需经过计算即可绘出影响线的轮廓。在工程中，当仅需要知道影响线的轮廓，用以确定最不利荷载位置时，用机动法特别方便。此外，还可用机动法来校核用静力法作出的影响线。

现按上述步骤，用机动法作如图 8.11（a）所示简支梁截面 C 的弯矩和剪力影响线。

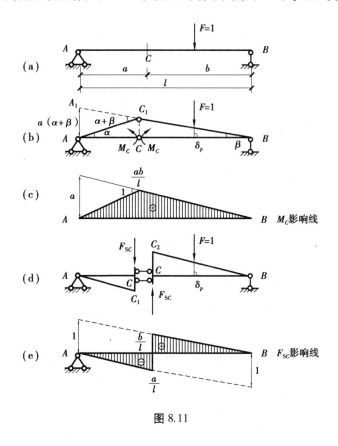

图 8.11

1）弯矩影响线

首先撤去与 M_C 相应的联系，即将截面 C 改为铰接，沿 M_C 的正方向加一对等值反向的力偶 M_C 代替原有联系的作用。由此可知，与 M_C 相应的位移是铰 C 两侧截面的相对转角（$\alpha+\beta$）。因（$\alpha+\beta$）是微小的，故 $AA_1=a(\alpha+\beta)$。由比例关系可知，$CC_1=\dfrac{ab}{l}(\alpha+\beta)$。若令（$\alpha+\beta$）= 1，即可求出影响线顶点处的纵距为 ab/l。从而可绘出 M_C 影响线。

2）剪力影响线

撤去与 F_{sC} 相应的联系，即将截面 C 处改为用两根水平链杆相连（这样，该截面不能抵抗剪力但仍能承受弯矩和轴力），同时加上一对正向剪力 F_{sC} 代替原有联系的作用。再令该体系沿 F_{sC} 正方向发生虚位移。由虚功原理有

$$F_{sC} \cdot (CC_1 + CC_2) + F\delta_P = 0$$

得

$$F_{SC} = -\frac{\delta_P}{CC_1 + CC_2}$$

此时,(CC_1+CC_2)为C左右两截面的相对竖向位移,令$(CC_1+CC_2)=1$,则所得的虚位移图即为F_{SC}影响线。因截面C处只能发生相对竖向位移,不能发生相对转动和水平移动,故在虚位移图中AC_1和C_2B两直线为平行线,即F_{SC}影响线的左右两直线是相互平行的。

8.5 多跨静定梁的影响线

与作单跨静定梁影响线一样,作多跨静定梁的影响线也有静力法和机动法。

8.5.1 静力法作多跨静定梁的影响线

用静力法作多跨静定梁的影响线,首先要分清基本部分和附属部分以及各部分之间的传力关系。再将多跨静定梁的每个梁段看成一个单跨梁,然后利用单跨静定梁的已知影响线,则可绘出多跨静定梁的影响线。

如图 8.12(a)所示的多跨静定梁,图 8.12(b)为其层叠图。现要作弯矩 M_K 的影响线。当 $F=1$ 在 AC 段上移动时,CE 段为附属部分而不受力,故 M_K 的影响线在 AC 段内的纵距恒为零;当 $F=1$ 在 CE 段上移动时,此时 M_K 的影响线与 CE 段单独作为伸臂梁时相同;当 $F=1$ 在 EG 段上移动时,CE 梁则承受一个作用位置不变、而大小变化的力 F_{Ey} 的作用。若以 E 点为坐标原点,写出 F_{Ey} 的影响线方程为 $F_{Ey}=\dfrac{l-x}{l}$。可知,F_{Ey} 是 x 的一次式。由这个反力所引起的 CE 梁内指定截面的内力也是 x 的一次式,如 $M_K=-\dfrac{l_4 a}{l_3}F_{Ey}=-\dfrac{l_4 a(l-x)}{l_3}\cdot\dfrac{1}{l}$。这说明 M_K 的影响线在 EG 段内是一直线。画出直线只需定出两点,当 $x=0$ 时,$M_K=-\dfrac{l_4 a}{l_3}$;当 $x=l$ 时,$M_K=0$。M_K 影响线在全梁的变化图形如图 8.12(c)所示。

由上述分析可知,多跨静定梁反力及内力影响线的一般作法如下:

①当 $F=1$ 在所求量值所在的梁段上移动时,该量值的影响线与相应单跨静定梁影响线相同。

②当 $F=1$ 在对于该量值所在的梁段来说是附属部分的梁段上移动时,量值的影响线是一直线,可根据支座处纵距为零,铰处的纵距为已知的两点绘出。

③当 $F=1$ 在对于该量值所在的梁段来说是基本部分的梁段上移动时,该量值影响线的纵距为零。

按上述方法,即可作出 F_{SB}^L,F_{SB}^R 和 F_F 的影响线,如图 8.12(d)、(e)、(f)所示。

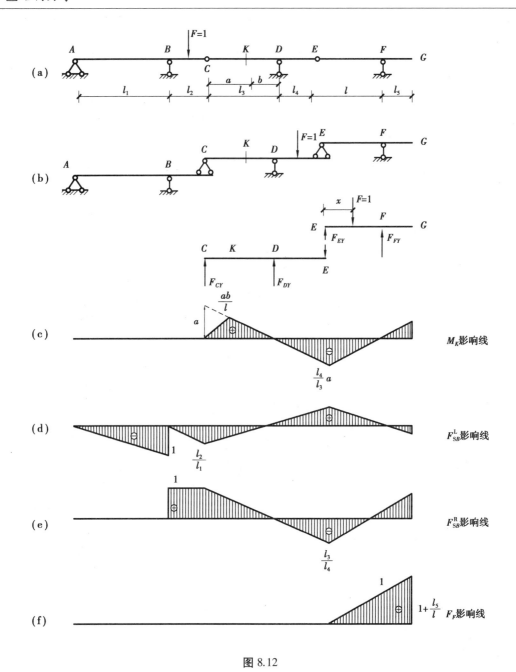

图 8.12

8.5.2 机动法作多跨静定梁的影响线

用机动法作多跨静定梁影响线的步骤与单跨梁完全相同。与静力法相比较显得更方便。首先去掉与所求量值 S 相应的联系,代之以未知力 S,然后使该体系沿 S 的正方向发生单位位移。此时,根据每一段梁的位移图应为一直线,以及在支座处竖向位移为零,便可很方便地绘出各部分的位移图。现用机动法校核如图 8.13(a)所示的多跨静定梁 M_K,F_{SB}^L,F_{SB}^R 和 F_F 影响线,绘于图 8.13(b)、(c)、(d)、(e)中。

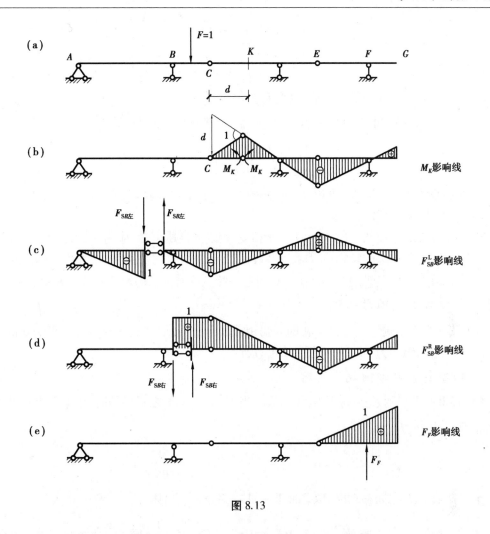

图 8.13

8.6　桁架的影响线

对于单跨静定梁式桁架,其支座反力的计算与相应的单跨静定梁相同,故其反力影响线也与单跨静定梁支座反力影响线完全一样。下面只讨论桁架杆件内力的影响线。

在桁架中,荷载一般是通过纵横梁系以结点荷载的形式而作用在桁架结点上,故前面讨论的关于间接荷载作用下影响线的性质,对桁架都是适用的,即桁架中任一杆件轴力影响线在相邻两结点之间应为一直线。

用静力法作桁架内力影响线时,与计算内力一样,采用结点法和截面法。现以如图 8.14(a) 所示下弦承受单位荷载 $F=1$ 的平行弦桁架为例,说明桁架杆件内力影响线的绘制方法。

1)上弦杆轴力 F_{N89} 的影响线

作截面 Ⅰ—Ⅰ,当 $F=1$ 在 A,2 段移动时,取截面右部分为隔离体,由 $\sum M_2 = 0$,得

$$F_B \cdot 4d + F_{N89} \cdot h = 0$$
$$F_{N89} = -4d/h \cdot F_B \tag{a}$$

由式(a)可知,将反力 F_B 的影响线乘以 $4d/h$,并画在基线的下方,取其对应于 $A,2$ 之间的一段,即可得到 F_{N89} 在该部分的影响线,称为左直线。

当 $F=1$ 在 $3,B$ 之间移动时,取截面 Ⅰ—Ⅰ 的左部分为隔离体,由 $\sum M_2 = 0$,得

$$F_A \cdot 2d + F_{N89} \cdot h = 0$$
$$F_{N89} = -2d/h \cdot F_A \tag{b}$$

可知,将反力 F_A 的影响线乘以 $2d/h$,并画在基线下方,取其对应于 $3,B$ 之间的一段,即可得 F_{N89} 影响线的右直线。

当 $F=1$ 在 $2,3$ 之间移动时,由间接荷载下影响线的性质可知,应为一直线,即将结点 $2,3$ 处的纵距相连,可得 F_{N89} 的影响线,如图 8.14(b) 所示。由几何关系可知,左右两直线的交点恰好在矩心 2 的下面,其纵距为 $4d/3h$。利用这一特点可对 F_{N89} 的影响线进行校核。

2) 下弦杆轴力 F_{N23} 的影响线

与上弦杆内力影响线作法完全相同。仍用截面 Ⅰ—Ⅰ,取结点 9 为矩心。影响线的顶点也在矩心 9 下面,纵距为 $3d/2h$,如图 8.14(c) 所示。

3) 斜杆轴力 F_{N72} 的影响线

作截面 Ⅱ—Ⅱ,用投影法求影响线方程。当 $F=1$ 在 $A,1$ 之间移动时,取截面 Ⅱ—Ⅱ右部分为隔离体,由 $\sum F_y = 0$,得

$$F_{N72}\sin \alpha + F_B = 0; \qquad F_{N72} = -\frac{1}{\sin \alpha} F_B$$

当 $F=1$ 在 $2,B$ 之间移动时,取截面 Ⅱ—Ⅱ左部分为隔离体,由 $\sum F_y = 0$,得

$$-F_{N72}\sin \alpha + F_A = 0; \qquad F_{N72} = \frac{1}{\sin \alpha} F_A$$

当 $F=1$ 在 $1,2$ 之间移动时,F_{N72} 的影响线为一直线。F_{N72} 影响线如图 8.14(d) 所示。

4) 竖杆轴力 F_{N17} 的影响线

取结点 1 为隔离体,用平衡方程 $\sum F_y = 0$,分别按 $F=1$ 在该结点及不在该结点两种情况建立:

①当 $F=1$ 移动至结点 1 时,$F_{N17} = 1$。

②当 $F=1$ 作用在其他各结点时,$F_{N17} = 0$。然后根据影响线在各节间应为直线的性质,即可绘出 F_{N17} 的影响线,如图 8.14(e) 所示。

如图 8.14(a) 所示的桁架,当 $F=1$ 在上弦移动时,欲求 F_{N17} 影响线,仍取结点 1 为隔离体,由 $\sum F_y = 0$ 可知,不论荷载作用在上弦哪个结点上,F_{N17} 恒为零。F_{N17} 的影响线则与基线重合,如图 8.14(f) 所示。

综上所述,作桁架影响线时,应特别注意桁架是下弦承载(纵横梁系安置在桁架下面,简称下承)还是上弦承载(上承),因为在两种情况下,某些杆件的内力影响线是不同的。

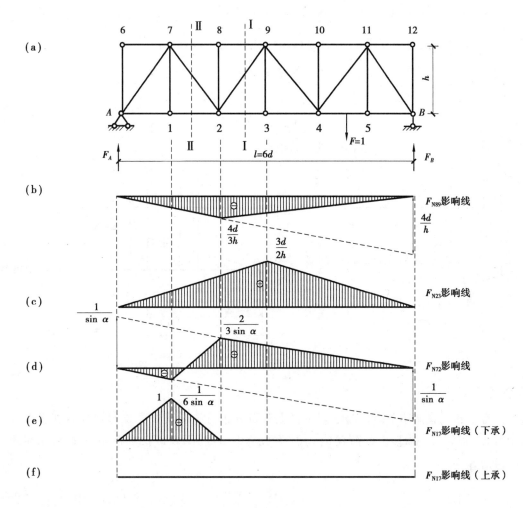

图 8.14

8.7 利用影响线求量值

1) 集中荷载作用

如图 8.15 所示,设某量值 S 的影响线已绘出,现有一组集中荷载 $F_1, F_2, \cdots, F_n$ 作用在结构的已知位置上,其对应于 S 影响线上的纵距分别为 $y_1, y_2, \cdots, y_n$。现要求利用量值 S 的影响线,求荷载作用下产生量值 S 的大小。由影响线的定义可知,y_1 表示荷载 $F=1$ 作用于该处时量值 S 的大小,若荷载不是单位荷载而是 F_1,则引起量值 S 的大小为 $F_1 y_1$。现有 n 个荷载同时作用,根据叠加原理,所产生的量值 S 为

$$S = F_1 y_1 + F_2 y_2 + \cdots + F_n y_n = \sum F_i y_i \tag{8.1}$$

当影响线某一直线段范围内有一组集中荷载作用时(图 8.16),为简化计算,也可用合力 F 来代替它们的作用。若将该段直线延长使之与基线交于 O 点,则有

$$S = F_1 y_1 + F_2 y_2 + \cdots + F_n y_n = (F_1 x_1 + F_2 x_2 + \cdots + F_n x_n)\tan \alpha = \tan \alpha \sum F_i x_i$$

因 $\sum F_i x_i$ 为各分力对 O 点力矩之和,故根据合力矩定理,得

$$\sum F_i x_i = F_R \bar{x}$$

则

$$S = F_R \bar{x} \tan \alpha = F_R \bar{y} \tag{8.2}$$

式中 $\bar{y}$——合力 F_R 所对应的影响线的纵距。

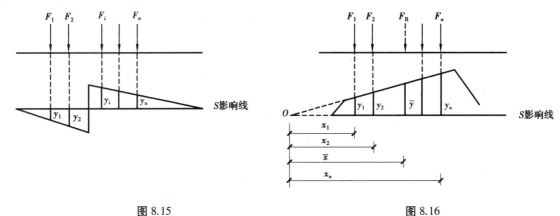

图 8.15

图 8.16

2)分布荷载作用

设有分布荷载作用于结构的已知位置上若将分布荷载沿其长度方向划分为许多无穷小的微段 $\mathrm{d}x$,可将每一微段上的荷载 $q(x)\mathrm{d}x$ 看成集中荷载(图 8.17),则在 ab 段内分布荷载产生的量值 S 为

$$S = \int_a^b q(x) \cdot y \cdot \mathrm{d}x \tag{8.3}$$

图 8.17

图 8.18

若 $q(x)$ 是均布荷载 q 时(图 8.18),则上式为

$$S = q\int_a^b y \cdot \mathrm{d}x = q \cdot A_\omega \tag{8.4}$$

式中 A_ω——均布荷载长度范围内影响线图形的面积。

若在该范围内影响线有正有负,则 A_ω 应为正负面积的代数和。

【例 8.1】 试利用影响线求如图 8.19(a)所示简支梁在荷载作用下截面 C 的剪力。

【解】 首先作出 F_{SC} 影响线,并求有关纵距值,如图 8.19(b)所示。其次由叠加原理,可得

$$F_{SC} = Fy_D + q \cdot A_\omega$$
$$= 60 \times 0.4 \text{ kN} + 20 \times [1/2 \times (0.2+0.6) \times 2.4 - 1/2 \times (0.2+0.4) \times 1.2] = 36 \text{(kN)}$$

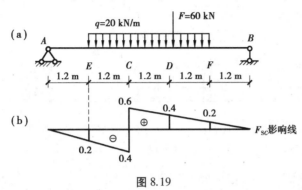

图 8.19

8.8 铁路和公路的标准荷载制

铁路上行驶的机车、车辆,公路上行驶的汽车、拖拉机等,规格不一,类型繁多,载运情况也相当复杂。结构设计时,不可能对每一种情况都进行计算,而是按照一种制订的统一的标准荷载进行设计。这种荷载是经过统计分析制订出来的,它既能概括当前各种类型车辆的情况,又必须考虑到将来交通发展的情况。

1) 铁路标准荷载制

我国铁路桥涵设计使用的标准荷载,称为"中华人民共和国铁路标准活载",简称为"中—活载"。它包括普通活载和特种活载两种,其形式如图 8.20 所示。一般设计时,采用普通活载,它代表一列火车的质量,前面 5 个集中荷载代表一台机车的 5 个轴重,中部一段 30 m长的均布荷载代表煤水车和与其相连挂的另一台机车与煤水车的平均质量。后面任意长的均布荷载,代表车辆的平均质量。特种活载代表某些机车、车辆的较大轴重。特种活载虽轴重较大,但轴数较少,故仅对小跨度桥梁(7 m 以下)控制设计。

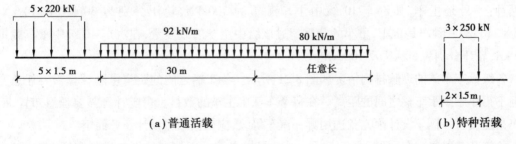

(a)普通活载   (b)特种活载

图 8.20

使用中—活载时,可由图示中任意截取,但不得变更轴间距。列车可由左端或右端进入桥涵,视何种方向产生更大的内力为准。如图 8.21 所示为单线上的荷载。若桥梁是由两片主

梁组成,则单线上每片主梁承受如图8.20所示荷载的1/2。

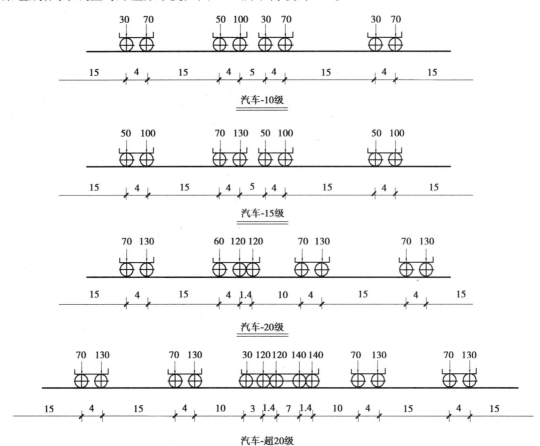

（轴重力单位：kN 尺寸单位：m）

图 8.21

2）公路标准荷载制

我国公路桥涵设计所使用的标准荷载有计算荷载和验算荷载两种。计算荷载以汽车车队表示,分别为汽车-10级、汽车-15级、汽车-20级及汽车-超20级4个等级。车队中的汽车有两种:一种是主车,如汽车-10级中主车载重为100 kN,轮压分别为30 kN和70 kN（图8.21）;另一种车是重车,重车的载重超过该级中主车的载质量,在汽车-10级中重车载重150 kN,轮压分别为50 kN及100 kN。

各级汽车车队的纵队排列情况如图8.21所示。各车辆之间的距离可随计算需要任意变更但不得小于图示车辆之间的距离。在每个车队中主车的数目也可随计算需要任意布置,但重车只能安排一辆。设计中究竟选用哪一汽车等级,应根据结构设计任务而定。

验算荷载以履带车、平板挂车表示。关于履带车及平板挂车的纵向排列和横向布置,详见中华人民共和国交通部部颁标准《公路工程技术标准》(JTJ 001—97)(1997年,人民交通出版社)。

8.9 最不利荷载位置

在移动荷载作用下,结构上某一量值 S 是随着荷载位置的变化而变化的。在结构设计中,需要求出量值 S 的最大正值 S_{max} 和最大负值 S_{min}(也称最小值)作为设计的依据。为此,必须首先确定产生某一量值最大值(或最小值)时的荷载位置,也即该量值的最不利荷载位置。最不利荷载位置确定后,即可按本节前述方法计算出该量值的最大值(或最小值)。影响线最主要的应用就在于用它来确定最不利荷载位置。

下面讨论在不同的荷载作用下,最不利荷载位置的确定方法。

1)单个集中荷载

此时,可凭直观得出:$S_{max} = Fy_{max}$,$S_{min} = Fy_{min}$(图8.22)。

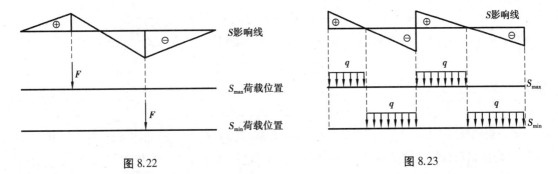

图 8.22　　　　　　　　　　图 8.23

2)可任意分割的均布荷载

由式(8.4)可知,$S = q \cdot A_{\omega}$。显然,将荷载布满影响线所有正面积的部分,则产生 S_{max};反之,将荷载布满对应影响线所有负面积的部分,则产生 S_{min}(图8.23)。

3)行列荷载

行列荷载是指一系列间距不变的移动集中荷载(也包括均布荷载)。如中—活载、汽车车队等,其最不利荷载位置难以由直观得出,只能通过寻求 S 的极值条件来解决求 S_{max} 的问题。一般分以下两步进行:

①求出使量值 S 达到极值的荷载位置。该荷载位置称为荷载的临界位置。

②从荷载的临界位置中找出荷载的最不利位置,也即从 S 的极大值中找最大值,从极小值中找最小值。

(1)临界位置的判定

设某量值 S 的影响线(图8.24(a))为一折线形,各段直线的倾角分别为 $\alpha_1, \alpha_2, \cdots, \alpha_n$。取坐标轴 x 向右为正,y 轴向上为正,倾角 α 以逆时针转动为正。现有行列荷载作用于如图8.24(b)所示位置,此时产生的量值 S_1 为

$$S_1 = F_{R1}y_1 + F_{R2}y_2 + \cdots + F_{Rn}y_n = \sum F_{Ri}y_i$$

这里,$y_1, y_2, \cdots, y_n$ 分别为各段直线范围内荷载合力 $F_{R1}, F_{R2}, \cdots, F_{Rn}$ 对应的影响线的竖标。当整个荷载组向右移动微小距离 Δx(向右移动 Δx 为正),则此时产生的量值 S_2 为

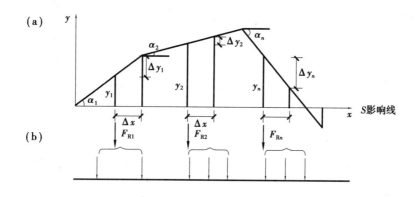

图 8.24

$$S_2 = F_{R1}(y_1 + \Delta y_1) + F_{R2}(y_2 + \Delta y_2) + \cdots + F_{Rn}(y_n + \Delta y_n)$$

量值 S 的增量为

$$\Delta S = S_2 - S_1 = F_{R1}\Delta y_1 + F_{R2}\Delta y_2 + \cdots + F_{Rn}\Delta y_n$$
$$= F_{R1}\Delta x \tan \alpha_1 + F_{R2}\Delta x \tan \alpha_2 + \cdots + F_{Rn}\Delta x \tan \alpha_n$$
$$= \Delta x \sum F_{Ri}\tan \alpha_i$$

即

$$\Delta S / \Delta x = \sum F_{Ri}\tan \alpha_i$$

由数学可知,函数的一阶导数为零或变号处函数可能存在极值,如图 8.25 所示。其中,图 8.25(a)是分布荷载的极值条件,后一种则用于集中荷载。此时,极值两边的导数必定符号相反。

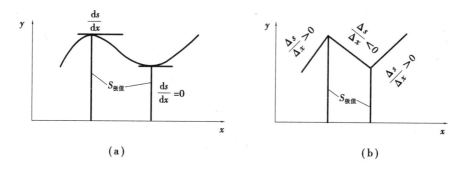

图 8.25

可知,使 S 成为极大值的条件是:荷载自该位置向左或向右移动时,量值 S 均应减小或保持不变,即 $\Delta S < 0$。因荷载向左移动时 $\Delta x < 0$,而向右移动时 $\Delta x > 0$,故使 S 成为极大值的条件如下:

荷载稍向左移

$$\sum F_{Ri}\tan \alpha_i > 0$$

荷载稍向右移

$$\sum F_{Ri}\tan \alpha_i < 0 \qquad\qquad (8.5a)$$

同理,使 S 成为极小值的条件如下:

荷载稍向左移

$$\sum F_{Ri} \tan \alpha_i < 0$$

荷载稍向右移

$$\sum F_{Ri} \tan \alpha_i > 0 \qquad (8.5b)$$

若只讨论 $\sum F_{Ri} \tan \alpha_i \neq 0$ 的情况,可得以下结论:当荷载组向左或向右移动微小距离时, $\sum F_{Ri} \tan \alpha_i$ 必须变号,S 才产生极值。

下面讨论在什么情况下 $\sum F_{Ri} \tan \alpha_i$ 才有可能变号。由于 $\tan \alpha_i$ 是影响线中各段直线的斜率,是常数,并不随荷载位置而改变。因此,要使 $\sum F_{Ri} \tan \alpha_i$ 改变符号,只有各段内的合力 F_{Ri} 改变数值才有可能。而要使 F_{Ri} 改变数值,只有当某一个集中荷载正好作用在影响线的某一顶点(转折点)处时,才有可能。当然,并不是每个集中荷载位于影响线顶点时都能使 $\sum F_{Ri} \tan \alpha_i$ 变号。把能使 $\sum F_{Ri} \tan \alpha_i$ 变号的荷载,也即使 S 产生极值的荷载称为临界荷载。此时,相应的荷载位置称为临界位置。这样,式(8.5a)及式(8.5b)称为临界位置的判别式。

一般情况下,临界位置可能不止一个,因此 S 的极值也不止一个,这时需要将各个 S 的极值分别求出,再从中找出最大(或最小)的 S 值。至于哪一个荷载是临界荷载,则需要试算,看将该荷载置于影响线某一顶点处是否能满足判别式。为了减少试算次数,可从以下两点估计最不利荷载位置:

①将行列荷载中数值较大,且较密集的部分置于影响线的最大纵距附近。

②位于同符号影响线范围内的荷载应尽可能多。

(2)确定最不利荷载位置的步骤

由以上分析可知,确定最不利荷载位置的一般步骤如下:

①从荷载中选定一个集中力 F_{Ri},使它位于影响线的一个顶点上。

②令荷载分别向左右移动(即当 F_{Ri} 在该顶点稍左或稍右)时,分别求 $\sum F_{Ri} \tan \alpha_i$ 的数值,看其是否变号(或由零变为非零,由非零变为零)。若变号,则此荷载位置为临界位置。

③对每一个临界位置求出 S 的一个极值,再找出最大值即为 S_{max},找出最小值即为 S_{min}。与产生该最大值及最小值所对应的荷载位置,即为最不利荷载位置。

【例8.2】 试求如图8.26(a)所示简支梁在中—活载作用下截面 C 的最大弯矩。

【解】 首先作出 M_C 影响线,如图8.26(b)所示。可求得各段斜率为

$$\tan \alpha_1 = \frac{5}{8} \qquad \tan \alpha_2 = \frac{1}{8} \qquad \tan \alpha_3 = -\frac{3}{8}$$

其次,由式(8.5)通过试算确定临界位置。

(1)先考虑列车从右向左开行时的情况。

①将轮4置于影响线顶点 E 处试算,如图8.26(c)所示。

由判别式(8.5),则:

荷载稍左移

$$\sum F_{Ri} \tan \alpha_i = 220 \times 5/8 + (3 \times 220) \times 1/8 - (220 + 92 \times 5) \times 3/8 (kN) < 0$$

荷载稍右移

$$\sum F_{Ri} \tan \alpha_i = 220 \times 5/8 + (2 \times 220) \times 1/8 - (2 \times 220 + 92 \times 5) \times 3/8 (kN) < 0$$

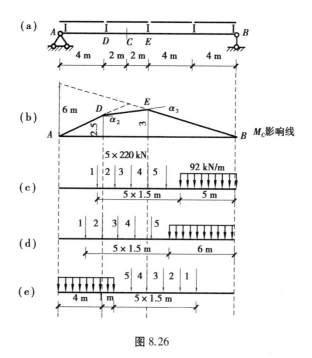

图 8.26

$\sum F_{\mathrm{R}i}\tan\alpha_i$ 未变号,说明轮 4 位于 E 点不是临界位置。应将荷载向左移到下一位置试算。

②将轮 2 置于 D 点试算,如图 8.26(d)所示,则:

荷载左移

$$\sum F_{\mathrm{R}i}\tan\alpha_i = (440) \times 5/8 + (440) \times 1/8 - (220 + 92 \times 6) \times 3/8 (\mathrm{kN \cdot m}) > 0$$

荷载右移

$$\sum F_{\mathrm{R}i}\tan\alpha_i = (220) \times 5/8 + (660) \times 1/8 - (220 + 92 \times 6) \times 3/8 (\mathrm{kN \cdot m}) < 0$$

$\sum F_{\mathrm{R}i}\tan\alpha_i$ 变号,可知轮 2 在 D 点为一临界位置。在算出各荷载对应的影响线纵距后(同一段直线上的荷载可用合力 F 代替),则此位置产生的 M_C 值为

$$M_C^{(1)} = \sum F_i y_i + q \cdot A_\omega$$
$$= 220 \times 1.562\ 5 + 660 \times 2.687\ 5 + 220 \times 2.812\ 5 + 92 \times 1/2 \times 6 \times 2.25$$
$$= 3\ 357.3 (\mathrm{kN \cdot m})$$

③经过继续试算可知,列车由右向左开行时只有上述一个临界位置。

(2)再考虑列车从左向右开行时的情况。

①先将轮 4 置于影响线顶点 E 处试算,如图 8.26(e)所示,则:

荷载左移

$$\sum F_{\mathrm{R}i}\tan\alpha_i = (92 \times 4) \times 5/8 + (92 \times 1 + 440) \times 1/6 - (660) \times 3/8 (\mathrm{kN}) > 0$$

荷载右移

$$\sum F_{\mathrm{R}i}\tan\alpha_i = (92 \times 4) \times 5/8 + (92 \times 1 + 220) \times 1/6 - (880) \times 3/8 (\mathrm{kN}) < 0$$

故知这也是一个临界位置。相应的 M_C 值为

$$M_C^{(2)} = \sum F_i y_i + q \cdot A_\omega$$
$$= 92 \times (1/2 \times 4 \times 2.5) + 92 \times [1/2 \times (2.625 + 2.5) \times 1] +$$
$$220 \times 2.812\,5 + 220 \times 3 + 660 \times 1.875 = 3\,212(\text{kN} \cdot \text{m})$$

②经继续试算表明,列车从左向右开行也只有上述一个临界位置。

③比较上面求得的 M_C 的两个极值可知,如图 8.26(d)所示荷载位置为最不利荷载位置。截面 C 的最大弯矩为

$$M_{C(\max)} = M_C^{(1)} = 3\,357.3(\text{kN} \cdot \text{m})$$

(3)三角形影响线时临界位置的判定

对于常遇到的三角形影响线,临界位置的判别式可用下面更简单的形式表示。如图 8.27 所示。设 S 影响线为一三角形,并设 F_{cr} 为临界荷载,分别用 F_{Ra}, F_{Rb} 表示 F_{cr} 左方、右方的荷载的合力,则式(8.5)可写为

荷载左移

$$(F_{Ra} + F_{cr})\tan\alpha - F_{Rb}\tan\beta > 0$$

荷载右移

$$F_{Ra}\tan\alpha - (F_{cr} + F_{Rb})\tan\beta < 0$$

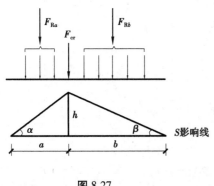 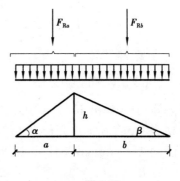

图 8.27   图 8.28

由图 8.27 可知,$\tan\alpha = h/a$,$\tan\beta = h/b$,代入上式,得

$$(F_{Ra} + F_{cr})/a > F_{Rb}/b$$
$$F_{Ra}/a < (F_{cr} + F_{Rb})/b \tag{8.6}$$

上式表明,临界位置的特点是把临界荷载 F_{cr} 算入哪一边,则哪一边的荷载平均集度就大。

还应指出,有时临界位置也可能在均布荷载跨过三角形影响线顶点时发生,如图 8.28 所示。此时,判别极值的条件应为 $\Delta S/\Delta x = \sum F_{Ri}\tan\alpha_i = 0$,即

$$F_{Ra} \cdot h/a + F_{Rb} \cdot (-h/b) = 0$$

可得

$$F_{Ra}/a = F_{Rb}/b \tag{8.7}$$

式(8.7)表明,在临界位置时,影响线顶点左右两边的荷载"平均集度"应相等。

对于直角三角形影响线,上述判别式均不适用。此时的最不利荷载位置,当荷载较简单时,一般可由直观判定。当荷载较复杂时,可按前述估计最不利荷载位置的原则,布置几种荷载位置,直接算出相应的 S 值,而选取其中最大者,最大 S 值对应的荷载位置就是使量值 S 为最大值的最不利荷载位置。

【例 8.3】 如图 8.29(a)所示跨度为 40 m 的简支梁,求在汽车-15 级荷载作用下截面 C 的最大弯矩。

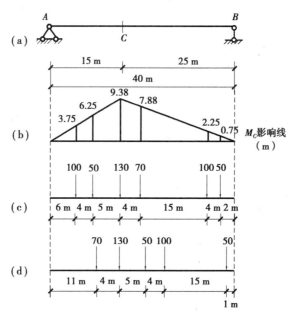

图 8.29

【解】 首先作出 M_C 的影响线,如图 8.29(b)所示。

(1)先考虑车队向右开行时的情况。

将重车后轮 130 kN 置于 C 点,如图 8.29(c)所示。用式(8.7)试算

$$(150 + 130)/15 > 220/25$$

$$150/15 < (130 + 220)/25$$

故知该位置为临界位置,相应的 M_C 值为

$$M_C^{(1)} = 100 \times 3.75 + 50 \times 6.25 + 130 \times 9.38 + 70 \times 7.88 +$$

$$100 \times 2.25 + 50 \times 0.75 = 2\ 720 (kN \cdot m)$$

因此时梁上荷载较多,且最重轮子位于影响线最大纵距处,故可不必考虑其他情况。

(2)再考虑车队向左开行的情况。

仍将重车后轮 130 kN 置于 C 点,如图 8.29(d)所示,有

$$\frac{70 + 130}{15} > \frac{200}{25}$$

$$\frac{70}{15} < \frac{130 + 200}{25}$$

可知,此位置也为临界位置,相应的 M_C 值为

$$M_C^{(2)} = 70 \times 6.88 + 130 \times 9.38 + 50 \times 7.5 +$$

$$100 \times 6.0 + 50 \times 0.38 = 2\ 694(\text{kN} \cdot \text{m})$$

在此情况下,其他荷载位置也无须考虑。

(3)比较上述结果可知,如图8.29(c)所示荷载位置为最不利荷载位置。最大弯矩值为

$$M_{C(\max)} = M_C^{(1)} = 2\ 720(\text{kN} \cdot \text{m})$$

【**例** 8.4】 求如图 8.30(a)所示跨度 48 m 的简支梁截面 C 的最大弯矩及截面 D 的最大剪力、最小剪力。移动活载为中—活载,梁由两片主梁组成。

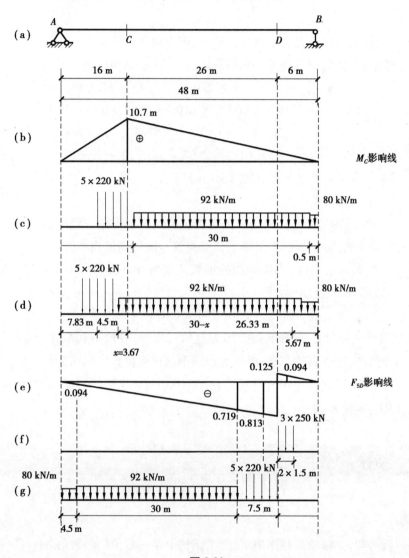

图 8.30

【**解**】 (1)求 M_C 的最大值。

首先作出 M_C 的影响线,如图 8.30(b)所示。影响线为三角形,故用式(8.7)试算。

此影响线顶点偏左,而中—活载又是前重后轻,故最不利荷载位置必定发生在列车向左开行的情况。这样才能使较重的荷载位于影响线顶点附近,且梁上荷载又较多。

将轮 5 置于顶点 C 处试算,如图 8.30(c)所示,则

$$5 \times 220/16 < (92 \times 30 + 80 \times 0.5)/32$$

$$4 \times 220/16 < (220 + 92 \times 30 + 80 \times 0.5)/32$$

故知不是临界位置。荷载应继续向左移动。设均布荷载左端跨过 C 点的距离为 x 时是临界位置,如图 8.30(d)所示,则由式(8.8),有

$$(5 \times 220 + 92x)/16 = [92 \times (30 - x) + 80 \times (2 + x)]/32$$

解得

$$x = 3.67 \text{ m}$$

算出 x 后,应注意前轮是否超出梁外。若是,则应重新计算 x 值。

目前无上述情况,故此位置即最不利荷载位置,一片主梁相应截面 C 的弯矩为

$$
\begin{aligned}
M_{C(\max)} = 1/2 \times \{ & 5 \times 220 \times 7.83/16 \times 10.7 + \\
& 92 \times 3.67/2 \times (10.7 + 12.33/16 \times 10.7) + \\
& 26.33/2 \times (10.7 + 5.67/32 \times 10.7) + \\
& 80 \times (1/2 \times 5.67 \times 5.67/32 \times 10.7) \} \\
= & 12\ 322(\text{kN} \cdot \text{m})
\end{aligned}
$$

(2)求 F_{SD} 的最大值及最小值。

作 F_{SD} 的影响线,如图 8.30(e)所示。因剪力影响线是由直角三角形组成的,故则判别式(8.5)至式(8.8)均不再适用。此时,最不利荷载位置一般可通过观察判定出。

在求截面 D 的最大剪力时,因影响线的加载长度为 6 m,小于 7 m,故应采用特种活载。最不利荷载位置如图 8.30(f)所示,则

$$F_{SD(\max)} = 1/2 \times (3 \times 250 \times 0.094) = 35.3(\text{kN})$$

求截面 D 的最小剪力时,因影响线图形为直角三角形,故最不利荷载位置只可能发生在列车从左向右开行时,通过直接观察,可判定出最不利荷载位置如图 8.30(g)所示,则

$$
\begin{aligned}
F_{SD(\max)} = 1/2 \{ & 80 \times (-1/2 \times 4.5 \times 0.094) + 92 \times [-1/2 \times (0.094 + 0.719) \times 30] + 5 \times 220 \times (-0.813) \} \\
= & -1\ 017(\text{kN})
\end{aligned}
$$

8.10 换算荷载

1)换算荷载

由前面分析可知,在移动荷载作用下,要求结构上某一量值的最大(最小)值,需经过试算才能确定相应的最不利荷载位置。计算工作量很大,比较麻烦。为了便于使用,实际工作中常利用预先编好的换算荷载表来求某一量值的最大值。

换算均布荷载的定义:**当一假想的均布荷载 K 所产生的某一量值,与指定的移动荷载产生的该量值的最大值 $S_{\max}$ 相等时,则该均布荷载 K 称为换算荷载**。由定义可得

$$KA_\omega = S_{\max}$$

式中 A_ω——量值 S 影响线的面积。

由上式便可求出任何移动荷载的换算荷载 $K = S_{\max}/A_\omega$。

例如对于例 8.3 中的弯矩 M_C，用已算得的数据可求出其在汽车-15 级下的换算荷载为

$$K = M_{C(\max)} / A_\omega = 2\,720 / (1/2 \times 40 \times 9.38) = 14.5 (\text{kN/m})$$

换算荷载具有以下性质：

①它与移动荷载及影响线的形状有关。移动荷载数值及影响线的形状不同，换算荷载 K 值也不同。

②对于横坐标一样，顶点位置相同，最大纵距不同的三角形影响线，其换算荷载相等。如图 8.31(a)、

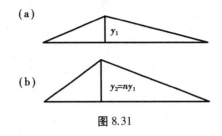

图 8.31

(b)所示，两影响线的纵距 $y_2 = ny_1$，因横坐标一样，故有 $A_{\omega 2} = nA_{\omega 1}$，于是有

$$K_2 = \frac{\sum Fy_2}{A_{\omega 2}} = \frac{n\sum Fy_2}{nA_{\omega 1}} = \frac{n\sum Fy_1}{A_{\omega 1}} = K_1$$

2)换算荷载表

为便于使用，表 8.1 列出了我国现行铁路标准荷载的换算荷载，供使用时查阅。它是根据三角形影响线制成的，使用时应注意以下 4 点：

表 8.1　"中-活载"的换算荷载(kN/m，每线)

荷载长度/m	影响线顶点位置				
	支点	0.125 处	0.250 处	0.375 处	跨中
2	312.5	285.7	250.0	250.0	250.0
4	234.4	214.3	187.5	175.0	187.5
6	187.5	178.6	166.7	161.1	166.7
8	172.2	157.1	151.3	148.5	151.3
10	159.8	146.2	143.6	140.0	141.3
20	129.4	120.3	117.4	114.2	110.2
30	117.8	110.3	106.6	102.4	90.2
40	111.6	104.8	100.8	97.4	96.1
60	103.6	97.8	94.2	92.8	91.9
80	98.6	93.3	90.6	89.3	88.2
100	95.4	90.2	88.1	86.9	85.5
200	88.1	84.2	82.8	81.8	81.4

①表格仅适用于三角形影响线的情况。

②加载长度(或跨度、荷载长度)l 指的是同符号影响线长度(图 8.32)。

③αl 是顶点至较近零点的水平距离,故 α 的值为 0~0.5(图 8.32)。

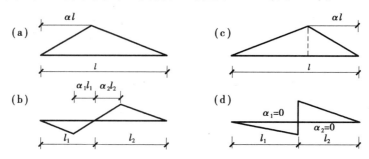

图 8.32

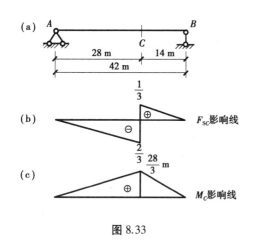

图 8.33

④当 α 及 l 值在表列数值之间时,K 值按直线内插求得。

【例 8.5】 试利用换算荷载表计算中-活载作用下如图 8.33(a)所示简支梁截面 C 的最大(小)剪力和弯矩。

【解】 先作出 F_{SC} 及 M_C 的影响线,如图 8.33(b)、(c)所示。

(1)计算 $F_{SC(\min)}$。

此时,$l=28$ m,$\alpha=0$。查表 8.1 知,表中无此 l 值,由直线内插可得

$$K = 117.8 + (30-28)/(30-20) \times (129.4-117.8) = 120.1(\text{kN/m})$$

则

$$F_{SC(\min)} = K\omega = 120.1 \times (-1/2 \times 28 \times 2/3) = -1\ 121(\text{kN})$$

(2)计算 $F_{SC(\max)}$。

此时,$l=14$ m,$\alpha=0$,查表 8.1 得 $K=143.3(\text{kN/m})$,故

$$F_{SC(\max)} = K\omega = 143.3 \times (1/2 \times 14 \times 1/3) = 334.4(\text{kN})$$

(3)计算 $M_{C(\max)}$。

此时,$l=42$ m,$\alpha=14/42=1/3=0.333$,都是表中未列数,故需进行 3 次内插才能求出 K 值。

当 $l=42$ m,$\alpha=0.25$ 时

$$K = 100.6 - (42-40)/(45-40) \times (100.6-98.8) = 100.0(\text{kN/m})$$

同理,可求出当 $l=42$ m,$\alpha=0.375$ 时的 $K=96.9(\text{kN/m})$。

则当 $l=42$ m,$\alpha=0.333$ 时

$$K = 100.0 - (0.333-0.25)/(0.375-0.25) \times (100.0-96.9) = 97.9(\text{kN/m})$$

从而可求得

$$M_{C(\max)} = KA_\omega = 97.9 \times (1/2 \times 42 \times 28/3) = 19\ 190(\text{kN} \cdot \text{m})$$

8.11　简支梁的绝对最大弯矩

在移动荷载作用下,按前述方法可求出简支梁上任一指定截面的最大弯矩。全梁所有各截面最大弯矩中的最大者,称为绝对最大弯矩。

要确定简支梁的绝对最大弯矩应解决以下两个问题:

①绝对最大弯矩发生在哪一个截面。

②此截面产生最大弯矩时的荷载位置。

若按前述方法求出各截面的最大弯矩,再通过比较求绝对最大弯矩,计算工作量太大,为此,下面介绍一种当简支梁所受行列荷载均为集中力时,求绝对最大弯矩的方法。

以如图 8.34 所示简支梁为例进行说明。

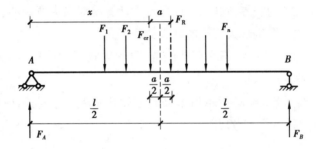

图 8.34

由 8.9 节可知,梁内任一截面最大弯矩必然发生在某一临界荷载 F_{cr} 作用于该截面处时。由此可以断定,绝对最大弯矩一定发生在某一个集中荷载的作用点处。究竟发生在哪个荷载位置时的哪个荷载下面? 可采用下述方法解决。在移动荷载中,可任选一个荷载作为临界荷载 F_{cr},研究它移动到什么位置时,其作用点处的弯矩达到最大值。然后按同样的方法,分别求出其他荷载作用点处的最大弯矩,再加以比较,即可确定绝对最大弯矩。

如图 8.34 所示,设以 x 表示 F_{cr} 至支座 A 的距离,以 a 表示梁上荷载的合力 F_R 与 F_{cr} 之间的距离。由 $\sum M_B = 0$,得

$$F_A = \frac{F_R}{l}(l - x - a)$$

用 F_{cr} 作用截面以左的所有外力对 F_{cr} 作用点取矩,得 F_{cr} 作用截面的弯矩 M_x 为

$$M_x = F_A \cdot x - M_K = \frac{F_R}{l}(l - x - a)x - M_K$$

式中　M_K——F_{cr} 以左的各荷载对 F_{cr} 作用点的力矩之和,它是一个与 x 无关的常数。

利用极值条件

$$\frac{\mathrm{d}M_x}{\mathrm{d}x} = \frac{F_R}{l}(l - 2x - a) = 0$$

得

$$x = \frac{l}{2} - \frac{a}{2} \tag{8.8}$$

式(8.8)表明,当 F_{cr} 作用点的弯矩最大时, F_{cr} 与梁上合力 F_R 位于梁的中点两侧的对称位置。此时,最大弯矩为

$$M_{max} = \frac{F_R}{l}\left(\frac{l}{2} - \frac{a}{2}\right)^2 - M_K \tag{8.9}$$

应用式(8.9)时,应特别注意, F_R 是梁上实有荷载的合力。若安排 F_{cr} 与 F 的位置时,有些荷载进入梁跨范围内,或有些荷载离开梁上。这时,应重新计算合力 F_R 的数值和位置。当 F_{cr} 位于合力 F_R 的右边时,式(8.9)中 a 应取负值。

应用式(8.9)及式(8.10)可将每个荷载作用点处截面最大弯矩求出,再加以比较即可求出绝对最大弯矩,但工作量仍相当大。由经验可知,使梁中点截面产生最大弯矩的临界荷载通常是发生绝对最大弯矩的临界荷载。由此可得出计算绝对最大弯矩的步骤如下:

①确定使梁中点截面发生最大弯矩的临界荷载 F_{cr}。

②利用式(8.8)求出相应的最不利荷载位置,再利用式(8.9)计算出 F_{cr} 作用点处的弯矩即为全梁的绝对最大弯矩。

【例8.6】 试求如图8.35(a)所示吊车梁的绝对最大弯矩,并与跨中截面 C 的最大弯矩相比较。已知 $F_1 = F_2 = F_3 = F_4 = 280$ kN。

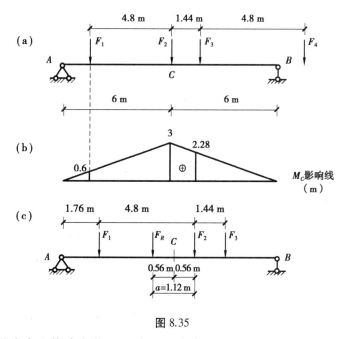

图8.35

【解】 (1)首先求出使跨中截面 C 产生最大弯矩的临界荷载。经分析可知,只有 F_2 或 F_3 在 C 点时才能产生截面 C 的最大弯矩。当 F_2 在截面 C 处时(图8.35(a)),根据 M_C 影响线,如图8.35(b)所示,得

$$M_{C(\max)} = 280 \times (0.6 + 3 + 2.28) = 1\ 646.4(\mathrm{kN \cdot m})$$

由对称性可知，F_3 作用在 C 点时产生截面 C 的最大弯矩与上相同。因此，F_2 和 F_3 都是产生绝对最大弯矩的临界荷载。现以 $F_{cr} = F_2$ 为例求梁的绝对最大弯矩。

（2）确定最不利荷载位置及求绝对最大弯矩。

此时梁上有 3 个荷载，合力 $F_R = 3 \times 280\ \mathrm{kN} = 840\ \mathrm{kN}$。

合力 F_R 作用点到 F_2 的距离，可由合力矩定理得

$$a = (280 \times 4.6 - 280 \times 1.44)/(3 \times 280) = 1.12(\mathrm{m})$$

此时，最不利荷载位置如图 8.35（c）所示。因 $F_{cr} = F_2$ 位于合力 F_R 的右侧，故计算绝对最大弯矩时，a 应取负值，即取 $a = -1.12$ m，则 F_2 作用点处截面的弯矩为

$$
\begin{aligned}
M_{\max} &= \frac{F_R}{l}\left(\frac{l}{2} - \frac{a}{2}\right)^2 - M_K \\
&= \frac{840}{12} \times \left(\frac{12}{2} - \frac{-1.12}{2}\right)^2 - 280 \times 4.8 \\
&= 1\ 668.4(\mathrm{kN \cdot m})
\end{aligned}
$$

与跨中截面 C 最大弯矩相比，绝对最大弯矩仅比跨中最大弯矩大 1.3%。在实际工作中，有时也用跨中截面的最大弯矩来近似代替绝对最大弯矩。

8.12 简支梁的包络图

1）包络图的概念

在结构设计中，必须求出恒载和移动活载共同作用下全梁各截面弯矩、剪力的最大（小）值，作为结构设计的依据。按前述方法求出各截面的最大（小）内力后，取横坐标表示梁的截面位置，用纵坐标表示相应截面上同类内力的最大（小）值，依次连接各截面同类内力最大（小）值的曲线称为内力包络图。简支梁的内力包络图包括弯矩包络图和剪力包络图。

在桥梁设计中，对活载还必须考虑其冲击力的影响（即动力影响）。通常是将静活载所产生的内力乘以冲击系数 $(1+\mu)$ 来考虑的。冲击系数的确定可查有关规范。

设梁所承受的恒载为均布荷载 q，某一内力 S 的影响线正、负面积及总面积分别用 A_{ω_+}，A_{ω_-} 及 $\sum A_\omega$ 表示，活载的换算均布荷载为 K，则在恒载及活载共同作用下该内力 S 的最大及最小值的算式可写为

$$
\begin{aligned}
S_{\max} &= q \cdot \sum A_\omega + (1 + \mu)K A_{\omega_+} \\
S_{\min} &= q \cdot \sum A_\omega + (1 + \mu)K A_{\omega_-}
\end{aligned}
\tag{8.10}
$$

2）内力包络图的作法

现以在中—活载作用下跨度为 16 m 的简支梁的一片主梁为例，说明弯矩包络图的作法。

①沿梁的跨度将梁分为若干等分(根据精度要求划分)。

该例中划分为8等分,如图8.36(a)所示。

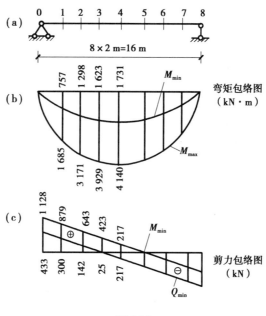

图 8.36

②逐个画出各等分截面的弯矩影响线,利用换算荷载表求出相应截面在活载作用下的弯矩最大值。恒载作用下各截面的弯矩值由 $M = q \cdot \omega$ 求出。全部计算列表进行,详见表8.2。

表 8.2　弯矩计算表

截面	影响线			恒载弯矩 M_q	换算荷载 K	冲击系数 $1+\mu$	活载弯矩 M_K	最大、最小弯矩 M_{max}, M_{mim}
	l /m	α	A_ω /m²	$\dfrac{q}{2}A_\omega = 54.11A_\omega$ /(kN·m)	/(kN·m)		$(1+\mu)\dfrac{K}{2}A_\omega$ /(kN·m)	$M_{max} = M_q + M_K$ $M_{min} = M_q$ /(kN·m)
1	16	0.125	14	757	125.5	1.261	1 108	1 865 757
2	16	0.25	24	1 298	123.8	1.261	1 873	3 171 1 298
3	16	0.375	30	1 623	121.9	1.261	2 306	3 929 1 623
4	16	0.5	32	1 731	119.4	1.261	2 409	4 140 1 731

③各等分截面的最大弯矩 $S_{\max} = q \cdot \sum A_\omega + (1 + \mu)KA_\omega$，各截面的最小弯矩即为恒载作用下的弯矩值，即 $S_{\min} = q \cdot \sum A_\omega$。

首先将各截面的最大、最小弯矩在基线上用纵距标出，然后用曲线相连即得弯矩包络图，如图 8.36(b)所示。

计算中，冲击系数$(1+\mu) = 1.261$，恒载 $q = 2 \times 54.1$ kN/m。同理，可作出剪力包络图，如图 8.36(c)所示。

8.13　超静定结构影响线作法概述

作超静定结构的影响线时，应首先作出多余未知力的影响线，然后根据叠加法便可求其余反力、内力的影响线。

作超静定结构某一反力或内力的影响线，可以有两种方法：一种是按力法求出影响线方程；另一种是利用位移图来作影响线。为了与静定结构影响线的两种方法相对应，也将以上两种方法称为静力法和机动法。

1)静力法

如图 8.37(a)所示的超静定结构，欲求右端支座反力影响线，以该支座为多余联系而将其去掉，并代以多余未知力 X_1，基本体系如图 8.37(b)，由力法典型方程得

$$X_1 = -\frac{\delta_{1P}}{\delta_{11}} \tag{a}$$

绘出$\overline{M}_1$图，M_P 图后，如图 8.37(c)、(d)，由图乘法可求得

$$\delta_{11} = \sum \int \frac{\overline{M}_1^2 \mathrm{d}s}{EI} = \frac{l^3}{3EI} \tag{b}$$

$$\delta_{1P} = \sum \int \frac{\overline{M}_1 M_P \mathrm{d}s}{EI} = -\frac{x^3(3l - x)}{6EI} \tag{c}$$

式中，δ_{11}是常数，自由项δ_{1P}是在基本结构中荷载 $F=1$ 引起的 X_1 方向上的位移。因 $F=1$ 是移动的，故 δ_{1P} 是荷载位置 x 的函数，其图形便是基本结构右端沿 X_1 方向的位移影响线。代入式(a)，得

$$X_1 = -\frac{\delta_{1P}}{\delta_{11}} = \frac{x^2(3l - x)}{2l^3} \tag{d}$$

这就是 X_1 影响线方程，据此可绘出 X_1 影响线，如图 8.37(e)所示。

2)机动法

在上面的式(a)中，如果利用位移互等定理，有 $\delta_{1P} = \delta_{P1}$，则

$$X_1 = -\frac{\delta_{1P}}{\delta_{11}} = \frac{\delta_{P1}}{\delta_{11}} \tag{e}$$

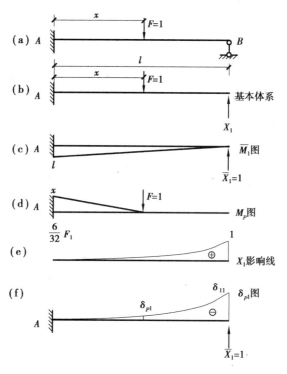

图 8.37

式中,δ_{1P} 是基本结构在移动荷载 $F=1$ 作用下沿 X_1 方向的位移影响线,而 δ_{P1} 则是基本结构在固定荷载 $\overline{X}_1=1$ 作用下沿 $F=1$ 方向的位移。因 $F=1$ 是移动的,故 δ_{P1} 就是基本结构在 $\overline{X}_1=1$ 作用下的竖向位移图,如图 8.37(f)所示。此位移图 δ_{P1} 除以常数 δ_{11},并反号便是 X_1 的影响线。这就把求超静定结构某反力或内力影响线问题,转化为寻求基本结构在固定荷载作用下的位移图的问题。

求位移图 δ_{P1} 时,仍用图乘法。此时,$\overline{M}_1$ 图是实际状态,而 M_P 图是虚拟状态,故有

$$\delta_{P1} = \sum \int \frac{M_P \overline{M}_1 \mathrm{d}s}{EI} = -\frac{x^3(3l-x)}{6EI}$$

两图相乘,其结果与前面静力法求得 δ_{1P} 的(位移影响线)完全相同。

在式(e)中,若假设 $\delta_{11}=1$,则有 $X_1=-\delta_{P1}$,这表明此时的竖向位移图就代表了 X_1 影响线,只是正负号相反。因 δ_{P1} 向下为正,故当 δ_{P1} 向上时 X_1 为正。可知,这一方法与静定结构影响线的机动法是类似的,同样都是以去掉与所求未知力相应的联系后,体系沿未知力正向发生单位位移时所得的竖向位移图来表示该力影响线的。其区别在于,一个是几何可变的,位移图为直线图形,一个是几何不变的,位移图为弹性曲线图形。因曲线的轮廓一般可凭直观勾绘出来,故在具体计算之前即可迅速确定其大致形状,这就给实际工作带来很大方便。

对于多次超静定结构同样可采用上述机动法来作某一反力或内力影响线,如图 8.38 及图 8.39 所示。

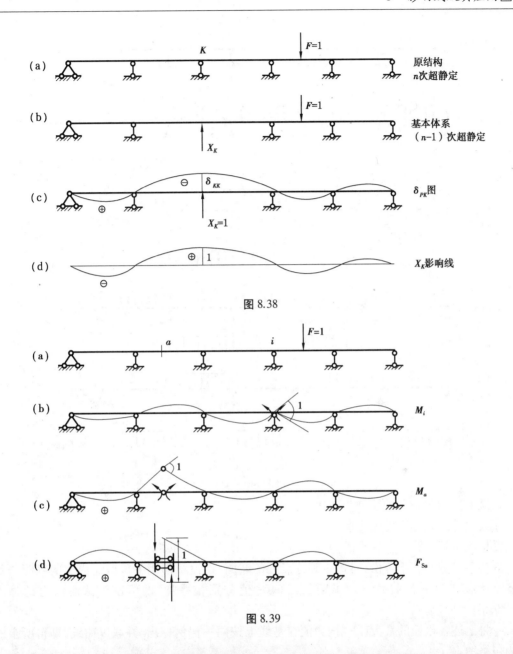

图 8.38

图 8.39

8.14 连续梁的均布活载最不利位置及包络图

由本节前面分析可知,连续梁各截面的内力影响线,大多数在某一跨内不变号(图 8.40)。因此,其相应最大、最小值的最不利荷载位置,大多数是在若干跨内布满荷载。这只有少数情况例外,如某跨内的剪力影响线在其截面所在跨内要变号,因此,求最大、最小值时在该跨内不应满跨加载,如图 8.40(d)所示。但为了简便起见,也可将其满跨加载,这一近似处理产生的误差对实际工程是允许的,则所有各截面内力的最不利荷载位置都可看成若干跨内布满荷载,计算便得到简化。

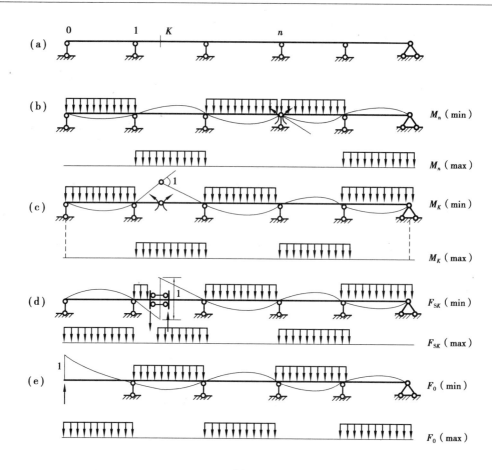

图 8.40

连续梁内力包络图的绘制步骤如下：

①绘出恒载作用下的内力图。

②依次按每一跨上单独布满活载的情况,逐一绘出其内力图。

③将各跨分为若干等份,对每一等分点处的截面,将恒载作用下该截面内力的纵距与②中各个活载作用下各截面内力纵距的正(负)值分别相叠加,即可得各截面内力的最大(小)值。

④将上述各截面的最大(小)内力值在基线上按同一比例标出,并联以曲线,即得所求的内力包络图。

连续梁的内力包络图分为弯矩包络图和剪力包络图两种,弯矩包络图在连续梁设计中是很有用的。它表示了连续梁上各截面弯矩变化的范围,可根据它合理地选择截面尺寸。在设计钢筋混凝土梁时,是布置钢筋的重要依据。在结构设计中,用到的主要是各支座附近截面的剪力值,故通常只将各跨两端靠近支座处截面上的最大(小)剪力求出,而在每跨中以直线相连,近似地作为所求的剪力包络图。

【例8.7】 如图 8.41(a)所示的三跨等截面连续梁,承受恒载 $q = 16$ kN/m,活载 $P = 30$ kN/m。试作其弯矩包络图及剪力包络图。

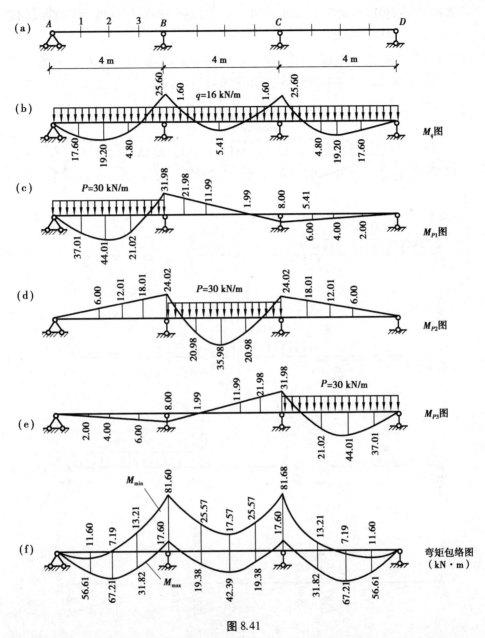

图 8.41

【解】 (1)首先用前述各章解超静定结构的方法作出恒载作用下的弯矩图 M_q 图,如图 8.41(b)所示。

(2)作出各跨分别承受活载时的弯矩图 M_{P1},M_{P2},M_{P3} 图,如图 8.41(c)、(d)、(e)所示。

(3)将梁跨进行 4 等分,分求出上述各弯矩图在等分点处的弯矩值。然后将图 8.41(b) 中的纵距与图 8.41(c)、(d)、(e)中的相应正(负)值纵距相叠加,即可得最大(小)弯矩值。 例如,在支座 B 处

$$M_{B(\max)} = (-25.6) + 8.00 = -17.6(\text{kN} \cdot \text{m})$$

$$M_{B(\min)} = (-25.6) + (-32.0) + (-24.0) = -81.6(\text{kN} \cdot \text{m})$$

(4)将各等分点处的最大(小)弯矩在同一基线上按同一比例标出,再用曲线相连,即得弯矩包络图,如图8.41(f)所示。

同理,作恒载作用下的F_{Sq}图,如图8.42(a)所示及活载时的剪力图F_{Sp1},F_{Sp2},F_{Sp3}图,如图8.42(b)、(c)、(d)所示。可得剪力包络图,如图8.42(e)所示。

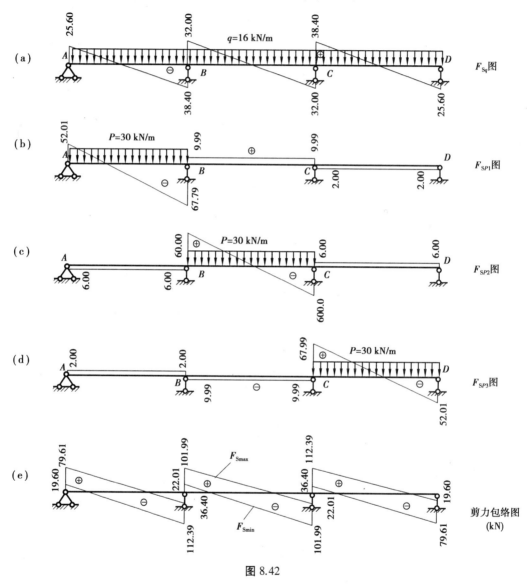

图 8.42

思考题

1.图示结构M_C影响线已作出如图(a)所示,其中竖标y_E表示$p=1$在E时,C截面的弯矩值,是否正确?

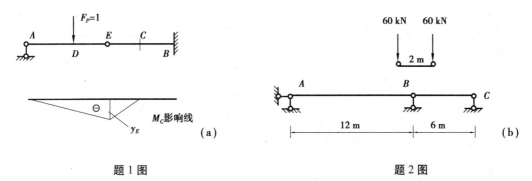

题 1 图   题 2 图

2.图(b)所示梁在给定移动荷载作用下,支座 B 反力最大值为 110 kN,是否正确?

3.试作图示悬臂梁的反力 F_B,M_B,以及内力 F_{SC},M_C 的影响线。

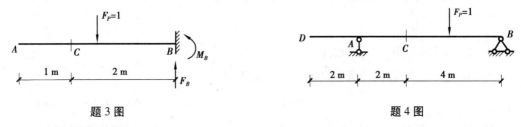

题 3 图   题 4 图

4.试作图示伸臂梁 F_A,M_C,F_{SC},M_A,$F_{SA左}$,$F_{SA右}$ 的影响线。

5.试作图示刚架截面 C 的 F_{sC} 和 M_C 影响线。

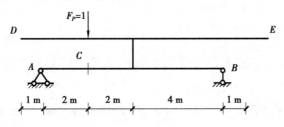

题 5 图

6.试作图示多跨静定梁 F_A,F_C,$F_{SB左}$,$F_{SB右}$ 和 M_F,F_{SF},M_G,F_{SG} 的影响线。

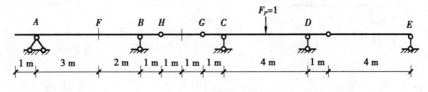

题 6 图

习　题

8.1　作图示梁中 F_A,M_E 的影响线。

8.2　单位荷载在梁 DE 上移动,作梁 AB 中 F_B,M_C 的影响线。

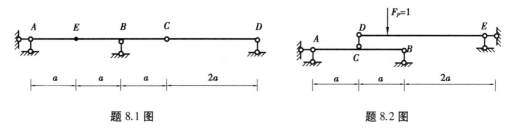

题 8.1 图   题 8.2 图

8.3 作图示结构 F_B，$F_{SB右}$影响线。

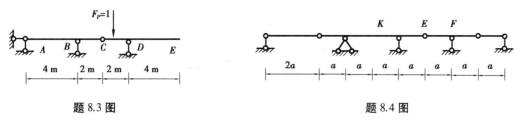

题 8.3 图   题 8.4 图

8.4 作图示梁的 M_K，F_{SE} 影响线。

8.5 利用影响线，计算伸臂梁截面 C 的弯矩和剪力。

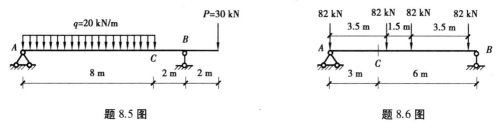

题 8.5 图   题 8.6 图

8.6 试求图示简支梁在两台吊车荷载作用下，截面 C 的最大弯矩，最大正剪力及最大负剪力。

8.7 试求图示简支梁在中—活载作用下 M_C 的最大值及题 F_{SD} 的最大、最小值。要求确定出最不利荷载位置。

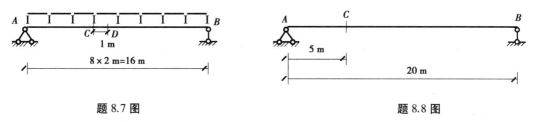

题 8.7 图   题 8.8 图

8.8 试判定最不利荷载位置并求图示简支梁 F_B 的最大值及 F_{SC} 的最大、最小值：（a）在中-活载作用下；（b）在汽车-15 级荷载作用下。

8.9 试求图示简支梁在移动荷载作用下的绝对最大弯矩，并与跨中截面最大弯矩作比较。

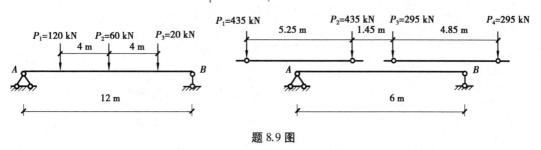

题 8.9 图

8.10 作出图示梁 M_A 的影响线,并利用影响线求出给定荷载下的 M_A 值。

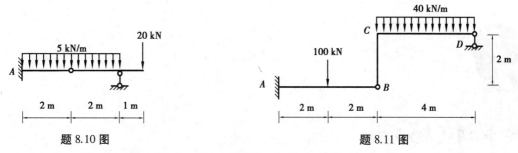

题 8.10 图   题 8.11 图

8.11 $p=1$ 沿 AB 及 CD 移动。作图示结构 M_A 的影响线,并利用影响线求给定荷载作用下 M_A 的值。

8.12 作图示梁的 F_{SC} 的影响线,并利用影响线求给定荷载作用下 F_{SC} 的值。

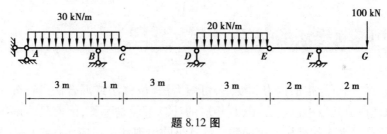

题 8.12 图

8.13 图示静定梁上有移动荷载组作用,荷载顺序不变,利用影响线求出支座反力 F_B 的最大值。

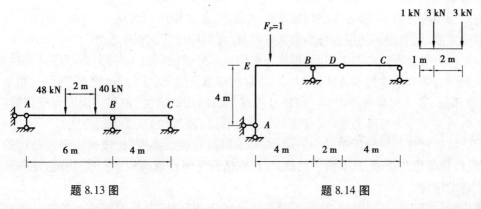

题 8.13 图   题 8.14 图

8.14 绘出图示结构支座反力 F_B 的影响线,并求图示移动荷载作用下的最大值(要考虑荷载掉头)。

矩阵位移法

9.1 矩阵位移法的基本概念

结构在载荷作用下产生的内力和变形,可用力法、位移法或混合法进行分析。力法和位移法的基本原理在前几章中已经介绍,其相应的计算手段是手算,因而只能解决计算简图较粗略、未知量数目不太大的结构分析问题。计算机的出现和广泛应用使结构力学发生了巨大的变化,大大推动了工程技术设计的改进和结构理论的发展。基于上述情况,结构矩阵分析方法已从 20 世纪 60 年代迅速发展起来。

在结构矩阵分析中,将方程组用矩阵形式表示,通过矩阵运算进行求解。矩阵方法表现形式简洁紧凑,能突出和利用方程组的某些特点,可以用计算机程序求解。

用矩阵方法分析结构力学问题,则称为结构矩阵分析法(结构矩阵分析原理)。结构矩阵分析法包括力学和数学两个方面:用力法、位移法或混合法(力学知识)建立方程组,用矩阵方法(数学知识)表示和求解方程组。与建立方程组时所用的力法、位移法或混合法相对应,结构矩阵分析法也分为矩阵力法(柔度法)、矩阵位移法(刚度法)或矩阵混合法。

混合法在杆件结构分析中很少采用;力法求解过程灵活多变,比较难以编制通用的计算机程序;位移法思路清晰,具有统一的模式,特别适合于用计算机程序实现,因此,矩阵位移法得到广泛的应用。

考虑到计算工作量,用位移法手工分析实际的工程结构,只具有理论上的意义而并不具有太多的现实意义。矩阵位移法是为了用计算机进行结构分析而发展起来的。可以从梳理以前的手工分析方法(位移法)入手,找出其中的规律,结合用计算机进行计算的特点,提出一些概念,形成一套适合的计算流程,提出相应的编码方法,编制计算机程序。

9.1.1 结构离散化

分析杆件结构的第一步通常是用字母 A,B,C 等标出杆件端点,如图 9.1(a) 所示。这个步骤的作用是做结构标识,以便在求解过程中,用"结点 A""杆 BC"等指称所讨论的构件。由于这样的标识不便于计算机处理,因此,在矩阵位移法中,改用自然数将这些结点和杆件编号,如图 9.1(b) 所示。为了与结点编号相区别,书写时杆件编号通常用带圈的数字表示。

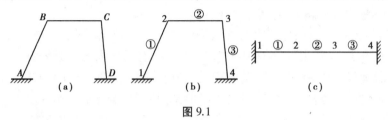

图 9.1

图 9.1(a) 中,如果 $\angle B = 180°$,杆 AB 与杆 BC 就成为一根杆了。反过来说,可用杆件上任意的点将它分成很多段(图 9.1(c)),其中任意一段称为一个"**单元**"。这样,在矩阵位移法中,**结点**是杆件上任意一点,可以但不必是杆件的端点;单元是杆件上相邻两个结点之间的一段(这里只考虑两结点单元)。一根杆可作为一个单元,也可划分为任意多个单元。

这种单元概念在分析分段等截面直杆、变截面直杆、曲杆时尤其有用。一般而言,刚架分析程序都是针对等截面直杆单元编写的,但是,如图 9.2(a) 所示,可将变截面杆和曲杆划分为多个单元,每个单元都近似看作等截面直杆单元,然后用程序进行计算。只要划分的单元足够多,就可得到满意的计算精度。

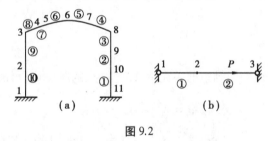

图 9.2

有时,即使是等截面直杆,也要划分为多个单元。如图 9.2(b) 所示,等截面直杆受轴力作用,把外力作用点作为结点,可方便地求出受拉段和受压段的变形。

将所有的单元和结点都依次编号,把整个结构看成这些单元的组合,单元之间只在结点上按照实际的连续条件连接,这个过程称为结构的离散化。

结构离散化的结果要按某种方式进行编码输入计算机中。将编码输入计算机包括两个方面:一是程序编制,计算机并不真的能够"自动计算",而是按照程序员安排的流程工作。二是程序的用户必须按照程序员规定的编码方式、输入顺序、输入格式准备数据。输入数据用于描述所要解决的问题,相当于手工解题时的"读题"与"读图"过程。

第 i 结点(单元)的编号就是 i,一般不必存储于计算机内存。结点 i 的位置用 (x_i, y_i) 表示。可将所有结点的横坐标与纵坐标分别列表,得到两个一维的表格。一维表格在数学上用行向量(行阵)或列向量(列阵)表示;在算法语言中,通常用一维数组表示,而不必区分行阵或列阵。也可将结点 i 的两个坐标值排成一行或一列,所有结点的坐标就形成一张矩形表格。矩形表格在数学上可用矩阵表示,在算法语言中可用二维数组表示。结点坐标是实数,结点坐标数组是实型数组。

单元位置和长度由它所连接的结点的号码及其坐标确定。结构中的杆件可以有不同的材料和规格。杆件材料可用其力学性能常数(如弹性模量 E、剪切模量 G、泊桑比 μ 等)表示,杆件规格可用截面的几何性质表示;也可将两者合并用单元的抗拉刚度 EA 与抗弯刚度 EI 等来表示。所有杆件按材料与规格分类,分类总数不会大于单元总数,每类杆件的截面特性可用其(EA,EI)表示,各类杆件的特性就形成一张矩形表格,可表示为二维实型数组,称为截面特性数组。每类杆件至少有一个单元(一根杆),每个单元必须属于其中一类。这样,单元可用其结点号码与截面特性分类号码来定义。定义单元ⓔ的数据排成一行或一列,最后得到的矩形表格用二维整型数组表示,称为单元定义表。

如图 9.2(a)所示,设曲杆是等截面的,结构的单元定义可用图 9.3(a)或图 9.3(b)的矩形表格来表示。图 9.3(a)中,横向各列是按单元编号递增的,竖向各行是各单元的两个端点的号码与截面特性分类号码;图 9.3(b)与此相反。为节省篇幅,图 9.3(b)只表示了部分单元的结点号码。这两种表示方法并没有优劣之分,可结合所用的编程语言选择使用。

10	10	9	7	7	5	5	3	3	1
11	9	8	8	6	6	4	4	2	2
1	2	3	4	5	6	7	8	9	10

(a)

...	...	...
7	6	5
5	6	6
5	4	7
...	...	...

(b)

图 9.3

在两结点的单元中,两个结点的顺序可以任意选择。

9.1.2 未知量与坐标系

矩阵位移法以结点位移为基本未知量。结点位移用列向量 $\{\delta\}$ 表示,结点 i 的位移列向量称为结点 i 的**位移列阵**,记为 $\{\delta_i\}$。结点位移是矢量,每个结点的位移可能有多个分量,称为结点自由度。平面桁架的结点有 2 个自由度 u,v,$\{\delta_i\} = \{u_i \quad v_i\}^{\mathrm{T}}$(上标 T 表示矩阵转置,书写时常常将单独出现的列向量用它的转置行向量表示);连续梁的结点有 2 个自由度,即挠度 v 和转角 θ,$\{\delta_i\} = \{v_i \quad \theta_i\}^{\mathrm{T}}$;刚架的结点有 3 个自由度 u,v,θ,$\{\delta_i\} = \{u_i \quad v_i \quad \theta_i\}^{\mathrm{T}}$。

矩阵方法用一个符号 $\{\delta\}$ 表示结点位移,体现了其简洁性,也有利于编程。但在不同的结构中,$\{\delta\}$ 分量的个数可能不同,相关的矩阵和列阵的具体内容由具体情况决定。类似情形,以后就不再指出了。

将单元上各结点的位移依次排列,形成一个向量,称为**单元位移列阵**。单元ⓔ的位移列阵记为 $\{\delta\}^{ⓔ}$,$\{\delta\}^{ⓔ}$ 的分量编号以结点为单位,是局部的号码。例如,刚架单元的编号为 $1\sim6$。

将结构上所有结点的各个自由度以结点号码为序排列成一个向量,称为结构位移列阵,记为 $\{\Delta\}$。矩阵位移法的中心任务就是求出 $\{\Delta\}$。$\{\Delta\}$ 的分量按自然数顺序编号,是整体的号码,其中最大的号码 n 就是结构的结点未知量总数,称为结构自由度。它是最后求解的线性代数方程组的阶数,表示了所分析的结构问题的规模。

结点通常同时属于多个单元(例外的情况如悬臂端、独立柱脚等),这些单元的轴线方向可能不同(也可能相同,如连续梁)。为了表示结点位移矢量的方向,为结构设定一个坐标系(图9.4(a)),称为**结构坐标系**或**总体坐标系**。结构坐标系中的结点位移分量,线位移以沿着坐标轴方向为正,角位移以逆时针旋转为正。注意这与以前的规定是不同的。

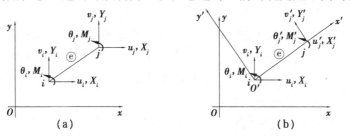

图 9.4

正因为连接于同一结点的单元在共同的结点上具有同一个结点位移,在矩阵位移法中,变形协调条件是自动满足的。

在结构(总体)坐标系中,结点位移的方向与杆件(单元)轴线的方向可能不同,线位移并不表示杆件的轴向变形或挠度。轴向变形和挠度是从单元角度来说的,在每个单元上,建立以单元起始结点为原点,指向单元终点的坐标系(图9.4(b)),称为单元坐标系或局部坐标系。用结点位移矢量在局部坐标系中的分量就能够表示杆件的轴向变形和挠度了。

与结点位移矢量相对应的是结点力矢量,结点力用列向量$\{f\}$表示,结点i的**结点力列阵**记为$\{f_i\}$。无论在结构坐标系或单元坐标系中,对于结点力分量,力都以沿着坐标轴方向为正,弯矩都以逆时针旋转为正。桁架的结点力有两个分量X,Y;连续梁的结点力有两个分量Y,M;刚架的结点力有 3 个分量X,Y,M。轴力和剪力也是从单元角度来说的,结点力在局部坐标系里的分量可表达单元的轴力、剪力和弯矩。

将单元上各结点的结点力依次排列为列向量,称为**单元结点力列阵**或**结点力列向量**,也称单元杆端力。单元杆端力对单元而言是外力,对结构来说是内力。单元ⓔ的杆端力记为$\{f\}^{ⓔ}$,$\{f\}^{ⓔ}$的分量编号以结点为单位,是局部的号码。因此,刚架单元的编号也是 1~6。

结构上所有结点都可能有载荷,所有结点的载荷依结点顺序排列成一个列阵称为结构的载荷向量(列阵),记为$\{P\}$。连接于同一结点的单元的杆端力相互消减,载荷列阵中只有作用于结点的外部载荷和支座反力。

结点位移和结点力都是列阵,在算法语言中都可用一维实型数组表示。

单元结点力不是基本的未知量,它可用基本未知量即结点位移表示出来。单元结点力与结点位移之间的关系就是单元刚度方程,在只有结点荷载的情况下,单元刚度方程的矩阵形式为

$$[k]^{ⓔ}\{\delta\}^{ⓔ} = \{f\}^{ⓔ}$$

其中,$[k]^{ⓔ}$称为单元刚度矩阵。同样,结构的载荷列阵与结构位移列阵之间的关系就是结构刚度方程,其矩阵形式为

$$[K]\{\Delta\} = \{P\}$$

其中,$[K]$称为结构刚度矩阵或整体刚度矩阵。$[k]^{ⓔ}$和$[K]$都可用二维实型数组表示。

物理量可在结构坐标系或局部坐标系中表示;有时也用结构坐标系表示,有时用局部坐标系表示。这两种表示方式可根据需要相互转换,转换的过程称为**坐标变换**。经过变换,物

理量本身不变,但它的分量或元素将会有变化。为了区别,给局部坐标系中的坐标轴与物理量及其分量加上标"′",如 x', u', Y' 等。

9.1.3 矩阵位移法的基本过程

先将结构离散化,进行单元分析,建立各单元的单元刚度方程。再将这些单元组合成整体结构,进行整体分析,利用平衡条件将这些单元刚度方程组合成结构刚度方程,引入位移边界条件(支座条件),求解结构刚度方程,得到结构的结点位移,进而求出支座反力和结构内力等物理量。这就是结构矩阵位移法的基本思想。

引入位移边界的过程也称约束处理。约束处理有不同的时机,在单元刚度方程中引入约束条件,则称为前处理法;在将单元刚度方程组合成结构刚度方程之后再引入约束条件,则称为后处理法。前处理法得到的结构刚度矩阵是对称正定的,并且矩阵的阶数较低;后处理法先得到一个奇异的对称矩阵,在引入约束条件后它也成为对称正定矩阵。先处理法的程序编制相对复杂些,本章只介绍后处理法。

对于位移约束条件,只考虑支座有已知位移的简单情况。将结点位移的方向编号,用 1 表示 x 方向,2 表示 y 方向,3 表示 θ(转角)方向。结点 i 的 d 方向有已知位移 w,可用两个实数表示为 $(i.d, w)$。例如,$(12.3, 1.2e\text{-}3)$ 表示结点 12 发生了逆时针转角 $1.2 \times 10^{-3}\text{rad}$。所有支座的已知位移情况都用这种方法描述,最后形成的矩形表格,可用二维实型数组表示,称为约束信息数组。

已知位移的数值可以是零,也可以是给定的值(如支座沉陷)。

与此相仿,结点上的外载荷也可用两个实数表示为 $(j.d, l)$。例如,$(12.1, -18.3)$ 表示结点 **12** 受到与 x 轴方向相反的水平力作用,作用力大小是 18.3 个单位。所有的结点外载荷形成的矩形表格,可用二维实型数组表示,称为结点荷载信息数组。

输入约束信息数组和结点荷载信息数组,也是计算机"读图"过程的一个部分。

通常用数据文件方式输入数据,计算结果也输出到数据文件中备用。

用计算机程序进行结构分析的工作其实是由程序和它的用户合作完成的。编制程序时,要尽可能迁就用户的思维习惯,方便用户使用,减小用户输入数据量,提高程序的"用户友好性"。信息必须编码,编码方式可以多种多样,但要便于程序的维护和使用。输入与输出信息的编码实际上是编程者和用户之间的一种约定,应简洁明晰。

矩阵位移法的基本过程是:

①将结构离散化,给结点、单元编号。

②单元分析,建立单元刚度方程。

③整体分析,建立结构刚度方程,引入位移约束条件,解出结构位移。

④求出支座反力和结构内力等感兴趣的物理量。

其基本环节是单元分析和整体分析。

矩阵位移法先求出结点位移,再求支座反力和单元杆端力。因为不需要先求支座反力,无论是静定问题还是超静定问题,它都能求解。

9.2 单元分析

单元分析的核心是求出单元刚度矩阵,单元刚度矩阵简称单刚。在局部坐标系下建立单元刚度矩阵是比较方便的。

9.2.1 桁架单元的刚度矩阵

图 9.5 中的典型杆单元ⓔ,长度 l,抗拉刚度 EA,受轴力 F_N 作用。由胡克定律:$\dfrac{EA}{l}(u'_j - u'_i) = F_N$。而 $X'_i = -F_N, X'_j = F_N$,于是得到单元变形量和杆端力的关系为 $\dfrac{EA}{l}(u'_i - u'_j) = X'_i, \dfrac{EA}{l}(-u'_i + u'_j) = X'_j$,写成矩阵形式为

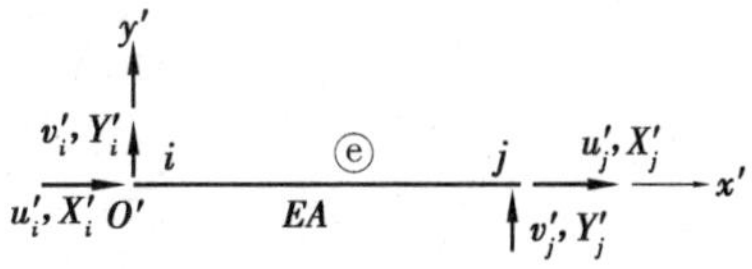

图 9.5

$$\frac{EA}{l}\begin{bmatrix} 1 & -1 \\ -1 & 1 \end{bmatrix}\begin{Bmatrix} u'_i \\ u'_j \end{Bmatrix} = \begin{Bmatrix} X'_i \\ X'_j \end{Bmatrix} \tag{9.1}$$

式(9.1)就是一维轴力杆单元的**单元刚度方程**(单刚方程)。

对平面桁架单元(图 9.5),有 $Y'_i = 0, Y'_j = 0$,结合式(9.1),得

$$\frac{EA}{l}\begin{bmatrix} 1 & 0 & -1 & 0 \\ 0 & 0 & 0 & 0 \\ -1 & 0 & 1 & 0 \\ 0 & 0 & 0 & 0 \end{bmatrix}\begin{Bmatrix} u'_i \\ v'_i \\ u'_j \\ v'_j \end{Bmatrix} = \begin{Bmatrix} X'_i \\ Y'_i \\ X'_j \\ Y'_j \end{Bmatrix} \tag{9.2}$$

式(9.2)就是平面桁架在局部坐标系下的单元刚度方程(单刚方程)。单元刚度方程可简洁地表示为

$$[k']^{ⓔ}\{\delta'\}^{ⓔ} = \{f'\}^{ⓔ} \tag{9.3}$$

其中,$\{\delta'\}^{ⓔ} = [u'_i, v'_i, u'_j, v'_j]^T, \{f'\}^{ⓔ} = [X'_i, Y'_i, X'_j, Y'_j]^T$ 分别是局部坐标系下的单元结点位移和杆端力,而

$$[k']^{ⓔ} = \frac{EA}{l}\begin{bmatrix} 1 & 0 & -1 & 0 \\ 0 & 0 & 0 & 0 \\ -1 & 0 & 1 & 0 \\ 0 & 0 & 0 & 0 \end{bmatrix} \tag{9.4}$$

就是桁架单元在局部坐标系下的单元刚度矩阵。

9.2.2 梁单元的刚度矩阵

对图 9.6(a)中的两端固定梁 AB,根据转角位移方程有$\left(i = \dfrac{EI}{l}\text{是杆件的线刚度}\right)$

$$F_{SAB} = -\frac{6i}{l}\left(\varphi_A + \varphi_B - 2\frac{\Delta}{l}\right)$$

$$M_{AB} = 2i\left(2\varphi_A + \varphi_B - 3\frac{\Delta}{l}\right)$$

$$F_{SBA} = -\frac{6i}{l}\left(\varphi_A + \varphi_B - 2\frac{\Delta}{l}\right)$$

$$M_{BA} = 2i\left(\varphi_A + 2\varphi_B - 3\frac{\Delta}{l}\right)$$

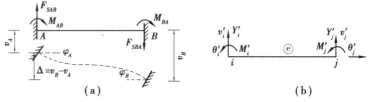

图 9.6

设图 9.6(b)中的典型梁单元ⓔ的长度为 l，抗弯刚度为 EI。在建立局部坐标系后，将各物理量的符号和正方向统一到矩阵位移法的规定上来，$F_{SAB} = Y'_i$，$F_{SBA} = -Y'_j$，$M_{AB} = -M_i$，$M_{BA} = -M_j$，$\varphi_A = -\theta'_i$，$\varphi_B = -\theta'_j$，$v_A = -v'_i$，$v_B = -v'_j$。代入转角位移方程，得到

$$Y'_i = \frac{12EI}{l^3}v'_i + \frac{6EI}{l^2}\theta'_i - \frac{12EI}{l^3}v'_j + \frac{6EI}{l^2}\theta'_j$$

$$M'_i = \frac{6EI}{l^2}v'_i + \frac{4EI}{l}\theta'_i - \frac{6EI}{l^2}v'_j + \frac{2EI}{l}\theta'_j$$

$$Y'_j = -\frac{12EI}{l^3}v'_i - \frac{6EI}{l^2}\theta'_i + \frac{12EI}{l^3}v'_j - \frac{6EI}{l^2}\theta'_j \qquad (9.5)$$

$$M'_j = \frac{6EI}{l^2}v'_i + \frac{2EI}{l}\theta'_i - \frac{6EI}{l^2}v'_j + \frac{4EI}{l}\theta'_j$$

写成矩阵形式

$$\begin{bmatrix} \dfrac{12EI}{l^3} & \dfrac{6EI}{l^2} & -\dfrac{12EI}{l^3} & \dfrac{6EI}{l^2} \\ \dfrac{6EI}{l^2} & \dfrac{4EI}{l} & -\dfrac{6EI}{l^2} & \dfrac{2EI}{l} \\ -\dfrac{12EI}{l^3} & -\dfrac{6EI}{l^2} & \dfrac{12EI}{l^3} & -\dfrac{6EI}{l^2} \\ \dfrac{6EI}{l^2} & \dfrac{2EI}{l} & -\dfrac{6EI}{l^2} & \dfrac{4EI}{l} \end{bmatrix} \begin{Bmatrix} v'_i \\ \theta'_i \\ v'_j \\ \theta'_j \end{Bmatrix} = \begin{Bmatrix} Y'_i \\ M'_i \\ Y'_j \\ M'_j \end{Bmatrix} \qquad (9.6)$$

式(9.6)就是梁单元在局部坐标系下的单元刚度方程(单刚方程)。同样,可简洁地表示为式(9.3)的形式。不过,这里 $\{\delta'\}^{ⓔ} = [v'_i, \theta'_i, v'_j, \theta'_j]^T$，$\{f'\}^{ⓔ} = [Y'_i, M'_i, Y'_j, M'_j]^T$。梁单元在局部坐标系下的**单元刚度矩阵**为

$$[k']^{\text{e}} = \begin{bmatrix} \dfrac{12EI}{l^3} & \dfrac{6EI}{l^2} & -\dfrac{12EI}{l^3} & \dfrac{6EI}{l^2} \\[3mm] \dfrac{6EI}{l^2} & \dfrac{4EI}{l} & -\dfrac{6EI}{l^2} & \dfrac{2EI}{l} \\[3mm] -\dfrac{12EI}{l^3} & -\dfrac{6EI}{l^2} & \dfrac{12EI}{l^3} & -\dfrac{6EI}{l^2} \\[3mm] \dfrac{6EI}{l^2} & \dfrac{2EI}{l} & -\dfrac{6EI}{l^2} & \dfrac{4EI}{l} \end{bmatrix} \tag{9.7}$$

9.2.3   刚架单元的刚度矩阵

刚架中的杆件受轴力、剪力和弯矩作用,在小变形假定下,处于拉(压)弯组合变形状态,式(9.1)与式(9.6)同时成立,可合并写为

$$\begin{bmatrix} \dfrac{EA}{l} & 0 & 0 & -\dfrac{EA}{l} & 0 & 0 \\[3mm] 0 & \dfrac{12EI}{l^3} & \dfrac{6EI}{l^2} & 0 & -\dfrac{12EI}{l^3} & \dfrac{6EI}{l^2} \\[3mm] 0 & \dfrac{6EI}{l^2} & \dfrac{4EI}{l} & 0 & -\dfrac{6EI}{l^2} & \dfrac{2EI}{l} \\[3mm] -\dfrac{EA}{l} & 0 & 0 & \dfrac{EA}{l} & 0 & 0 \\[3mm] 0 & -\dfrac{12EI}{l^3} & -\dfrac{6EI}{l^2} & 0 & \dfrac{12EI}{l^3} & -\dfrac{6EI}{l^2} \\[3mm] 0 & \dfrac{6EI}{l^2} & \dfrac{2EI}{l} & 0 & -\dfrac{6EI}{l^2} & \dfrac{4EI}{l} \end{bmatrix} \begin{Bmatrix} u'_i \\ v'_i \\ \theta'_i \\ u'_j \\ v'_j \\ \theta'_j \end{Bmatrix} = \begin{Bmatrix} X'_i \\ Y'_i \\ M'_i \\ X'_j \\ Y'_j \\ M'_j \end{Bmatrix} \tag{9.8}$$

式(9.8)就是刚架单元在局部坐标系下的单元刚度方程。也可简洁地表示为式(9.3)的形式,此处

$$\{\delta'\}^{\text{e}} = [u'_i, v'_i, \theta'_i, u'_j, v'_j, \theta'_j]^{\text{T}}, \quad \{f'\}^{\text{e}} = [X'_i, Y'_i, M'_i, X'_j, Y'_j, M'_j]^{\text{T}} \tag{9.9}$$

刚架单元在局部坐标系下的单元刚度矩阵为

$$[k']^{\text{e}} = \begin{bmatrix} \dfrac{EA}{l} & 0 & 0 & -\dfrac{EA}{l} & 0 & 0 \\[3mm] 0 & \dfrac{12EI}{l^3} & \dfrac{6EI}{l^2} & 0 & -\dfrac{12EI}{l^3} & \dfrac{6EI}{l^2} \\[3mm] 0 & \dfrac{6EI}{l^2} & \dfrac{4EI}{l} & 0 & -\dfrac{6EI}{l^2} & \dfrac{2EI}{l} \\[3mm] -\dfrac{EA}{l} & 0 & 0 & \dfrac{EA}{l} & 0 & 0 \\[3mm] 0 & -\dfrac{12EI}{l^3} & -\dfrac{6EI}{l^2} & 0 & \dfrac{12EI}{l^3} & -\dfrac{6EI}{l^2} \\[3mm] 0 & \dfrac{6EI}{l^2} & \dfrac{2EI}{l} & 0 & -\dfrac{6EI}{l^2} & \dfrac{4EI}{l} \end{bmatrix} \tag{9.10}$$

式(9.10)称为单元的刚度矩阵(简称单刚)。它的行数等于杆端力列向量的分量数,而列数等于杆端位移列向量的分量数,因杆端力与杆端位移分量的数目是相等的,故它是方阵。这里需注意,杆端力列向量和杆端位移列向量的各个分量,必须是按式(9.9)那样,从 i 到 j 按顺序一一对应排列。显然,单元刚度矩阵中每一元素的物理意义就是当其所在列对应的杆端位移分量等于1,其余杆端位移分量均为零时,所引起的其所在行对应的杆端力分量的数值。

9.2.4 单元刚度矩阵的性质

单元刚度矩阵$[k']^{ⓔ}$的元素称为单元刚度(影响)系数,其第 i 行第 j 列元素记为k'_{ij}。将单元ⓔ的结点位移$\{\delta'\}^{ⓔ}$的第 j(在单元内编号,是局部号码)个分量记为$\{\delta\}_j^{ⓔ}$,则:

①令$\{\delta\}_j^{ⓔ}=1$而其他分量为零,由单元刚度方程的第 i 行得$\{f\}_i^{ⓔ}=k'_{ij}$。可知,k'_{ij}表示仅当$\{\delta\}_j^{ⓔ}=1$而其他位移分量为零时所引起的第 i 个杆端力分量的大小。

②在上述情况下,求出单元刚度方程各行的杆端力。可知,单元刚度矩阵中第 j 列元素表示仅当$\{\delta\}_j^{ⓔ}=1$而其他位移分量为零时所引起的各个杆端力分量大小。

③由刚度系数所表示的意义,根据反力互等定理可知:单元刚度矩阵是对称的。

④单元刚度矩阵的对角元素称为单元刚度矩阵的主元素,主元素恒为正数;非对角元素称为副元素,副元素可以是正数、负数或零。

⑤一般的单元刚度矩阵是奇异的(不可逆)。因单元没有支座约束,可发生不确定的刚体位移,故在单元杆端力已知的情况下,应不能由单元刚度方程唯一地确定结点位移,这就要求单元刚度矩阵是不可逆的。但是,由已知的结点位移可通过单元刚度方程唯一地确定杆端力,因为这种情况下只进行矩阵乘法运算。

⑥单元刚度矩阵的阶数等于结点自由度数乘以单元的结点数。(平面)桁架单元的刚度矩阵是 4 阶的,刚架单元的刚度矩阵是 6 阶的。利用分块矩阵的理论,单元刚度矩阵可按结点分块。例如,刚架单元刚度方程(9.8)可划分为

$$
\begin{bmatrix}
\dfrac{EA}{l} & 0 & 0 & -\dfrac{EA}{l} & 0 & 0 \\[2mm]
0 & \dfrac{12EI}{l^3} & \dfrac{6EI}{l^2} & 0 & -\dfrac{12EI}{l^3} & \dfrac{6EI}{l^2} \\[2mm]
0 & \dfrac{6EI}{l^2} & \dfrac{4EI}{l} & 0 & -\dfrac{6EI}{l^2} & \dfrac{2EI}{l} \\[1mm]
\hdashline
-\dfrac{EA}{l} & 0 & 0 & \dfrac{EA}{l} & 0 & 0 \\[2mm]
0 & -\dfrac{12EI}{l^3} & -\dfrac{6EI}{l^2} & 0 & \dfrac{12EI}{l^3} & -\dfrac{6EI}{l^2} \\[2mm]
0 & \dfrac{6EI}{l^2} & \dfrac{2EI}{l} & 0 & -\dfrac{6EI}{l^2} & \dfrac{4EI}{l}
\end{bmatrix}
\begin{Bmatrix} u'_i \\ v'_i \\ \theta'_i \\ \hdashline u'_j \\ v'_j \\ \theta'_j \end{Bmatrix}
=
\begin{Bmatrix} X'_i \\ Y'_i \\ M'_i \\ \hdashline X'_j \\ Y'_j \\ M'_j \end{Bmatrix}
\tag{9.11}
$$

传统上将其中的 2×2 块矩阵记为$\begin{bmatrix} k'_{ii} & k'_{ij} \\ k'_{ji} & k'_{jj} \end{bmatrix}$,子矩阵(子块)的下标 i,j 是结点号码,不是 1 和 2,这与数学中的表示方法是不同的,上标"′"表示局部坐标系。式(9.11)的分块形式可简记为

$$\left[\begin{array}{c:c} k'_{ii} & k'_{ij} \\ \hdashline k'_{ji} & k'_{jj} \end{array}\right] \left\{\begin{array}{c} \delta'_i \\ \hdashline \delta'_j \end{array}\right\} = \left\{\begin{array}{c} f'_i \\ \hdashline f'_j \end{array}\right\} \tag{9.12}$$

利用分块矩阵可简洁地表示杆端力,也便于在算法语言中使用循环语句完成计算。

⑦本节讨论的单元,端点的各个自由度都可以发生位移,是最普遍的情形,故称一般单元。如果单元的某些结点力是已知值或某些结点自由度受到约束,则称为特殊单元。已知某些结点力的特殊单元,如一端固结(可以传递弯矩)一端铰接(不能传递弯矩)的单元(即已知 $M'_i = 0$ 或 $M'_j = 0$),其单元刚度矩阵需要重新推导。单元的某些结点自由度受到约束的特殊单元,只要将一般单元的刚度矩阵对应于该自由度的行与列删除,就得到其单元刚度矩阵。如果单元自由度的约束条件已经消除了单元的刚体位移,这样的特殊单元的刚度矩阵就是可逆的。例如,计算连续梁时,如果采用一般梁单元,每一跨可分成多个单元,单元刚度矩阵是奇异的;但也可使用针对连续梁的特殊单元,每一跨只有一个单元,每个结点只有一个自由度。在一般梁单元中令结点挠度为零,由式(9.7)则能得到连续梁单元的刚度矩阵

$$\left[\begin{array}{c:c} \dfrac{4EI}{l} & \dfrac{2EI}{l} \\ \hdashline \dfrac{2EI}{l} & \dfrac{4EI}{l} \end{array}\right] \left\{\begin{array}{c} \theta'_i \\ \hdashline \theta'_j \end{array}\right\} = \left\{\begin{array}{c} M'_i \\ \hdashline M'_j \end{array}\right\} \tag{9.13}$$

这个矩阵是可逆的,故可专门设计针对连续梁的计算机程序。

本章不详细讨论各种特殊单元,在掌握矩阵位移法以后,有兴趣的读者可以继续深入学习。实际上,矩阵位移法是有限单元法的雏形,有限单元法在各种结构分析中广泛应用,已经有许多国际通用的大型软件包,如 ANSYS,SAP 等。

单元刚度矩阵的性质与坐标系的选择无关。

9.3 坐标变换

经过同一结点的不同单元,其在局部坐标系下的刚度方程中的结点位移一般而言具有不同的方向,为了进行整体分析,必须统一到整体坐标系下。因此,需要将局部坐标系下的物理量及其相互关系用整体坐标系表示出来。

单元局部坐标系的原点 O' 与整体坐标系的原点 O 一般是不同的(事实上,有多少个单元就有多少个局部坐标系,而整体坐标系一旦确定就是唯一的)。但是,因刚体位移对刚度方程没有影响,故这里可将单元平移(不影响矢量的分量大小),使 O' 和 O 重合,两个坐标系的坐标轴有夹角 α,$\alpha \in [0, 2\pi]$,或 $\alpha \in [-\pi, \pi]$,如图 9.7 所示。

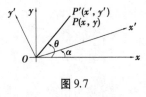

图 9.7

设平面上有任意一点 P,在整体坐标系下为 $P(x, y)$,在局部坐标系下为 $P'(x', y')$,连接 OP,OP 长度为 r,与 x 轴夹角为 θ。由坐标变换关系

$$x' = r\cos(\theta - \alpha) = r\cos\theta\cos\alpha + r\sin\theta\sin\alpha = x\cos\alpha + y\sin\alpha$$

$$y' = r\sin(\theta - \alpha) = r\sin\theta\cos\alpha - r\cos\theta\sin\alpha = -x\sin\alpha + y\cos\alpha$$

写成矩阵形式

$$\begin{Bmatrix} x' \\ y' \end{Bmatrix} = \begin{bmatrix} \cos \alpha & \sin \alpha \\ -\sin \alpha & \cos \alpha \end{bmatrix} \begin{Bmatrix} x \\ y \end{Bmatrix} \tag{9.14}$$

记 $[R] = \begin{bmatrix} \cos \alpha & \sin \alpha \\ -\sin \alpha & \cos \alpha \end{bmatrix}$,则可简写为

$$\begin{Bmatrix} x' \\ y' \end{Bmatrix} = [R] \begin{Bmatrix} x \\ y \end{Bmatrix} \tag{9.15}$$

如果把局部坐标系看成整体坐标系绕原点旋转 α 角的结果,式(9.14)就是点的坐标的旋转变换公式,$[R]$ 就是点的坐标的旋转变换矩阵。

由式(9.15)可知

$$\begin{Bmatrix} x \\ y \end{Bmatrix} = [R]^{-1} \begin{Bmatrix} x' \\ y' \end{Bmatrix} \tag{9.16}$$

这相当于把坐标系 $Ox'y'$ 旋转 $-\alpha$ 角,故有

$$[R]^{-1} = \begin{bmatrix} \cos \alpha & -\sin \alpha \\ \sin \alpha & \cos \alpha \end{bmatrix} \tag{9.17}$$

注意到 $[R]^{-1} = [R]^{\mathrm{T}}$,这表明旋转变换矩阵 $[R]$ 是一个正交矩阵。点的坐标可看成矢量的投影。因此,坐标系旋转时,有

$$\begin{Bmatrix} X' \\ Y' \end{Bmatrix} = \begin{bmatrix} \cos \alpha & \sin \alpha \\ -\sin \alpha & \cos \alpha \end{bmatrix} \begin{Bmatrix} X \\ Y \end{Bmatrix}$$

及

$$\begin{Bmatrix} u' \\ v' \end{Bmatrix} = \begin{bmatrix} \cos \alpha & \sin \alpha \\ -\sin \alpha & \cos \alpha \end{bmatrix} \begin{Bmatrix} u \\ v \end{Bmatrix} = [R] \begin{Bmatrix} u \\ v \end{Bmatrix}$$

对于桁架,结点位移

$$\{\delta_i'\} = [R]\{\delta_i\} \tag{9.18}$$

因此,单元 ⓔ 的位移列阵

$$\{\delta'\}^{ⓔ} = \begin{Bmatrix} \delta_i' \\ \hline \delta_j' \end{Bmatrix} = \begin{bmatrix} R & 0 \\ \hline 0 & R \end{bmatrix} \begin{Bmatrix} \delta_i \\ \hline \delta_j \end{Bmatrix} = \begin{bmatrix} R & 0 \\ \hline 0 & R \end{bmatrix} \{\delta\}^{ⓔ}$$

记

$$[T] = \begin{bmatrix} \cos \alpha & \sin \alpha & 0 & 0 \\ -\sin \alpha & \cos \alpha & 0 & 0 \\ \hline 0 & 0 & \cos \alpha & \sin \alpha \\ 0 & 0 & -\sin \alpha & \cos \alpha \end{bmatrix} \tag{9.19}$$

其中,$[T]$ 称为桁架单元的旋转变换矩阵(坐标转换矩阵),则有

$$\{\delta'\}^{ⓔ} = [T]\{\delta\}^{ⓔ} \tag{9.20}$$

坐标系旋转时,平面上任意两直线间的夹角 θ 不会发生变化,因此

$$\begin{Bmatrix} u' \\ v' \\ \theta' \end{Bmatrix} = \begin{bmatrix} \cos \alpha & \sin \alpha & 0 \\ -\sin \alpha & \cos \alpha & 0 \\ 0 & 0 & 1 \end{bmatrix} \begin{Bmatrix} u \\ v \\ \theta \end{Bmatrix} = [R] \begin{Bmatrix} u \\ v \\ \theta \end{Bmatrix}$$

于是,刚架结点位移的转换公式仍然是式(9.18):$\{\delta'\}_i = [R]\{\delta\}_i$,但在这里

$$[R] = \begin{bmatrix} \cos\alpha & \sin\alpha & 0 \\ -\sin\alpha & \cos\alpha & 0 \\ 0 & 0 & 1 \end{bmatrix}$$

是刚架结点位移的转换矩阵,它也是正交矩阵。

刚架单元ⓔ的位移列阵的旋转变换公式也是式(9.20),不过,这时

$$[T] = \begin{bmatrix} R & 0 \\ \hline 0 & R \end{bmatrix} = \left[\begin{array}{ccc|ccc} \cos\alpha & \sin\alpha & 0 & 0 & 0 & 0 \\ -\sin\alpha & \cos\alpha & 0 & 0 & 0 & 0 \\ 0 & 0 & 1 & 0 & 0 & 0 \\ \hline 0 & 0 & 0 & \cos\alpha & \sin\alpha & 0 \\ 0 & 0 & 0 & -\sin\alpha & \cos\alpha & 0 \\ 0 & 0 & 0 & 0 & 0 & 1 \end{array}\right] \tag{9.21}$$

此处,$[T]$称为刚架单元的旋转变换矩阵(坐标转换矩阵)。

由分块矩阵乘法运算,容易证明$[T][T]^{\mathrm{T}}$是单位阵,$[T]$也是正交矩阵。

由局部坐标系转换到整体坐标系的公式,可由式(9.18)与式(9.20)得出

$$\{\delta_i\} = [R]^{\mathrm{T}}\{\delta_i'\} \tag{9.22}$$

$$\{\delta\}^{ⓔ} = [T]^{\mathrm{T}}\{\delta'\}^{ⓔ} \tag{9.23}$$

杆端力的转换公式与结点位移相仿,不再列出。

矩阵乘法满足结合律,将式(9.20)代入单元刚度方程(9.3),得

$$[k']^{ⓔ}[T]\{\delta\}^{ⓔ} = [k']^{ⓔ}\{\delta'\}^{ⓔ} = \{f'\}^{ⓔ} = [T]\{f\}^{ⓔ}$$

两边都乘$[T]^{\mathrm{T}}$,得

$$[T]^{\mathrm{T}}[k']^{ⓔ}[T]\{\delta\}^{ⓔ} = [T]^{\mathrm{T}}[T]\{f\}^{ⓔ} = \{f\}^{ⓔ}$$

从而

$$\{f\}^{ⓔ} = [T]^{\mathrm{T}}[k']^{ⓔ}[T]\{\delta\}^{ⓔ}$$

即

$$\{f\}^{ⓔ} = [k]^{ⓔ}\{\delta\}^{ⓔ} \tag{9.24}$$

就是整体坐标系下的单元刚度方程,$[k]^{ⓔ}$是整体坐标系下的单元刚度矩阵

$$[k]^{ⓔ} = [T]^{\mathrm{T}}[k']^{ⓔ}[T] \tag{9.25}$$

将式(9.4)与式(9.19)代入式(9.25),得到桁架单元在整体坐标系下的刚度矩阵

$$[k]^{ⓔ} = \frac{EA}{l}\left[\begin{array}{cc|cc} \cos^2\alpha & \sin\alpha\cos\alpha & -\cos^2\alpha & -\sin\alpha\cos\alpha \\ \sin\alpha\cos\alpha & \sin^2\alpha & -\sin\alpha\cos\alpha & -\sin^2\alpha \\ \hline -\cos^2\alpha & -\sin\alpha\cos\alpha & \cos^2\alpha & \sin\alpha\cos\alpha \\ -\sin\alpha\cos\alpha & -\sin^2\alpha & \sin\alpha\cos\alpha & \sin^2\alpha \end{array}\right] \tag{9.26}$$

将式(9.10)与式(9.21)代入式(9.25),得到刚架单元在整体坐标系下的刚度矩阵

$$[k]^{ⓔ} = \left[\begin{array}{ccc|ccc} \alpha_1 & \alpha_2 & \alpha_4 & -\alpha_1 & -\alpha_2 & \alpha_4 \\ \alpha_2 & \alpha_3 & \alpha_5 & -\alpha_2 & -\alpha_3 & \alpha_5 \\ \alpha_4 & \alpha_5 & \alpha_6 & -\alpha_4 & -\alpha_5 & \alpha_6/2 \\ \hline -\alpha_1 & -\alpha_2 & -\alpha_4 & \alpha_1 & \alpha_2 & -\alpha_4 \\ -\alpha_2 & -\alpha_3 & -\alpha_5 & \alpha_2 & \alpha_3 & -\alpha_5 \\ \alpha_4 & \alpha_5 & \alpha_6/2 & -\alpha_4 & -\alpha_5 & \alpha_6 \end{array}\right] \tag{9.27}$$

其中

$$
\left.\begin{aligned}
\alpha_1 &= \frac{EA}{l}\cos^2\alpha + \frac{12EI}{l^3}\sin^2\alpha \\[6pt]
\alpha_2 &= \left(\frac{EA}{l} - \frac{12EI}{l^3}\right)\sin\alpha\cos\alpha \\[6pt]
\alpha_3 &= \frac{EA}{l}\sin^2\alpha + \frac{12EI}{l^3}\cos^2\alpha \\[6pt]
\alpha_4 &= -\frac{6EI}{l^2}\sin\alpha \\[6pt]
\alpha_5 &= \frac{6EI}{l^2}\cos\alpha \\[6pt]
\alpha_6 &= \frac{4EI}{l}
\end{aligned}\right\}
\tag{9.28}
$$

单元局部坐标系的原点在单元的第一个结点(起始结点),横轴沿单元轴线指向另一端点,纵轴按右手螺旋法则确定。因此,单元端点编号将影响局部坐标系的方位角 α 和单元结点位移与结点力的符号。这一点必须给予足够的注意。

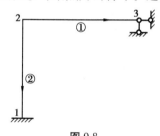

图 9.8

【例 9.1】 如图 9.8 所示的刚架,两杆的几何参数相同: $l = 5$ m, $A = 0.5$ m^2, $I = 1/24$ m^4,材料也相同, $E = 3 \times 10^4$ MPa。求各单元在整体坐标系中的单元刚度矩阵。

【解】 结构离散化,单元①结点为 2,3, $\alpha = 0$,不必转换,由式(9.10)直接写出。

单元②结点为 2,1, $\alpha = -\pi/2$,在式(9.28)中取 $\cos\alpha = 0$, $\sin\alpha = -1$,并代入已知各量,得

$$\alpha_1 = 12 \times 10^4, \alpha_2 = \alpha_5 = 0, \alpha_3 = 300 \times 10^4, \alpha_4 = 30 \times 10^4, \alpha_6 = 100 \times 10^4$$

由式(9.27)得

$$
[k]^{②} = 10^4 \times
\left[
\begin{array}{ccc:ccc}
12 & 0 & 30 & -12 & 0 & 30 \\
0 & 300 & 0 & 0 & -300 & 0 \\
30 & 0 & 100 & -30 & 0 & 50 \\
\hdashline
-12 & 0 & -30 & 12 & 0 & -30 \\
0 & -300 & 0 & 0 & 300 & 0 \\
30 & 0 & 50 & -30 & 0 & 100
\end{array}
\right]
$$

计算中,力的单位用 kN,长度单位用 m,则

$$
[k]^{①} = [k']^{①} = 10^4 \times
\left[
\begin{array}{ccc:ccc}
300 & 0 & 0 & -300 & 0 & 0 \\
0 & 12 & 30 & 0 & -12 & 30 \\
0 & 30 & 100 & 0 & -30 & 50 \\
\hdashline
-300 & 0 & 0 & 300 & 0 & 0 \\
0 & -12 & -30 & 0 & 12 & -30 \\
0 & 30 & 50 & 0 & -30 & 100
\end{array}
\right]
$$

9.4 结构整体分析

结构整体分析的任务是将离散化的单元集合成整体结构,利用单元刚度方程形成结构刚度方程,解出基本未知量。

结构整体分析的核心是求出结构刚度矩阵。结构刚度矩阵由整体坐标系下的单元刚度矩阵集成,其中的集成规则是矩阵位移法的核心内容。

9.4.1 总刚方程与总刚矩阵

列出整体坐标系下所有单元的刚度方程之后,再结合位移约束条件,就已能求出基本未知量了。这里以一个简单例子说明总刚方程集成的思想和步骤。

【例 9.2】 如图 9.9 所示,杆长 $3l$,抗拉刚度 EA,求各段变形量。

图 9.9

【解】 离散化,再分析各个单元。如图 9.10 所示,设 R_1, R_4 分别是结点 1 和 4 处的支座反力;F_2 与 F_3 是单元 1 与单元 3 的杆端力。

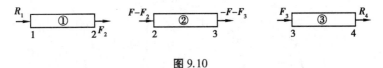

图 9.10

单元①的刚度方程为

$$\frac{EA}{l}u_1 - \frac{EA}{l}u_2 = R_1 \tag{1}$$

$$-\frac{EA}{l}u_1 + \frac{EA}{l}u_2 = F_2 \tag{2}$$

单元②的刚度方程为

$$\frac{EA}{l}u_2 - \frac{EA}{l}u_3 = F - F_2 \tag{3}$$

$$-\frac{EA}{l}u_2 + \frac{EA}{l}u_3 = -F - F_3 \tag{4}$$

单元③的刚度方程为

$$\frac{EA}{l}u_3 - \frac{EA}{l}u_4 = F_3 \tag{5}$$

$$-\frac{EA}{l}u_3 + \frac{EA}{l}u_4 = R_4 \tag{6}$$

位移约束条件

$$u_1 = 0 \tag{7}$$

$$u_4 = 0 \tag{8}$$

从方程（1）—（8）中解出 $u_2 = \dfrac{Fl}{3EA}$，$u_3 = \dfrac{-Fl}{3EA}$。于是，左段和右段伸长 $\dfrac{Fl}{3EA}$，中间段缩短了 $\dfrac{2Fl}{3EA}$。

手工求解例 9.2 并不是目的。这里希望深入分析求解过程，找出其中的规律，以便用计算机求解。

方程（1）—（8）联立求解时，根据代数公理，将其中任意两个方程两边对应相加或相减都得到同解方程。但是，很显然，将方程（2）与方程（3）、方程（4）与方程（5）分别相加，能直接消去两个未知量 F_2 与 F_3，得到

$$\frac{EA}{l}u_1 - \frac{EA}{l}u_2 = R_1 \tag{9}$$

$$-\frac{EA}{l}u_1 + \frac{2EA}{l}u_2 - \frac{EA}{l}u_3 = F \tag{10}$$

$$-\frac{EA}{l}u_2 + \frac{2EA}{l}u_3 - \frac{EA}{l}u_4 = -F \tag{11}$$

$$-\frac{EA}{l}u_3 + \frac{EA}{l}u_4 = R_4 \tag{12}$$

写成矩阵形式

$$\frac{EA}{l}\begin{bmatrix} 1 & -1 & 0 & 0 \\ -1 & 2 & -1 & 0 \\ 0 & -1 & 2 & -1 \\ 0 & 0 & -1 & 1 \end{bmatrix}\begin{Bmatrix} u_1 \\ u_2 \\ u_3 \\ u_4 \end{Bmatrix} = \begin{Bmatrix} R_1 \\ F \\ -F \\ R_4 \end{Bmatrix} \tag{13}$$

这里要选择恰当的方程和恰当的运算（只能相加不能相减）。这种选择反映了结点 2 和结点 3 的平衡条件。反过来说，从结点平衡条件出发，也必然要做出这种选择。

利用结点平衡条件时消去的变量（例 9.2 中的 F_2 与 F_3），实际上就是某些单元的杆端力，是结构的内力，在求解过程中是中间变量。最后得到的方程组，左边只包含结点位移，是基本未知量；右边只包含结构结点力，是结构的外力（支座反力也是外力）；而方程中的系数是单元刚度系数按结点平衡条件对应相加的结果。这个方程组就是整体刚度方程，或称总刚方程，记为

$$[K^0]\{\Delta^0\} = \{P^0\}$$

这里，$[K^0]$ 就是**整体刚度矩阵**，或者称为**总刚矩阵**，简称**总刚**。

在集成总刚矩阵的过程中没有考虑位移约束条件。对于一般单元，总刚矩阵是奇异的，总刚方程也称原始的结构刚度方程。

与总刚矩阵相对应，$\{\Delta^0\}$ 称为**总结点位移列阵**，$\{P^0\}$ 称为**总荷载列阵**。注意到总荷载列阵 $\{P^0\}$ 中包含有未知的反力。因此，总刚方程的左右两边都有未知量，并不是一个标准形式的线性代数方程组。

9.4.2 总刚矩阵的集成规则

如果依次建立各结点的平衡方程，可有两种选择：其一，先计算并存储所有单元的刚度矩

阵,需要时取出其元素,这将耗用大量的计算机内存;其二,用到某个单元的刚度矩阵时就计算它,这就带来大量的重复计算。因此,这两种选择都是不可取的。

总刚矩阵由各单元刚度矩阵按结点平衡条件对应相加得到,意味着各单元刚度矩阵的所有元素都将累加到总刚矩阵对应的位置上,只要能让所有单元的各个刚度系数"各就各位",总刚矩阵也就形成了。

假设各结点的自由度数相同,记为 n_f(对平面刚架单元 $n_f = 3$),总刚 $[K^0]$ 的阶数 n 就等于 n_f 乘以结点总数。为了"相加",首先必须令 $[K^0]_{n \times n} = \mathbf{0}_{n \times n}$。然后依次计算各单元的刚度矩阵,确定其所有元素在总刚矩阵中的对应位置,将它对总刚的"贡献"量累加到对应的位置上。

考虑典型单元ⓔ。设单元刚度矩阵的阶数是 m($m = 2n_f$,对平面刚架单元 $m = 6$),单元刚度矩阵 $[k]_{m \times m}^{ⓔ}$ 的第 i 行第 j 列元素是 $[k_{ij}]^{ⓔ}$,在不致引起混淆的情况下,可简记为 k_{ij}。

设单元的结点号码为 n_1, n_2,则单元刚度方程的第 $1 \sim n_f$ 行右边是结点 n_1 的力,在总刚方程中位于第 $(n_1 - 1) \times n_f + 1 \sim n_1 \times n_f$ 行;单刚方程的第 $n_f + 1 \sim 2n_f$ 行右边是结点 n_2 的力,在总刚方程的第 $(n_2 - 1) \times n_f + 1 \sim n_2 \times n_f$ 行。用向量 $\boldsymbol{\lambda}^{ⓔ}$ 表示总刚方程的 m 个行号,$\boldsymbol{\lambda}^{ⓔ} = [(n_1 - 1) \times n_f + 1, (n_1 - 1) \times n_f + 2, \cdots, n_1 \times n_f, (n_2 - 1) \times n_f + 1, (n_2 - 1) \times n_f + 2, \cdots, n_2 \times n_f]^{\mathrm{T}}$ 它的第 i($i = 1, \cdots, m$)个分量的值 $r = \lambda_i^{ⓔ}$ 就是单元刚度系数 k_{ij} 在总刚中对应的行号。因此,k_{ij} 将会累加到 $[K^0]$ 的第 r 行上。平面刚架的 $n_f = 3$,所以有

$$\boldsymbol{\lambda}^{ⓔ} = [3n_1 - 2, 3n_1 - 1, 3n_1, 3n_2 - 2, 3n_2 - 1, 3n_2]^{\mathrm{T}}$$

单元结点位移 $\{\delta\}^{ⓔ}$ 的第 $1 \sim n_f$ 个分量是结点 n_1 的第 $1 \sim n_f$ 个位移分量,也就是总结点位移 $\{\Delta^0\}$ 的第 $(n_1 - 1) \times n_f + 1 \sim n_1 \times n_f$ 个分量;$\{\delta\}^{ⓔ}$ 的第 $n_f + 1 \sim 2n_f$ 个分量是 $\{\Delta^0\}$ 的第 $(n_2 - 1) \times n_f + 1 \sim n_2 \times n_f$ 个位移分量。因此,$\{\delta\}^{ⓔ}$ 的第 j($j = 1, \cdots, m$)个分量就是总结点位移 $\{\Delta^0\}$ 的第 $c = \lambda_j^{ⓔ}$ 个分量。由单元刚度方程 $\{f\}^{ⓔ} = [k]^{ⓔ}\{\delta\}^{ⓔ}$ 可知,k_{ij} 是与 $\{\delta\}^{ⓔ}$ 的第 j 个分量相乘的。因此,在总刚矩阵中,它应属于与 $\{\Delta^0\}$ 的第 $c = \lambda_j^{ⓔ}$ 个分量相乘的元素,即 k_{ij} 将会累加到 $[K^0]$ 的第 c 列上。

这种将单元刚度系数各就各位,直接累加,形成总刚矩阵的方法称为直接刚度法。

向量 $\boldsymbol{\lambda}^{ⓔ}$ 确定了 k_{ij} 将会累加到在 $[K^0]$ 的第 r 行第 c 列。因此,向量 $\boldsymbol{\lambda}^{ⓔ}$ 称为单元定位向量。每个单元都有自己的定位向量。

单元定位向量 $\boldsymbol{\lambda}^{ⓔ}$ 的元素是单元结点未知量在总结点位移 $\{\Delta^0\}$ 中的序号。如果各结点的自由度数相同,并且采用后处理法引入位移约束条件,那么,$\boldsymbol{\lambda}^{ⓔ}$ 可由结点号码确定。单元定位向量不一定要用数组存储起来,可在需要时计算出来。如果用前处理法引入位移约束条件,或者如果结构中有不同类型的单元(如梁与桁架混合结构),那么,$\boldsymbol{\lambda}^{ⓔ}$ 就不能由结点号码确定。这时,必须先对结点未知量进行编号,形成一张结点未知量号码表。

至此,可总结出总刚矩阵的集成规则如下:

①令 $[K^0]_{n \times n} = \mathbf{0}_{n \times n}$。

②对各个单元:计算单元刚度矩阵 $[k]_{m \times m}^{ⓔ}$。

③形成单元定位向量 $\boldsymbol{\lambda}^{ⓔ}$ 或者直接计算出 r 和 c。

④将 k_{ij} 累加到 $[K^0]$ 的第 r 行第 c 列。

在程序设计中,可以用循环实现。

9.4.3 总荷载列阵的计算

总荷载列阵$\{P^0\}$是n维列向量。利用结点平衡条件,最后$\{P^0\}$中只剩下作用于结构上所有结点的外载荷,包括待求的支座反力。因此,$\{P^0\}$可这样计算:令$\{P^0\}=0_{n\times1}$,然后,将所有已知的结点载荷按照其所作用的结点和方向累加到$\{P^0\}$的相应分量上。结点载荷通常用$(j.d,l)$形式表示,将会累加到$\{P^0\}$的第$(j-1)\times n_f+d$个分量上。

实际上,结构除了受到作用于结点上的结点荷载之外,通常还有作用于结点之间的结间荷载(也称非结点荷载)。结间荷载的影响必须通过某种方式移置到结点上,称为原结间荷载的“等效结点力”。在变形固体中,用任何方式移置载荷都会引起误差,所谓“等效”,只能是某种意义下的等效,或者是在某些方面等效。应该选择一种方式把误差局限于结间荷载所作用的单元内。这就给出了计算等效结点力的原则:(结间荷载的)等效结点力与结间荷载在结构中引起的结点约束力相等。

典型情况下,考虑结构中只有一个单元ⓔ受到一个结间广义荷载作用。这个结间广义荷载可以是集中的广义力,也可以是分布的广义力,不妨用符号$\{q(x)\}$表示,如图9.11(a)所示。单元ⓔ与结构中其他部分通过单元结点发生相互影响,这些影响都体现在结点力与结点位移列阵中。结构中其他部分可以是任意的,因此不能也不必画出。结构在$\{q(x)\}$作用下变形,单元ⓔ的结点上产生约束力和位移。设$\{q(x)\}$的等效结点力列阵为$\{f_e\}$,如图9.11(b)所示。图9.11(b)与图9.11(a)等效。现在,设法对结构施加一组结点力$-\{f_e\}$(图9.11(c)),如果将$\{q(x)\}$用其等效结点力$\{f_e\}$代换,则得图9.11(c)中结点约束力与结点位移都是零。

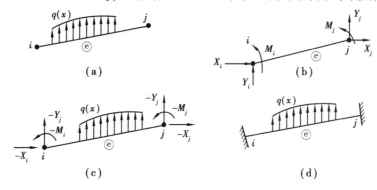

图9.11

图9.11(c)中的结点力$-\{f_e\}$的施加方法很多,固定支座可视作其中一种方法,把固端约束力$\{f_0\}$看成荷载,就成为图9.11(d)。图9.11(d)中,单元ⓔ在$\{q(x)\}$与$\{f_0\}$共同作用下的结点约束力与结点位移都是零,与图9.11(c)是等效的。因此,$\{f_0\}=-\{f_e\}$。于是,得到结间荷载$\{q(x)\}$的等效结点力的计算公式为

$$\{f_e\}=-\{f_0\} \tag{9.29}$$

多个广义结间荷载作用于结构时,可分别用它们各自的等效结点力代换。将所有单元的结间荷载与所有结点的结点力叠加,得到一个只有结点载荷作用的等效系统。实际上,最后得到的结构刚度方程,是这个等效系统的,而不是原来的结构系统的。

如果结构中没有结间荷载,这两个系统就是一样的。等效结点力对单元和结构来说都是外力。

把结间荷载$\{q(x)\}$"等效"移置到单元结点上,将不可避免地在单元ⓔ内引起误差。在图9.11(c)中,如果将$\{q(x)\}$用其等效结点力$\{f_e\}$代换,则单元ⓔ的内力处处为零,这显然是错误的。但是,因为结间荷载与其等效结点力在结构中引起的结点约束力相等,将得到正确的结点力列阵,等效系统与原来的结构系统将有相等的结点位移与结点力,只在这个意义上,两者才是等效的。至于各个单元内部各截面的内力和位移,是不能用等效系统计算的。用矩阵位移法通过等效系统计算出结点位移与结点力之后,还得回到原来的有结间荷载的结构中去,用截面法计算单元内力,用积分法计算单元变形。

根据式(9.29),可计算出平面刚架中几种常见的结间荷载的等效结点力,列于表9.1中。表中等效结点力是在局部坐标系下的值,因为固端约束力在局部坐标系计算比较方便。在向总荷载列阵中叠加时,要进行坐标变换。

实际的结间荷载可能有各种各样的分布方式,用式(9.29)计算等效结点力并不总是方便的。前面已经指出,矩阵位移法是有限单元法的雏形,在有限单元法中有计算等效结点力的统一的公式。

表9.1　常见的结间荷载的等效结点力(局部坐标系)

序　号	荷载简图	符　号	结点 i	结点 j
1		X'	0	0
		Y'	$qa\left(1-\dfrac{a^2}{l^2}+\dfrac{a^3}{2l^3}\right)$	$qa\left(\dfrac{a^2}{l^2}-\dfrac{a^3}{2l^3}\right)$
		M'	$\dfrac{qa^2}{12}\left(6-\dfrac{8a}{l}+\dfrac{3a^2}{l^2}\right)$	$\dfrac{qa^3}{12l}\left(\dfrac{3a}{l}-4\right)$
2		X'	0	0
		Y'	$F_P\dfrac{b^2}{l^2}\left(1+\dfrac{2a}{l}\right)$	$F_P\dfrac{a^2}{l^2}\left(1+\dfrac{2b}{l}\right)$
		M'	$F_P\dfrac{ab^2}{l^2}$	$-F_P\dfrac{ba^2}{l^2}$
3		X'	0	0
		Y'	$-\dfrac{6Mab}{l^3}$	$\dfrac{6Mab}{l^3}$
		M'	$\dfrac{Mb}{l}\left(1-\dfrac{3a}{l}\right)$	$\dfrac{Ma}{l}\left(\dfrac{3a}{l}-2\right)$
4		X'	0	0
		Y'	$qa\left(\dfrac{1}{2}-\dfrac{3a^2}{4l^2}+\dfrac{2a^3}{5l^3}\right)$	$q\dfrac{a^3}{l^3}(0.75l-0.4a)$
		M'	$\dfrac{qa^2}{6}\left(2-\dfrac{3a}{l}+\dfrac{6a^2}{5l^2}\right)$	$qa^2\left(\dfrac{a^2}{5l^2}-\dfrac{a}{4l}\right)$

续表

序　号	荷载简图	符　号	结点 i	结点 j
5		X'	$qa\left(1-\dfrac{a}{2l}\right)$	$\dfrac{qa^2}{2l}$
		Y'	0	0
		M'	0	0
6		X'	$F_P\dfrac{b}{l}$	$F_P\dfrac{a}{l}$
		Y'	0	0
		M'	0	0

9.4.4　位移约束条件的处理

结构中总有一些结点受到某种约束,其部分或全部位移分量是已知的。引入位移约束条件的方法有前处理法和后处理法两大类。即使在后处理法中,也有多种方法。

总刚方程经过约束处理后具有 $[K]\{\Delta\}=\{P\}$ 的形式,称为结构刚度方程。

①总刚方程左右两边都有未知量。含有支座反力的方程对于求解基本未知量毫无用处,而且在求出基本未知量之后,可设法(如利用支座结点的平衡条件)求出支座反力。因此,可用位移约束条件取代含有支座反力的方程。这就消除了方程组右边的未知量,同时也消除了系数矩阵的奇异性,可以求解出基本未知量。

对例9.2,将方程(9)和方程(12)分别用方程(7)和方程(8)代替,方程(13)则成为

$$\frac{EA}{l}\begin{bmatrix} 1 & 0 & 0 & 0 \\ -1 & 2 & -1 & 0 \\ 0 & -1 & 2 & -1 \\ 0 & 0 & 0 & 1 \end{bmatrix}\begin{Bmatrix} u_1 \\ u_2 \\ u_3 \\ u_4 \end{Bmatrix}=\begin{Bmatrix} 0 \\ F \\ -F \\ 0 \end{Bmatrix} \tag{14}$$

这里并不要求已知位移的值为零。

注意到这样得到的方程组的系数矩阵是可逆的,但不是对称的。因此,这个方法在数学上是可行的,实际中一般不用。

②假设第 s 个位移分量已知为 $\Delta_s^0=w_s$,将它代入总刚方程中所有的不含支座反力的方程 q,再将方程 q 的左右两边同时减去 $K_{qs}^0 w_s$(实际只要将方程 q 的右边减去 $K_{qs}^0 w_s$,同时置 $K_{qs}^0=0$),然后用 $\Delta_s^0=d_s$ 作为第 s 个方程。这样得到的方程组的系数矩阵是对称的,其第 s 行和第 s 列都只有对角元素为1,其余元素均为0。这种方法相当于把第 s 行和第 s 列对角元素以外的项"划去",因此,也称此法为"划行划列法"。其实,只当已知位移的值不为零时,才要处理方程组的右端项。用这种方法处理所有的已知位移,最后得到的方程组的系数矩阵是对称正定的。

本法可看成上述第一种方法的改进:对第一种方法得到的不含支座反力的方程,将其左端与已知位移对应的项移到右端,也就是本法的结果。

对例9.2,由方程(13)得到

$$
\frac{EA}{l}
\begin{bmatrix}
1 & 0 & 0 & 0 \\
0 & 2 & -1 & 0 \\
0 & -1 & 2 & 0 \\
0 & 0 & 0 & 1
\end{bmatrix}
\begin{Bmatrix}
u_1 \\
u_2 \\
u_3 \\
u_4
\end{Bmatrix}
=
\begin{Bmatrix}
0 \\
F + 1 \times u_1 \\
-F + 1 \times u_4 \\
0
\end{Bmatrix}
=
\begin{Bmatrix}
0 \\
F \\
-F \\
0
\end{Bmatrix}
\tag{15}
$$

③为引入某个已知位移分量 $\Delta_s^0 = w_s$,将总刚矩阵 $[K^0]$ 的第 s 行的对角元素 K_{ss}^0 乘以一个很大的正实数 Z,同时把总荷载列阵 $\{P^0\}$ 的第 s 行改为 $Z \times K_{ss}^0 \times w_s$。当 Z 足够大时,由第 s 个方程得到 $Z \times K_{ss}^0 \times \Delta_s^0 \approx Z \times K_{ss}^0 \times w_s$,从而 $\Delta_s^0 \approx w_s$。这种方法称为"乘大数法",正实数 Z 一般可取 $10^6 \sim 10^8$。也可直接令 $K_{ss}^0 = Z$,同时把 $\{P^0\}$ 的第 s 行改为 $Z \times w_s$,只要 Z 足够大,就有 $Z \times \Delta_s^0 \approx Z \times w_s$,也能得到 $\Delta_s^0 \approx w_s$,这种方法称为"充大数法"。"充大数法"中的 Z 值应比"乘大数法"中的大几个量级,一般可取 $10^{13} \sim 10^{15}$。

对例9.2,对方程(13)用"乘大数法"得到

$$
\frac{EA}{l}
\begin{bmatrix}
10^8 & -1 & 0 & 0 \\
-1 & 2 & -1 & 0 \\
0 & -1 & 2 & -1 \\
0 & 0 & -1 & 10^8
\end{bmatrix}
\begin{Bmatrix}
u_1 \\
u_2 \\
u_3 \\
u_4
\end{Bmatrix}
=
\begin{Bmatrix}
0 \\
F \\
-F \\
0
\end{Bmatrix}
\tag{16}
$$

对例9.2,对方程(13)用"充大数法"得到

$$
\begin{bmatrix}
10^{15} & -\dfrac{EA}{l} & 0 & 0 \\
-\dfrac{EA}{l} & \dfrac{2EA}{l} & -\dfrac{EA}{l} & 0 \\
0 & -\dfrac{EA}{l} & \dfrac{2EA}{l} & -\dfrac{EA}{l} \\
0 & 0 & -\dfrac{EA}{l} & 10^{15}
\end{bmatrix}
\begin{Bmatrix}
u_1 \\
u_2 \\
u_3 \\
u_4
\end{Bmatrix}
=
\begin{Bmatrix}
0 \\
F \\
-F \\
0
\end{Bmatrix}
\tag{17}
$$

④把总刚方程中含有支座反力的各个方程调整到最后,同时,把已知的位移也调整到最后,它们之间原来的相对顺序保持不变。这样,总刚方程右边就分成了两部分:只有支座反力的部分和只有已知结点力的部分。可记为 $\begin{Bmatrix} P_F \\ P_R \end{Bmatrix}$。其中,$\{P_F\}$ 表示已知结点力,$\{P_R\}$ 表示支座反力,它们都是列阵,但比 $\{P^0\}$ 的阶数要低。相应地,位移列阵和刚度矩阵也要分块。记位移列阵为 $\begin{Bmatrix} \Delta_F \\ \Delta_R \end{Bmatrix}$。其中,$\{\Delta_F\}$ 是真正未知的结点位移,或称"自由结点位移",$\{\Delta_R\}$ 是已知的结点位移,是"约束结点位移"。总刚方程经过这样调整后的分块形式为

$$
\begin{bmatrix}
K_{FF} & K_{FR} \\
K_{RF} & K_{RR}
\end{bmatrix}
\begin{Bmatrix}
\Delta_F \\
\Delta_R
\end{Bmatrix}
=
\begin{Bmatrix}
P_F \\
P_R
\end{Bmatrix}
\tag{9.30}
$$

对例9.2,对方程(13)进行调整

$$\frac{EA}{l}\begin{bmatrix} 2 & -1 & \vdots & -1 & 0 \\ -1 & 2 & \vdots & 0 & -1 \\ \cdots & \cdots & \vdots & \cdots & \cdots \\ -1 & 0 & \vdots & 1 & 0 \\ 0 & -1 & \vdots & 0 & 1 \end{bmatrix}\begin{Bmatrix} u_2 \\ u_3 \\ \cdots \\ u_1 \\ u_4 \end{Bmatrix} = \begin{Bmatrix} F \\ -F \\ \cdots \\ R_1 \\ R_4 \end{Bmatrix} \tag{18}$$

由式(9.30)得到

$$[K_{FF}]\{\Delta_F\} = \{P_F\} - [K_{FR}]\{\Delta_R\} \tag{9.31}$$

与

$$\{P_R\} = [K_{RF}]\{\Delta_F\} + [K_{RR}]\{\Delta_R\} \tag{9.32}$$

式(9.31)右端项都是已知值,可求出自由结点位移。式(9.31)就是结构刚度方程,它的阶数比原始的结构刚度方程(总刚方程)要低。$[K_{FF}]$就是结构刚度矩阵。

求出基本未知量之后,可由式(9.32)求出支座反力。这只需要做矩阵乘法和减法。

这种处理方法的优点是可以降低最后求解的方程组的阶数,还可方便地求出支座反力;但其缺点是要对刚度矩阵进行调整,工作量比较大。为了避免调整刚度矩阵,编程时,可在集成总刚的过程中考虑各个方程和未知量的顺序,当然程序就会复杂些。

第二种方法和第三种方法是常用的。总刚矩阵用位移约束条件处理后,既不同于$[K^0]$也不同于$[K_{FF}]$。但在不致引起混淆的情况下,也称它为结构刚度矩阵或整体刚度矩阵,或简称总刚。

9.4.5 整体刚度矩阵的性质

整体刚度矩阵的性质如下:

①整体刚度矩阵的元素称为整体刚度系数,其物理意义与单元刚度系数的相类似。

②整体刚度矩阵是对称的,它的对角元素称为主元素,主元素恒为正数;非对角元素称为副元素,副元素可以是正数、负数或零。

③由一般单元集成的整体刚度矩阵是奇异的(不可逆);部分或全部由特殊单元集成的整体刚度矩阵有可能是可逆的(如连续梁结构)。整体刚度矩阵是否可逆,取决于在已知结点力的情况下,结构的结点位移是否唯一确定。但是,由已知的结点位移可以通过整体刚度方程唯一地确定结点力,因为这种情况下只做矩阵乘法,并不需要矩阵是可逆的。

④直接刚度法第一步令总刚矩阵为零矩阵,然后将单元刚度系数累加到相应的位置上。设总刚矩阵的第r行对应结点j的某个结点位移分量,则只有包含结点j的单元才会有刚度系数要累加到该行上。包含结点j的单元称为结点j的相关单元,结点j的相关单元中结点j以外的结点称为结点j的相关结点。从而,只有结点j及其相关结点才会影响总刚矩阵的第r行元素。结点j对K_{rc}^0有影响,它的相关结点所影响的K_{rc}^0分布在K_{rr}^0附近(结点号码小于j的在左边,大于j的在右边)。总刚矩阵的第r行元素中,如果记结点j的相关结点中号码最小的结点的第一个自由度所对应的列数为c_1,记号码最大的结点的最后一个自由度所对应的列数为c_{bw},则只有$c_1 \sim c_{bw}$列的元素有可能发生改变,而其余元素将保持为零值。这就是说,总刚矩阵的第r行元素集中在其对角元素附近的第$c_1 \sim c_{bw}$列。

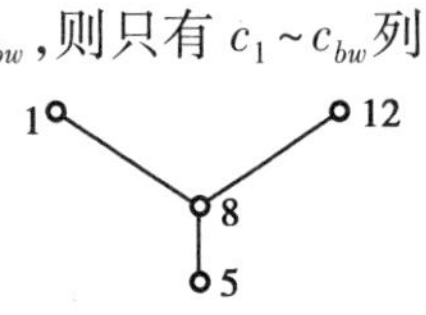

图9.12

⑤图9.12是桁架的部分示意图。结点8的水平位移是Δ_{15},结点8的相关结点是结点1,结点5和结点12。在总刚矩阵的第15行,只有第

1,2,9,10,15,16,23,24 列的元素不为零。总刚的各行元素情况都是如此。因此,总刚矩阵的非零元素集中在对角线附近,是一个带状矩阵。各行的 bw 称为该行的带宽,各行的带宽是不同的,这些带宽中的最大值称为最大带宽。带宽范围以外,总刚元素为零,称为带外零元素。一般的结构中,带外零元素很多,使总刚矩阵成为稀疏矩阵。从而,总刚矩阵是带状稀疏矩阵。

单元结点编号一般是不连续的,带宽范围内就会有零元素,这些零元素称为带内零元素。除了一维情形,在平面和三维结构中,带内零元素总是存在的。

带内零元素必须存储,因而应设法减少带内零元素的个数。从以上分析知道,第 r 行的带宽取决于结点 j 及其相关结点号码的差值,为

$$bw = (相关结点最大号码 - 相关结点最小号码 + 1) \times n_f \tag{9.33}$$

因此,结点 j 的相关结点的号码应尽可能接近 j。这就得到了结点编号的原则:属于同一单元的各结点的号码差值越小越好。在实际的结构分析中,离散化时遵守这个原则并不容易。可以编程重新调整输入的结点编号,在程序内部,结点编号是调整后的,计算结果仍然按原来的号码输出以方便用户。这样的过程称为"结点编号优化",不过,针对结点编号的优化算法都比较复杂。

编程时,带宽应由程序计算,而不是作为输入数据要求用户确定。

9.4.6　结构刚度方程的存储方式

总荷载列阵和结点位移列阵共用一个一维实型数组存储。总荷载列阵在引入已知位移条件前后都可用一个一维实数组存储,在求解结构方程之后,这个数组存储结点位移。

结构刚度矩阵是对称正定的带状稀疏矩阵。充分利用这些特点,可降低计算机内存需要量,减少求解方程的计算量。因此,结构刚度矩阵的存储就有多种方式。

1) 方阵存储

直接用二维数组存储 $[K^0]$,然后进行约束处理,得到的矩阵仍然是方阵。这种方法没有利用总刚矩阵的对称性和带状稀疏性,浪费大量计算机内存和计算时间,在通用程序中根本不可能使用。但是,此法能够凸现总刚矩阵的集成规则,清楚地说明单元刚度系数是如何各就各位的,可作为理解其他存储方式的基础,而且编程简单,便于教学,因而在教学中仍不失为一种常用方法,尤其是在少学时的力学课程中。

2) 三角阵存储

根据结构刚度矩阵的对称性,只存储它的下(上)三角部分,比方阵存储有所改善,但仍然不是实用的方法。

3) 等(半)带宽二维矩阵存储

利用带状稀疏性,只存储带内元素;根据对称性,只存储下(上)三角部分的半带。因为各行带宽不同,而矩阵的列数又不能是变化的,因此,应取最宽的半带的宽度作为矩阵的列数。这个数称为最大半带宽 d。存储下半带时,各行的半带宽是从第一个非零元素到对角元素为止;存储上半带时,从对角元素数到最后一个非零元素为止。

这种方法中用于存储的矩阵,行数与原来的方阵相同,列数等于最大半带宽。编程时,最大半带宽应由程序求出,而不是作为输入数据要求用户确定。

设对称的带状稀疏矩阵 $K_{n \times n}$ 按等带宽二维存储在矩阵 $A_{n \times d}$ 中,则必须确定 K 的元素 K_{ij} 与 A 中元素的对应关系。设 K_{ij} 对应于 $A_{ij'}$,行号不变。先考虑存储下半带的情形。当 $j > i$ 时,取 K_{ij} 的对称元素 K_{ji},与 $A_{ji'}$ 对应;带内元素满足 $j \leqslant i$,K 中从第 j 列到第 i 列的元素存放在 A 中第 j' 列到第 d 列,故 $j'-d=j-i$,从而 $j'=d+j-i$;如果算出的 $j' < 1$ 或 $i' < 1$,则为带外零元素。归纳起来为

$$K_{ij} = \begin{cases} A_{ji'}(i' = d + i - j, 1 + j - d \leqslant i < j) \\ A_{ij'}(j' = d + j - i, 1 + i - d \leqslant j \leqslant i) \\ 0(j < 1 + i - d \cup 1 + j - d > i) \end{cases} \tag{9.34}$$

式(9.34)中的下标计算公式称为寻址公式。不同的存储方式中,寻址公式是不同的。如果存储上半带,则有

$$K_{ij} = \begin{cases} A_{ji'}(j' = i - j + 1, j < i \leqslant j + d - 1) \\ A_{ij'}(j' = j - i + 1, i \leqslant j \leqslant i + d - 1) \\ 0(i + d - 1 < j \cup j + d - 1 < i) \end{cases} \tag{9.35}$$

4)变带宽一维存储

考虑各行带宽一般不同的事实,用一维数组 A 存储刚度矩阵,只存储下(上)三角部分的半带内的非零元素。同时,用一个一维整型数组 DN 存放刚度矩阵各个对角元素在一维数组中的下标,称为对角元素号码表或对角元素地址表。

考虑存储下三角半带内元素,当 $j > i$ 时,按 K_{ji} 寻址;$K_{ii} = A_{DN_i}$,设 $j \leqslant i$ 时 $K_{ij} = A_l$,K 中从第 j 列到第 i 列的元素是 A 中第 l 个到第 DN_i 个元素,故 $j-i=l-DN_i$,从而 $l = DN_i + j - i$;如果算出的 $l < 1$,则为带外零元素。归纳起来为

$$K_{ij} = \begin{cases} A_l(l = DN_j + i - j, j + DN_{j-1} - DN_j < i < j) \\ A_l(l = DN_i + j - i, i + DN_{i-1} - DN_i < j \leqslant i) \\ 0(j \leqslant i + DN_{i-1} - DN_i \cup j > i + DN_j - DN_{j-1}) \end{cases} \tag{9.36}$$

在存储上三角半带内元素时

$$K_{ij} = \begin{cases} A_l(l = DN_j + i - j, j < i < j + DN_{j+1} - DN_j) \\ A_l(l = DN_i + j - i, i \leqslant j < i + DN_{i+1} - DN_i) \\ 0(j \geqslant i + DN_{i+1} - DN_i \cup j < i + DN_j - DN_{j+1}) \end{cases} \tag{9.37}$$

9.4.7 结构刚度方程的求解

结构刚度方程 $[k]\{\Delta\} = \{P\}$ 是线性代数方程组,求解方法可分为直接法和迭代法两大类。迭代法主要有雅可比法、高斯-塞德尔法、超松弛方法。直接法主要有高斯消去法,改进平方根法,特殊情况下还有针对性的解法。例如,连续梁的结构刚度矩阵只有主对角线与上下两条副对角线上有非零元素,力学上称为"三弯矩方程",数学上称为"三对角线方程组",可用"追赶法"求解。

由于结构刚度矩阵的特性,在高斯消去法中一般不会出现某一步主元太小的情况。因此,通常不必选主元。

结合结构刚度矩阵的各种存储方式,求解结构刚度方程时有多种具体做法。

9.4.8 单元内力和支座反力的计算

求出结构位移列阵 $\{\Delta\}$ 之后,通过单元定位向量 $\{\lambda\}^e$ 得到各单元在整体坐标系下的结点位移 $\{\delta\}^e$,再用坐标变换可以得到局部坐标系下的结点位移。单元刚度方程反映了单元在杆端力 $\{f\}^e$ 与结间荷载 $\{q(x)\}$ 共同作用下的平衡关系,将结间荷载用其等效结点力 $\{f_e\}$ 表示,则得 $[k]\{\delta\}^e = \{f\}^e + \{f_e\}$,故计算单元的杆端力的公式为

$$\{f\}^e = [k]^e \{\delta\}^e - \{f_e\} \tag{9.38}$$

计算过程中,可选择整体坐标系或局部坐标系。但是,为了便于计算单元在任意截面处的内力,最后给出的单元杆端力必须是在局部坐标系中的。任意截面处的内力用截面法计算,变形用积分法计算。画内力图时,内力的正负号要按材料力学或结构力学的习惯规定处理。

求出各单元的杆端力之后,对有位移约束的结点,用平衡条件求出支座反力。

9.5　直接刚度法计算平面刚架

矩阵位移法主要是为用计算机进行结构分析而准备的。电算时,有各种通用的和专用的软件可供选择。但是,自己动手编制一个入门级的小程序,对于学习矩阵位移法无疑是重要的。

为了帮助读者学习编程,这里给出的平面刚架计算程序 FRAME 不追求功能复杂,也较少考虑计算效率,而将重点放在展示矩阵位移法的计算过程上。读者在掌握了基本方法之后,可以自行修改、完善、仿制或重写这个程序,以增加其功能或提高其效率,并在此过程中培养编程能力。

9.5.1　工具、信息编码

要做的第一件事当然是选择编程语言与工具。BASIC,C/C++或 FORTRAN 都是适当的算法语言,这里选用 Fortran 95 和 Intel ⓡ Visual Fortran Compiler 9.1。

因为计算机不能处理非数值型的数据,所有信息必须进行适当的编码。信息编码后用变量和数组表示。变量和数组根据它所表示的量分为实型和整型,按 FORTRAN 命名规则给出适当的标识符。全局变量放在一个模块 MODULE FRAME 中,方便使用;局部变量局限于各程序单元,以免混乱。

因不能预知结构分析问题的规模,故程序中有许多数组的大小是由输入数据决定的。这些数组都是可分配大小的数组,应放在 MODULE FRAME 中。

全局整型标识符有:

NP:结点总数。

NE:单元总数。

ELEID(3,NE):单元定义,第 i 列表示第 i 单元的起、止结点号,截面特性分组号。

NBC:约束个数。

NMA:截面特性种数。

NPJ:结点荷载总数。

NPB:结间荷载总数。

N:总自由度数,N=3NP。

全局实型标识符有:

XY(2,NP):结点坐标,第 i 列表示结点 i 的 x 坐标和 y 坐标。

EMAT(2,NMA):截面特性 EA 与 EI,第 i 列表示第 i 种规格的杆件的 EA 与 EI。

BC(2,NBC):边界条件(约束信息),第 i 列表示第 i 个已知位移的结点号、方向与大小。

   BC(1,I):整数部分为第 i 个约束的结点号,小数部分为自由度局部号码。

   BC(2,I):第 i 个约束的已知位移值。

LDJ(2,NPJ):结点荷载,第 i 列表示第 i 个结点荷载的结点号、方向与大小。

   LDJ(1,I):第 i 个结点荷载的结点号、方向号(1=X,2=Y,3=M)。

   LDJ(2,I):第 i 个结点荷载的值。

LDB(3,NPB):结间荷载,第 i 列表示第 i 个结间荷载的单元号、荷载类型码、位置与大小。

   LDJ(1,I):整数部分为第 i 个结间荷载的单元号,小数部分为荷载类型码。

   LDJ(2,I):第 i 个结间荷载的作用范围或作用位置,表 9.1 中的 a 值。

   LDJ(3,I):第 i 个结间荷载的值。

P(N):先存放总荷载向量,解方程后存放结构位移向量。

KS(N,N):总刚矩阵。

很容易想到至少需要定义这些全局标识符。局部标识符在各个程序单元中用到时再介绍,这样比较利于学习编程。

9.5.2　结构化程序设计、程序单元

入门级的小程序还是用传统的结构化程序设计方法来编写比较好。按结构化程序设计思路,先将任务大致分为几个步骤,再把每个步骤当作较小的任务,这样一直分下去,直到每个任务都很简单,可用一个程序单元完成。这就是"自顶向下,逐步细化"的原则。

位移法手工解题的主要步骤是:读题,列方程组,解方程组,求出杆端力。

读题的过程可用一个程序单元完成,是 SUBROUTINE INPUT 的工作。用来描述问题的数据应尽可能集中在一个程序单元中输入。所有输入的数据都应该输出出来,以备核查。

列方程组实际上有两个任务:计算方程组中的系数和右端项,在矩阵位移法中,就是集成刚度矩阵和总荷载列阵;用 SUBROUTINE STIFF 来集成刚度矩阵;用 SUBROUTINE ALOAD 来集成荷载列阵。

解方程组之前要列出边界条件,用 SUBROUTINE BOUND 引入已知位移。选用高斯消去法解方程组,用 SUBROUTINE GAUSS 可实现。GAUSS 是一个求解 $[A]\{X\}=\{B\}$ 的通用过程,并不一定用在本程序中,它的参数应该用哑元传递才是上策。

用 SUBROUTINE ELEFORCE 求杆端力。

此外,结构分析有大量的输入与输出数据,必须用数据文件方式进行输入输出。不同的问题有不同的输入与输出数据文件,可由用户选择。SUBROUTINE OPENF 确定输入与输出文件名,并打开文件。

至此,可直接写出主程序的主要语句:

CALL OPENF	! 打开文件
CALL INPUT	! 输入数据
CALL STIFF	! 总刚集成
CALL ALOAD	! 总荷载集成
CALL BOUND	! 边界处理
CALL GAUSS(KS,P,N,1.0D-8,F)	! 解方程组
CALL ELEFORCE	! 计算单元杆端力

图 9.13 是主程序的框图。主程序是整个程序的"领导层",管理、协调其他子程序的工作,主要由 CALL 语句组成。在结构化程序设计中,主程序处于顶层,以顺序结构为主,框图一般比较简单。画程序的框图或流程图是以方便编写和阅读程序为目的的,在能够直接写出程序的情况下,像图 9.13 这样的框图其实也可以不画。

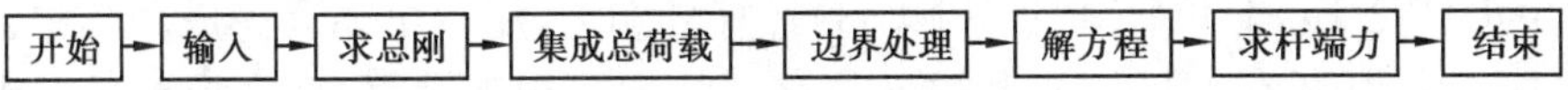

开始 → 输入 → 求总刚 → 集成总荷载 → 边界处理 → 解方程 → 求杆端力 → 结束

图 9.13

程序设计是一个渐进的过程,依主程序调用的顺序编写相应的程序单元。在程序调试的过程中,尚未编写的程序单元用所谓"哑过程"表示,例如:

SUBROUTINE STIFF   ! 总刚集成
END SUBROUTINE STIFF

SUBROUTINE OPENF 首先检查命令行是否带有文件名参数,如果有,就依次取为输入、输出文件名。这样,在 Windows 的控制台窗口下运行程序的命令可以是:

FRAME
FRAME   Exam01.TXT
FRAME Exam01.TXT   Exam01.RES.TXT

如果从命令行没有获得文件名,OPENF 将提示用户输入文件名。输入数据文件必须放在当前工作文件夹内。

如果 OPENF 遇到任何意外情况,都应停止程序运行。

SUBROUTINE INPUT 首先输入结点数、单元数、截面特性分组数等数据,然后给有关数组分配内存,输入并输出数据。通常,输入是无格式的,而输出格式应力求清晰、美观。

SUBROUTINE STIFF 先将总刚清零,然后用单刚集成总刚。对于典型单元ⓔ,计算它在整体坐标系下的单元刚度矩阵 KE(6,6),累加到总刚 KS(N,N)中。这是一个典型的处理过程,写出其代码之后,外面加一个 DO 循环就完成了。其中,计算单元刚度矩阵的步骤应该继续向下细分,作为一项独立的任务,交由 SUBROUTINE ESTIF 完成。STIFF 只要知道单元ⓔ的 KE 即可,而 ESTIF 只要知道单元号码 E 就能工作,它需要的其他数据都是全局的,可从 MODULE FRAME 获取。这样,ESTIF 有两个参数 E 与 KE。过程的参数是它与主调程序之间的接口,应精心设计,带有很多哑元的接口使用起来是不方便的。

叠加过程是 STIFF 的"本职工作",不应再分下去了。"自顶向下,逐步细化",到每个程序单元有一个基本功能时,就应停止细化。

SUBROUTINE ESTIF 基于式(9.27)与式(9.28)进行计算,执行部分只有赋值语句。

SUBROUTINE ALOAD 分别用一个循环处理结点荷载和结间荷载,在每个循环内部,都针对一个典型情况进行编程。其中,细分出一个独立任务,由 SUBROUTINE FEQ 根据表9.1计算结间荷载的等效结点力 FE(6)。ALOAD 需要整体坐标系下的等效结点力,而 SUBROUTINE ELEFORCE 在计算杆端力时要用到局部坐标系下的等效结点力。为此,给 FEQ 加一个控制变量 IC,只有当 IC 的值为1时,FEQ 才将计算结果变换到整体坐标系下。通常根据变换矩阵手工演算出结果公式,编成代码,比用矩阵乘法计算要简单有效得多,这是因为变换矩阵中有许多零元素。

SUBROUTINE BOUND 用"划行划列"法处理已知位移,用一个循环完成任务。

SUBROUTINE GAUSS(A,B,N,EPS,IC)用高斯消去法求解 n 阶线性代数方程组$[A]\{X\}=\{B\}$,是一个通用过程。通用过程往往有现成的程序可用。如果出现主对角元小于给定的小正数 EPS 的情况,就认为矩阵 A 是奇异的,并置 IC=1;正常结束时,IC=0,数组 B 存放着方程组的解。一般取 EPS 为 10^{-6}。结构分析中,只要结构是合理的,就不会出现异常。

SUBROUTINE ELEFORCE 根据式(9.38)计算杆端力,用一个循环完成。其中,由杆端位移引起的杆端力,用单元刚度矩阵和单元位移列阵的乘积来计算,并变换到局部坐标系下。结间荷载在局部坐标系下的等效结点力,可调用 SUBROUTINE FEQ 直接计算。

注意到单元刚度矩阵和等效结点力的计算都进行了两次。手工计算时,中间结果要么写在草稿纸上,要么就在需要时重算。同样的情形在电算时依然存在。保存中间结果要占用内存,但可提高计算速度。虽然,微型计算机的内存已经由 DOS 下的 640 KB 飞速提升到 4 GB 乃至更多,但是,现实的状况似乎是越多越不够用! 编程时难免有重复计算,这种"以时间换空间"的办法不过是一种折中与妥协。

虽然一开始就精心设计各模块的功能和接口,但是,不要期望编写出完美的程序,功能完善与结构简单本来就是矛盾的。程序功能不断完善的过程,也就是程序结构渐趋复杂的过程,程序的维护也越来越难。

因此,应把程序看成工业产品,尽可能给出详尽的说明文档。说明文档包括软件功能、技术原理、开发工具、运行平台、算法说明、资源需求、异常情况、常见问题及其处理方法等项内容。形式可以是使用手册(产品说明书)和维修维护指南(产品技术资料)。

程序中对算法应尽可能加上注释。

9.5.3 使用说明

平面刚架计算程序 FRAME 是一个教学程序,基于矩阵位移法的原理用 FORTRAN 95 语言编制,可计算平面任意刚架在结点荷载、结间荷载、支座位移作用下的变形和杆端力。总刚矩阵采用满阵存储,集成过程清楚,但内存消耗大;方程用高斯消去法求解。

输入数据采用自由格式,数据之间建议用空格作为分隔符,避免与小数点混淆。

输入数据文件有以下几项内容:

①结点数 NP、单元数 NE、截面特性组数 NMA、已知位移个数 NBC、结点荷载数 NPJ、结间荷载数 NPB。

②结点坐标 XY。

③单元定义 ELEID。

④截面特性 EMAT。

⑤已知位移 BC。

⑥如果 NPJ>0,则输入结点荷载 LDJ。

⑦如果 NPB>0 则读入结间荷载 LDB。

载荷数据中,力以沿坐标轴正向为正,弯矩以逆时针方向为正。结点荷载以整体坐标系为准;结间荷载以局部坐标系为准,力的正负号与单元两端结点编号的顺序有关。

编写输入数据文件时,每开始一项内容,都要另起一行;同一项数据可以分多行填写,在每项数据的最后一行,可以加上注解,注解与数据之间要留空格。

可以用 Windows 的记事本程序建立数据文件。方法是:打开 FRAME.EXE 所在文件夹,在窗口的空白处右击一下,选择"新建"→"文本文档",在出现的输入框中将"新建文本文档"字样改为自己拟订的输入数据文件名,如 TEST1。

输出数据文件最好与输入数据有相同的"主名",如用 TEST1.RES.TXT 表示 TEST1 的计算结果。用扩展名 TXT,是为了方便用记事本打开。

Windows 的"记事本"程序会自动给文本文件加上扩展名 TXT。如果出现记事本能够打开输入数据文件,但 FRAME 不能打开的情况,就很可能是扩展名的问题。在工作文件夹的窗口菜单上,选择"工具"→"文件夹选项"→"查看",修改"隐藏已知文件类型的扩展名"选项的设定,就可能看到有两个扩展名的文件,如 TEST1.TXT.TXT。

【例 9.3】 用程序计算图示刚架,已知各杆的材料相同,弹性模量 $E = 210$ GPa,杆件截面积都是 $A = 20$ cm^2,惯性矩都是 $I = 300$ cm^4,长度 $l = 100$ cm。10 kN 力作用于竖杆中点。

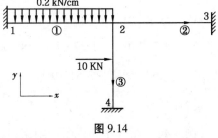

图 9.14

【解】 建立整体坐标系,离散化,如图 9.14 所示。计算时,采用 kN-cm 单位制。

4 个结点,3 个单元,1 种杆件规格,9 个已知位移,没有结点荷载,2 个结间荷载,第一项数据为:4 3 1 9 0 2。

第二项数据,结点坐标:0 100 100 100 200 100 100 0。

第三项数据,单元定义。单元 1,结点号码 1,2,特性代号 1,用 1 2 1 表示。其余类推,得:1 2 1 2 3 1 2 4 1。

第四项数据:截面特性 $EA = 210$ GPa×20 cm^2 = $4.2×10^5$kN,EI = $6.3×10^6$kN·cm^2。如果有多种,应按种类顺序输入。本项数据为:4.2E5 6.3E6。

第五项数据,约束信息。结点 1 的 3 个方向都有已知位移,值为 0。用 1.1 0 1.2 0 1.3 0 表示。结点 3、结点 4 与此类似。本项数据为:1.1 0 1.2 0 1.3 0 3.1 0 3.2 0 3.3 0 4.1 0 4.2 0 4.3 0。

第六项数据,结点荷载,没有。

第七项数据,结间荷载。单元①,有均布荷载,查表 9.1 可知,其类型为 1,x' 轴由结点 1 指向结点 2,y' 轴向上,均布荷载的值应加负号。因此,用 1.1 100 −0.2 表示。单元③的 x' 轴向下,y' 轴向右,集中荷载是第 2 类,用 3.2 50 10 表示。

本题数据文件的内容可以为:

4 3 1 9 0 2　　　　结点数、单元数、截面特性组数、已知位移个数、结点荷载数、结间荷载数
0 100 100 100 200 100 100 0　　　　　　　结点坐标

```
1 2 1 2 3 1 2 4 1                    单元定义
4.2E5 6.3E6                          截面特性
1.1 0 1.2 0 1.3 0
3.1 0 3.2 0 3.3 0
4.1 0 4.2 0 4.3 0                    约束信息
1.1 100 −0.2
3.2 50 10                            结间荷载
```

输出文件内容中,重要的是计算结果(结点位移与单元杆端力):

结点位移:

结点	U	V	THITA	结点	U	V	THITA
1	0.000 000 0	0.000 000 0	0.000 000 0	2	0.000 418 8	−0.002 298 2	0.000 383 7
3	0.000 000 0	0.000 000 0	0.000 000 0	4	0.000 000 0	0.000 000 0	0.000 000 0

单元内力

单元	轴力	剪力	弯矩	轴力	剪力	弯矩
1	−1.759 0	11.624 2	223.701 2	1.759 0	8.375 8	−61.284 9
2	1.759 0	1.276 7	88.007 3	−1.759 0	−1.276 7	39.660 0
3	9.652 5	−3.517 9	−26.722 4	−9.652 5	−6.482 1	174.930 3

运行时间: 0.00(ms)

【例9.4】 用程序计算图示刚架,材料的弹性模量 $E = 210$ GPa,杆件截面积与惯性矩分别为柱子 $A_1 = 500$ cm^2,$I_1 = 15\ 000$ cm^4,斜梁 $A_2 = 350$ cm^2,$I_2 = 8\ 000$ cm^4。中支座下沉 1 cm。

【解】 建立整体坐标系,采用 kN-m 单位制。将左柱上的集中载荷作为结间荷载,中柱分成 3 个单元,离散化结果如图9.15所示。

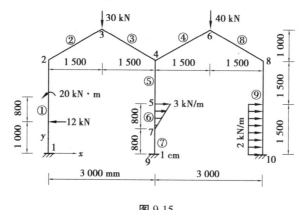

图 9.15

$EA_1 = 1.05 \times 10^7$ kN,$EI_1 = 31\ 500$ kN · m^2,$EA_2 = 7.35 \times 10^6$ kN,$EI_2 = 16\ 800$ kN · m^2

这里要结合表9.1进行单元端点编号。单元⑨的结点只能是 10 8,不能是 8 10,否则,荷载类型是表9.1中没有的。单元⑥的情形相似。

输入数据文件的内容为：

10 9 2 9 2 4　　NP,NE,NMA,NBC,NPJ,NPB

0 0 0 3 1.5 4 3 3 3 1.6 4.5 4 3 0.8 6 3 3 0 6 0　　XY

1 2 1 2 3 2 3 4 2 4 6 2 4 5 1 7 5 1 7 9 1 6 8 2 10 8 1　　ELEID

1.05E7 31500 7.35E6 16800　　EMAT

1.1 0　1.2 0　1.3 0

10.1 0 10.2 0 10.3 0

9.1 0　9.2 −0.01 9.3 0　　BC

3.2 −30 6.2 −40　　LDJ

1.2 1 12　1.3 1.8 20

9.1 1.5 2

6.4 0.8 −3　　LDB

计算结果(结点位移与单元杆端力)：

结点位移

结点	U	V	THITA	结点	U	V	THITA
1	0.000 000 0	0.000 000 0	0.000 000 0	2	−0.001 028 5	−0.000 018 9	−0.001 229 9
3	0.002 563 0	−0.005 432 5	−0.004 692 7	4	−0.000 470 6	−0.009 981 8	0.000 090 6
5	−0.000 217 9	−0.009 990 3	0.000 216 7	6	−0.003 478 9	−0.005 474 7	0.004 595 5
7	−0.000 065 4	−0.009 995 1	0.000 149 9	8	0.000 139 0	−0.000 019 3	0.001 437 9
9	0.000 000 0	−0.010 000 0	0.000 000 0	10	0.000 000 0	0.000 000 0	0.000 000 0

单元内力

单元	轴力	剪力	弯矩	轴力	剪力	弯矩
1	66.230 6	−39.514 7	−46.358 4	−66.230 6	27.514 7	−68.185 8
2	59.631 7	39.844 8	68.185 8	−59.631 7	−39.844 8	3.645 4
3	2.796 5	45.408 1	−3.645 4	−2.796 5	−45.408 1	85.506 0
4	11.898 6	−41.109 3	−79.036 6	−11.898 6	41.109 3	4.925 8
5	−63.835 4	−5.188 9	−6.469 4	63.835 4	5.188 9	−0.795 0
6	−63.835 4	−3.988 9	−4.306 1	63.835 4	5.188 9	0.795 0
7	−63.835 4	−3.988 9	4.306 1	63.835 4	3.988 9	−7.497 2
8	64.711 4	−38.109 9	−4.925 8	−64.711 4	38.109 9	−63.777 9
9	67.604 8	29.703 6	32.082 8	−67.604 8	−32.703 6	63.777 9

运行时间：　　　　　　　　　　　　　0.00(ms)

思考题

1.结构矩阵分析方法有哪几种？为什么矩阵位移法得到普遍应用？

2.单元刚度矩阵与原始结构刚度矩阵是否一定是奇异的？

3.单元刚度矩阵、结构刚度矩阵是由哪些因素决定的？本章的单元刚度矩阵都是在只有结点力的情况下导出的，为什么可用在有结间荷载的情况下？

4.矩阵位移法能否用于结构中有不同类型（如有铰结点的刚架，有弹簧连接或支承的结构）的单元的情况？

5.结构上某一点的载荷与相交于该点的各单元的杆端力有什么关系？在求出所有单元的杆端力之后，如何计算支座反力？

6.结间荷载的等效结点力与结间荷载是否完全等价？计算杆件任意截面的内力时能否认为结间荷载与其等效结点力是"等效"的？

7.单元刚度矩阵中元素 k_{ij} 的物理意义是什么？

习 题

9.1 由长度分别为 l_1 与 l_2，抗拉刚度分别为 EA_1 与 EA_2 的两段等截面杆组成一个轴力杆单元，试求出它的单元刚度矩阵。

9.2 梁单元连接两个结点 $(2\ m, 3\ m) \sim (5\ m, 7\ m)$，材料 $E = 200\ \text{GPa}$，截面 $A = 200\ \text{cm}^2$，$I = 50\ 000\ \text{cm}^4$，试计算其坐标变换矩阵和整体坐标系下的刚度矩阵。

9.3 计算图中结间荷载的等效结点力。

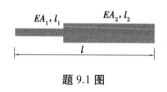

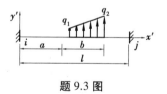

题 9.1 图　　　　　　　　　　　题 9.3 图

9.4 计算图示结构的总荷载列阵 $\{P\}$。

9.5 计算图示结构结点 2 的等效结点荷载列阵。

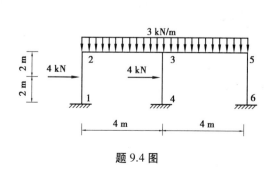

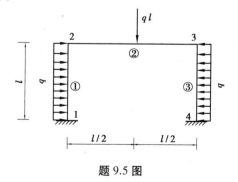

题 9.4 图　　　　　　　　　　　题 9.5 图

9.6 试用矩阵位移法解图示结构,绘弯矩图。

9.7 计算图示结构单元③的杆端力列阵,已知各杆 $E = 2.1 \times 10^4 \mathrm{kN/cm}^2$, $I = 300~\mathrm{cm}^4$, $A = 20~\mathrm{cm}^2$, $l = 100~\mathrm{cm}$,结点 2 位移列阵 $\{\Delta\}_2 = \begin{bmatrix} u_2 & v_2 & \theta_2 \end{bmatrix}^\mathrm{T} = 1 \times 10^{-2} \times \begin{bmatrix} 0.473~0 & -0.459~6 & -0.531~3 \end{bmatrix}$ rad$]^\mathrm{T}$。

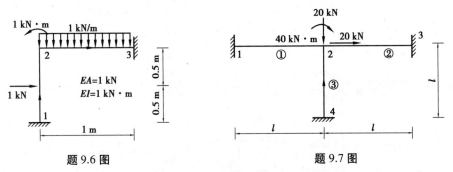

题 9.6 图   题 9.7 图

9.8 用先处理法写出图示两连续梁的整体刚度矩阵 $[K]$。

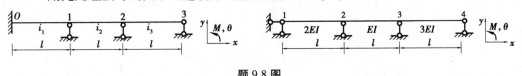

题 9.8 图

9.9 计算图示结构的等效结点荷载列阵 $\{P\}$。

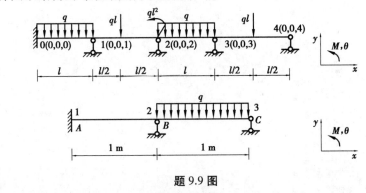

题 9.9 图

9.10 试用矩阵位移法解图示连续梁,绘弯矩图(EI=已知常数)。

9.11 用先处理法计算图示连续梁的结点荷载列阵 $\{P\}$。

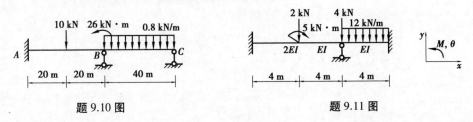

题 9.10 图   题 9.11 图

9.12 用先处理法写出图示结构的结构刚度矩阵 $[K]$。各杆拉压刚度 EA,弯曲刚度 EI。

9.13 用程序计算图示结构,材料的弹性模量 $E = 210~\mathrm{GPa}$,杆件截面积与惯性矩分别为:柱子 $A_1 = 500~\mathrm{cm}^2$, $I_1 = 15~000~\mathrm{cm}^4$,斜梁与横梁 $A_2 = 350~\mathrm{cm}^2$, $I_2 = 8~000~\mathrm{cm}^4$。

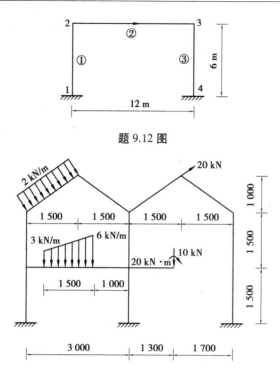

题 9.12 图

题 9.13 图

参考文献

［1］李谦锟.结构力学［M］.4 版.北京:高等教育出版社,2004.

［2］王焕定,等.结构力学:Ⅰ［M］.北京:高等教育出版社,2004.

［3］孙俊,张长领.结构力学［M］.2 版.重庆:重庆大学出版社,2003.

［4］龙驭球,包世华.结构力学:上册［M］.2 版.北京:高等教育出版社,2002.

［5］刘昭培,张韫美.结构力学:上册［M］.天津:天津大学出版社,2003.

［6］杨弗康,李家宝.结构力学:上册［M］.6 版.北京:高等教育出版社,2016.

［7］刘香,刘书智,银英姿.结构力学［M］.北京:机械工业出版社,2017.